瓷片的诱惑：
Windows Phone
应用程序开发快速入门

屠建飞　编著

电子工业出版社
Publishing House of Electronics Industry
北京·BEIJING

内 容 简 介

本书以 Windows Phone Mango 最新移动智能手机操作系统为对象，介绍了 Silverlight for Windows Phone 的各项应用程序开发技术。本书内容详尽，涵盖了 Mango 系统的各项特性与应用开发技术，包括页面布局、控件、资源、样式、模板、图形、画刷、变换、动画、页面导航、数据处理、选择器、启动器、Pivot、Panorama、Bing Maps、Accelerometer、Tile、Push Notification Service 等，讲解细致深入；实例丰富，多达百余个，且贴近应用开发实际，可用做实际开发参考。

本书适合有志于学习和从事 Windows Phone Mango 移动智能手机应用程序开发的读者。读者可以通过书中提供的基础知识讲解、开发实例介绍，深入掌握 Windows Phone Mango 应用程序开发技术。

图书在版编目（CIP）数据

瓷片的诱惑：Windows Phone 应用程序开发快速入门 / 屠建飞编著.—北京：电子工业出版社，2012.4
ISBN 978-7-121-16177-3

Ⅰ. ①瓷… Ⅱ. ①屠… Ⅲ. ①移动电话机－应用程序－程序设计 Ⅳ. ①TN929.53

中国版本图书馆 CIP 数据核字（2012）第 039568 号

策划编辑：孙学瑛
责任编辑：董　英
特约编辑：赵树刚
印　　刷：
装　　订：北京中新伟业印刷有限公司
出版发行：电子工业出版社
　　　　　北京市海淀区万寿路 173 信箱　邮编 100036
开　　本：787×980　　1/16　　印张：29.75　字数：619 千字
印　　次：2012 年 4 月第 1 次印刷
印　　数：3000 册　定价：79.00 元

关于 Windows Phone Mango

以手机和平板电脑为主要载体的移动智能应用领域，毫无疑问是当前信息技术发展中最引人注目的焦点。各种移动智能平台层出不穷，前有 Windows Mobile、RIM、Symbian，后有 iPhone、Android、Windows Phone、Web OS 等，各种平台和应用风起云涌，展开了激烈的竞争。

Windows Phone Mango 是微软于 2011 年 9 月正式发布的新一代移动智能平台，是在总结 Windows Mobile 成败得失基础上的再次发力。虽然 Windows Phone Mango 推出时间尚短，也曾被人质疑时机偏晚。但是，其迅猛的发展速度，尤其是诺基亚、HTC 和三星等重量级手机制造厂商的鼎力加盟，使 Windows Phone Mango 展现出了强劲的发展势头，假以时日必将成为移动智能领域最主要的操作系统平台之一。

本书特点

本书以 Windows Phone Mango 为应用对象，介绍了 Silverlight for Windows Phone 的各项应用程序开发技术。

- 内容全面，涵盖了页面布局、控件、资源、样式、模板、图形、画刷、变换、动画、页面导航、数据处理、选择器、启动器、Pivot、Panorama、Bing Maps、Accelerometer、Tile、Push Notification Service 等内容，讲解细致深入；
- 实例丰富，多达百余个，而且贴近应用开发实际，可用于实际开发参考。

相信本书可以成为有志于从事 Windows Phone 平台应用程序开发读者的有益助手。

在本书的编写过程中，得到了很多专家学者的指导和帮助。尤其是叶飞帆教授、冯志敏教授、方志梅教授、于爱兵教授、李国富教授、战洪飞教授、余军合副教授、柳丽副教授、王钢明高工等的支持和指导，在此深表感谢！

参与本书编写的人员有柳丽、王钢明、朱颖达、郭瑞峰。

由于作者水平有限，加上移动智能平台应用开发的发展日新月异，书中错误和不足之处在所难免，恳请广大读者批评指正。

屠建飞

2012 年 3 月

目 录

01 Windows Phone Mango 概述

Mango 是 Windows Phone 智能手机操作系统的最新版本

> Mango 是 Windows Phone 智能手机操作系统的最新版本，是微软在总结 Windows Mobile 多年得失的基础上推出的全新版本。Windows Phone Mango 简洁美观的系统风格和快捷高效的运行性能，使其从推出之日起就受到业界的广泛关注，成为移动智能系统平台市场中重要的一员。
>
> 本章介绍 Windows Phone Mango 的发展历史和特点，介绍应用程序开发平台与开发环境搭建，以及应用程序开发过程。

本章要点

- Windows Phone Mango 系统应用开发平台与开发环境搭建。
- Windows Phone Mango 应用程序的结构与开发过程。

1.1 Windows Phone Mango 的发展历史

Windows Phone Mango 是微软于 2011 年 9 月正式推出的新一代智能手机操作系统，是微软争夺智能手机和移动便携设备市场的重磅武器。Mango 系统具有操作简便、性能稳定、安全可靠，用户体验佳的特点，在智能手机操作系统领域中，已赶上甚至超越苹果 iPhone iOS 系统，自推出之日起，就受到市场的广泛关注和好评。HTC、三星、诺基亚等手机生产厂家纷纷推出了基于 Mango 系统的手机产品。由此，形成了由 iOS、Android 和 Mango 三分天下的智能手机市场体系。虽然，由于 Mango 系统推出时日尚短，在智能手机市场中的份额尚无法与 iOS 和 Android 相比，但是快速发展的趋势和微软在 IT 领域举足轻重的地位，都充分预示着 Windows Phone Mango 及后续系统必将成为移动智能系统平台市场中非常重要的一员。

Mango 系统的前身是 Windows CE，在发展历史上历经了 Windows CE、Windows Mobile 和 Windows Phone 等阶段，如图 1-1 所示是 Windows Phone 的发展变迁图。

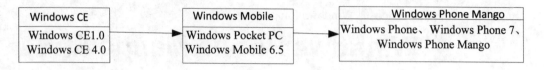

图 1-1　Windows Phone 发展变迁

1.1.1　Windows CE

Windows CE 是微软于 1996 年开始推出的针对手持设备的嵌入式操作系统，可广泛应用于 GPS、PDA、车载电脑、生产线上的控制器等设备中。Windows CE 与 Windows 操作系统一脉相承，在用户界面、操作方式等方面与台式计算机、笔记本电脑中应用的 Windows 操作系统（如 Windows 95、Windows 2000 等）非常相似，用户可以如同操作计算机一样操作 Windows CE 设备。但与台式计算机、笔记本电脑中的 Windows 操作系统不同，Windows CE 系统对硬件的要求低，可以嵌入在有限的硬件系统上执行，为配置较低的便携式设备提供了适用的智能平台。

同时，Windows CE 与 PC 平台的 Windows 操作系统之间具有很高的兼容性，使应用于 Windows CE 的便携设备可以便捷地与 Windows PC 设备进行数据的交换、通信；而基于 Windows PC 开发的应用程序可以直接或简单修改后移植到 Windows CE 上运行。这也为 Windows CE 的广泛应用奠定了良好的基础。如图 1-2 所示为 Windows CE 的操作界面。

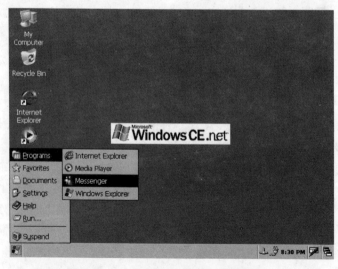

图 1-2　Windows CE 操作界面

1.1.2　Windows Mobile

Windows Mobile 基于 Windows CE 系统，历经了 Pocket PC、Windows Mobile 2003、Windows Mobile 5、Windows Mobile 6、Windows Mobile 6.5 等发展过程。2000 年推出的 Windows CE 改名为 Windows for Pocket PC，简称 Pocket PC（应用于触摸屏的称为 Windows for Pocket PC，非触摸屏的称为 Windows for Smart Phone，简称 Smart Phone），是一套全新的操作系统，支持多种 CPU 平台。Pocket PC 集成了 Internet Explorer Mobile、Outlook、Windows Media Player、资源管理器、Windows Live Messenger / Windows Live、Office Mobile 等多种应用软件，可实现类似于 PC 平台的网页浏览、邮件收发、媒体播放、即时通信、移动办公等多种应用；并且可以通过 ActiveSync，实现与 PC 之间的信息传输与同步。

2003 年，微软为强调对移动应用的支持，将 Pocket PC 更名为 Windows Mobile 2003，后续又相继推出了 Windows Mobile 5/6 及 Windows Mobile 6.5。这些新版的 Windows Mobile 平台，从操作友好、用户体验和应用功能等方面，做了很多改进，使 Windows Mobile 成为早期最为重要的移动智能系统平台。如图 1-3 所示为 Windows Mobile 6.5 的操作界面。

图 1-3　Windows Mobile 6.5 操作界面

1.1.3　Windows Phone

虽然 Windows Mobile 在移动智能系统市场取得了很大成功，但是随着 2007 年苹果 iOS 和 2008 年 Google Android 的推出，给 Windows Mobile 系统带来了很大的冲击。尤其是 iOS 创新的界面设计，卓越的用户操作体验，似乎重新定义了智能手机的概念，受到了市场的热捧，一举奠定了在智能手机市场的霸主地位；而 Android 以开放性、免授权使用费等特点，也得到了手机厂商的广泛支持，短时间内异军突起，成为仅次于 iOS 的智能手机平台，并大有后来居上，取而代之之势。

而 Windows Mobile 系统由于更新速度慢，分辨率低等不足，无法充分发挥硬件的性能等问题，受到市场诟病。为扭转 Windows Mobile 在移动智能市场中的不利局面，微软一方面将 Windows Mobile 6.5 之后的版本更名为 Windows Phone，并于 2011 年 2 月推出了新一代的移动智能平台 Windows Phone 7，代号为 Mango 的 Windows Phone 7720 于 2011 年 9 月底正式发布。

对比 Windows Mobile，可以发现 Windows Phone Mango 是一款全新的系统。尤其是在集成社区/交友、XBOX LIVE 游戏、Bing 搜索、在线市场 Marketplace 等新特征之后，Windows Phone Mango 已具备智能手机平台所有主流的应用。Windows Phone Mango 还提供了首页 Live Tiles、People Hub、Pictures Hub、Games Hub 等特色应用，给用户带来极佳的操作体验，业界已普遍预测 Windows Phone 将成为主流的智能手机操作系统。如图 1-4 所示为 Windows Phone Mango 的操作界面。

图 1-4 Windows Phone Mango 操作界面

1.2 — Windows Phone Mango 的特点

与 iOS、Android 及微软之前的 Windows Mobile 等移动智能平台相比，Windows Phone Mango 具有与主流智能手机系统相类似的高性能、便捷操作、技术先进（如集成云服务、云计算、云存储等最新热门应用）等优点，除此之外还有许多不同之处，主要体现在以下几方面。

1．设立对硬件的最低要求

自 Windows Phone 7 起，微软要求运行 Windows Phone 系统的手机，必须满足最低的硬件配置标准，如表 1-1 所示。对硬件设置最低准入配置要求，确保了 Windows Phone 系统的手机都具备相对一致的较高的用户体验，避免了因硬件性能参差不齐出现的用户实际使用体验差别悬殊的情况。如在 Android 系统中，不同厂家不同型号的手机性能差别很大，尤其是低配置的手机，无法充分发挥软件系统的最佳性能；也导致开发者无法向所有用户提供一致体验的软件产品，加大了开发者的开发成本。

表 1-1　Windows Phone 的硬件要求

项　　目	要　　求
屏幕	电容式触摸屏，要求支持 4 个以上的触点，支持 WVGA（800×480 像素）分辨率
CPU	1 GHz ARM v7 Cortex/Scorpion 或更好的处理器
GPU	支持 Direct×9 的 GPU
内存	256MB RAM 以上，8GB 以上闪存
传感器	加速器、A-GPS、电子指南针、光测距传感器
摄像头	500 万像素以上相机，LED 闪光灯
6 个实体按键	Back、Start、Search、Cmera、Power/Sleep and Volume Up and Down
多媒体	编解码加速器

2．完整的专利所有权

在 2011 年的 IT 市场中，"软件纷争"是年度最引人瞩目的焦点事件。前期发展迅猛的 Android 系统，因为受困于多项专利诉讼，使其发展蒙上了阴影。据说 HTC 每销售一台 Android 手机，需要向微软支付 5 美元的专利使用费，而三星需要向微软支付更高的专利使用费，据说为 15 美元。这毫无疑问增加了 Android 手机的制造成本，对 Android 的发展产生了不利影响。Windows Phone 是微软开发的系统，微软已宣称拥有所有专利，不存在任何专利陷阱，这反过来为 Windows Phone 发展奠定了良好的基础。

3．崭新的开发平台

虽然从内部版本看，Windows Phone 还是基于 Windows CE；但 Windows Phone 系统是全新的系统，甚至微软为了确实满足用户的操控要求，放弃了对 Windows Mobile 系统的兼容，有点壮士断腕的意味。

Windows Phone Mango 的开发平台也不再是传统的 C++，而是支持 Silverlight 与 XNA 的 .NET 平台开发语言，如 C#、Visual Basic.NET 等。这些开发语言拥有大量成熟的开发人员队伍，在一定程度上为 Windows Phone 应用程序开发奠定了良好的基础。

4．迅猛的发展速度

Windows Phone 系统发展迅速，丝毫不亚于 iOS 和 Android。自 Windows Phone 7 系统发布之日起，主流智能手机生产厂商 HTC、三星、DELL、LG 等快速跟进，推出了基于该系统平台的手机产品，后续跟进的还包括诺基亚、宏基、富士通、中兴通讯等。另外，Windows Phone

应用程序开发也异常迅速，在 Windows Phone 推出短短数月内，发布于软件市场 Marketplace 中的应用产品已突破 4 万项，显示了良好的发展势头。

1.3 Windows Phone Mango 的应用开发环境

1.3.1 Windows Phone Mango 应用开发平台

如前所述，Windows Phone Mango 的应用开发平台与微软之前的 Windows Mobile 应用开发平台不同，主要包括 Silverlight 和 XNA 两部分。其中 Silverlight 基于事件驱动，可以在 XAML 标记语言的基础上，开发应用程序；XNA 主要用于 Windows Phone Mango 系统平台的游戏开发。可以使用的语言包括 C#、Visual Basic.NET、J#等，可以使用的开发工具包括 Visual Studio for Windows Phone Express 和 Microsoft Expression Blend 4。

如图 1-5 所示为 Windows Phone Mango 应用开发的架构。

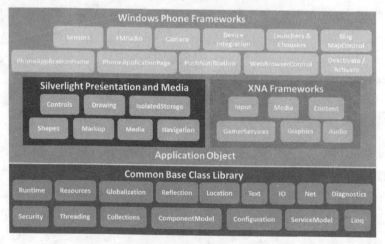

图 1-5 Windows Phone Mango 开发平台

底层是公共的基础类集，包括运行时（Runtime）、资源、全球化、反射、Location、文本处理、输入/输出、网络应用等，熟悉.NET 平台的开发者都会对上述内容有详细了解。

中间层是 Application Object，包括 Windows Phone 应用开发的两大框架：Silverlight Presentation and Media 和 XNA Frameworks。其中 Silverlight Presentation and Media 包含用于 Windows Phone 应用程序界面呈现和媒体播放的 Controls 控件、Drawing 图形绘制、独立数据存储 IsolatedStorage、图形组件 Shapes、标记语言 Markup、媒体播放 Media 和页面导航 Navigation。

XNA 框架包括输入 Input、媒体 Media、内容 Content、Gamer Service、图形 Graphics、音频 Audio 等。

顶层是 Windows Phone 的功能组件，包括传感器、FM 收音机、相机、启动器和选择器、Bing 搜索与地图控件等，这些都是 Windows Phone Mango 系统已内置的功能模块，在应用程序开发中，用户可以根据需要进行调用。

1.3.2　Windows Phone Mango 应用开发环境搭建

要进行 Windows Phone Mango 应用程序开发，需要安装配置上述开发工具和组件。在微软提供的最新安装包 Windows Phone SDK 7.1 中，已集成了上述各项工具和组件，可以非常方便地完成应用开发环境的搭建。

1. 下载安装包

微软免费提供 Windows Phone SDK 7.1 的下载，使用上述工具也是免费的。下载地址为 http://www.microsoft.com/download/en/details.aspx?id=27570，如图 1-6 所示。下载得到的安装文件分为两种形式，一种是在线安装包，文件名为 wm_web2.exe，大小为 3MB，执行该文件在安装过程中会从微软网站下载安装所需的其他文件。另一种是本地安装包，是一个 ISO 文件，文件名为 WPSDKT_en1.iso，大小为 717.81MB。

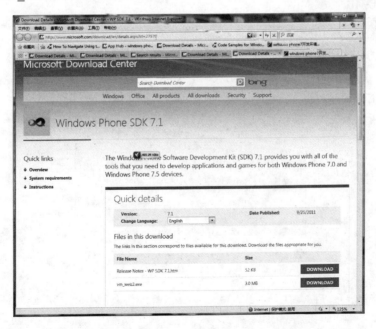

图 1-6　下载 Windows Phone SDK 7.1 安装包

Windows Phone SDK 7.1 安装包，包含以下工具和组件：

- Microsoft Visual Studio 2010 Express for Windows Phone
- Windows Phone Emulator
- Windows Phone SDK 7.1 Assemblies
- Silverlight 4 SDK and DRT
- Windows Phone SDK 7.1 Extensions for XNA Game Studio 4.0
- Microsoft Expression Blend SDK for Windows Phone 7
- Microsoft Expression Blend SDK for Windows Phone OS 7.1
- WCF Data Services Client for Windows Phone
- Microsoft Advertising SDK for Windows Phone

2．软硬件要求

安装包要求计算机的软/硬件配置满足一定的要求，这些要求具体如下。

- 软件要求，主要是针对操作系统：
  - ➢ Windows 7 的各版本，除 Starter Edition。
  - ➢ Windows Vista（要求已安装 Service Pack2）各版本，除 Starter Edition。
- 硬件要求：硬盘要求系统盘可用空间 4GB 以上，内存 3GB 及以上，显示卡要支持 DriectX 10。

3．安装 Windows Phone SDK 7.1

如果下载的是本地安装包，可以使用虚拟光驱工具（如 DAEMON Tools 等）或解压缩软件（如 Winrar 等）解压 WPDT_RTM_en1.iso 文件，双击解压文件夹中的 Setup.exe 文件执行安装。下面讲解安装的详细过程。

如图 1-7 所示为载入安装项。

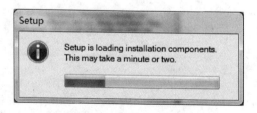

图 1-7　载入安装项

如图 1-8 所示为接受协议。

如图 1-9 所示为选择安装方式。

图 1-8 接受协议

图 1-9 选择安装方式

在图 1-9 所示的选择安装方式窗口中，如果选择 Customize 自定义安装，可以在如图 1-10 所示的指定目标文件夹窗口中，指定安装路径。

图 1-10 指定安装路径

然后，系统会执行安装过程，如图 1-11 所示。安装完成后，在如图 1-12 所示的窗口中单击 "Run the Product Now" 按钮，进入 Microsoft Visual Studio 2010 Express for Windows Phone 开发环境。

本书采用 Visual Basic.NET 作为开发语言，Windows Phone SDK 7.1 安装包已集成 Visual

Basic.NET 语言。如果下载的是早期的版本，可能未包含 Visual Basic.NET 语言的开发包，需要
另外加装 Visual Basic for Windows Phone Developer Tools – RTW 安装包，可以到以下地址下载：
http://www.microsoft.com/download/en/details.aspx?displaylang=en&id=9930。

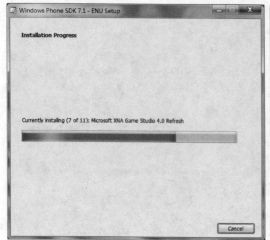

图 1-11　安装进度

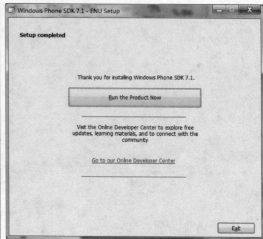

图 1-12　完成安装

1.4　第一个 Silverlight for Windows Phone 应用程序

　　以下过程演示 Silverlight for Windows Phone 应用程序的创建过程，并测试应用程序的运行。
同时，还详细介绍了 Silverlight for Windows Phone 应用程序的构成结构，以及主要程序文件的
作用。

1.4.1　创建第一个应用程序

　　在 Windows 操作系统中，选择"开始"→"所有程序"→"Microsoft Visual Studio 2010 Express"
→"Microsoft Visual Studio 2010 Express for Windows Phone"命令，启动如图 1-13 所示的开发
工具。

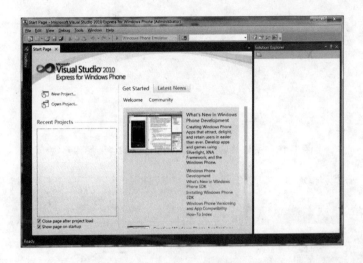

图 1-13　Microsoft Visual Studio 2010 Express for Windows Phone 开发工具

1. 新建应用程序项目

在 "Start Page" 页上，单击 "New Project…" 或者选择 "File" → "New Project…" 命令。在如图 1-14 所示的新建工程 "New Project" 窗口中，在左侧项目模板选择 "Other Languages" → "Visual Basic"，然后在中间的项目模板列表中选择 "Windows Phone Application"，设置项目名称为 "GuessNumber"，并指定项目文件存放的路径。单击 "OK" 按钮，创建新应用程序项目。

图 1-14　新建工程

2. 选择 Windows Phone Platform

在如图 1-15 所示的窗口中，选择目标 Windows Phone 操作系统为 Windows Phone OS 7.1。单击 "OK" 按钮，进入项目设计窗口，如图 1-16 所示。

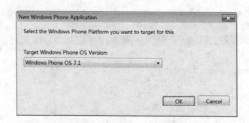

图 1-15　选择"Windows Phone OS7.1"操作系统

图 1-16　设计窗口

项目设计窗口分为 3 部分。左侧是可视化的模拟器预览窗口，可以通过图形方式查看和设计 Windows Phone Mango 应用程序的界面效果。中间是代码编辑窗口，在此窗口中可以查看和编辑 XAML 代码，这些代码用于定义 Windows Phone Mango 应用程序的界面与行为效果。模拟器预览窗口和代码编辑窗口是联动的，在模拟器预览窗口中对 Windows Phone Mango 应用程序的界面进行修改时，对应的 XAML 代码会反映到代码编辑窗口中，反之亦然。右侧是解决方案（Solution Explorer）与属性（Properties）窗口，解决方案窗口（Solution Explorer）可以管理项目中的所有文件，单击底部的"Class View"，可以切换到类视图窗口，可以查看本项目引用和生成的类；属性（Properties）窗口可以设置和查看项目中各种对象的属性。

3．修改程序主窗口页面标题

在解决方案窗口（Solution Explorer）中双击 MainPage.xaml 文件，打开该文件。在代码编辑窗口中，修改名称为"PageTitle"的 TextBlock 控件的 Text 值为"Guess Number"。在左侧的模拟器预览窗口中可以看到页面标题相应地由"PageTitle"改为"Guess Number"。

4. 修改页面内容

找到"<Grid x:Name="ContentPanel" Grid.Row="1" Margin="12,0,12,0"></Grid>",并将之修改为如下所示代码。

XAML 代码：

```xaml
<StackPanel  Grid.Row="1"  Name="ContentPanel"  Orientation="Horizontal"
Height="80" HorizontalAlignment="Center">
        <Button Name="GuessButton1" Content="Guess1" Tag="1"/>
        <Button Name="GuessButton2" Content="Guess2" Tag="2"/>
        <Button Name="GuessButton3" Content="Guess3" Tag="3" />
</StackPanel>
```

完成后，完整的 XAML 代码如下。

XAML 代码：

```xaml
<phone:PhoneApplicationPage
    x:Class="GuessNumber.MainPage"
    xmlns="http://schemas.microsoft.com/winfx/2006/xaml/presentation"
    xmlns:x="http://schemas.microsoft.com/winfx/2006/xaml"
    xmlns:phone="clr-namespace:Microsoft.Phone.Controls;assembly=Microsoft.
Phone"
    xmlns:shell="clr-namespace:Microsoft.Phone.Shell;assembly=Microsoft.
Phone"
    xmlns:d="http://schemas.microsoft.com/expression/blend/2008"
    xmlns:mc="http://schemas.openxmlformats.org/markup-compatibility/
2006"
    mc:Ignorable="d" d:DesignWidth="480" d:DesignHeight="768"
    FontFamily="{StaticResource PhoneFontFamilyNormal}"
    FontSize="{StaticResource PhoneFontSizeNormal}"
    Foreground="{StaticResource PhoneForegroundBrush}"
    SupportedOrientations="Portrait" Orientation="Portrait"
    shell:SystemTray.IsVisible="True">

    <!--LayoutRoot is the root grid where all page content is placed-->
```

```xml
<Grid x:Name="LayoutRoot" Background="Transparent">
    <Grid.RowDefinitions>
        <RowDefinition Height="Auto"/>
        <RowDefinition Height="*"/>
    </Grid.RowDefinitions>

    <!--TitlePanel contains the name of the application and page title-->
    <StackPanel x:Name="TitlePanel" Grid.Row="0" Margin="12,17,0,28">
        <TextBlock x:Name="ApplicationTitle" Text="MY APPLICATION" Style="{StaticResource PhoneTextNormalStyle}"/>
        <TextBlock x:Name="PageTitle" Text="Guess Number" Margin="9,-7,0,0" Style="{StaticResource PhoneTextTitle1Style}"/>
    </StackPanel>

    <!--ContentPanel - place additional content here-->
    <StackPanel Grid.Row="1" Name="ContentPanel" Orientation="Horizontal" Height="80" HorizontalAlignment="Center">
        <Button Name="GuessButton1" Content="Guess1" Tag="1"/>
        <Button Name="GuessButton2" Content="Guess2" Tag="2"/>
        <Button Name="GuessButton3" Content="Guess3" Tag="3" />
    </StackPanel>
</Grid>
</phone:PhoneApplicationPage>
```

左侧模拟器预览窗口显示的效果如图 1-17 所示。

5. 添加页面加载事件

在模拟器预览窗口中，双击空白区域，或者在属性（Properties）窗口中，保持对象名称为 "PhoneApplicationPage"，选择 "Events" 项（即事件）。在事件列表中，选中 "Loaded"，然后双击右侧的空白单元格，一个名称为 "PhoneApplicationPage_Loaded" 的事件会被添加，如图 1-18 所示。Microsoft Visual Studio 2010 Express for Windows Phone 会在程序代码编辑窗口中打开 MainPage.xaml.vb 文件，这是 MainPage.xaml 对应的程序代码文件，如图 1-19 所示。

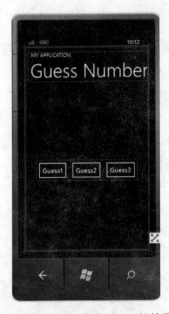

图 1-17　模拟器预览窗口显示的效果

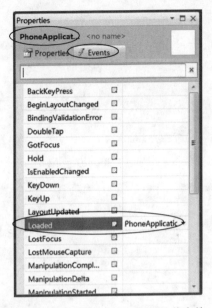

图 1-18　属性窗口中添加页面加载事件

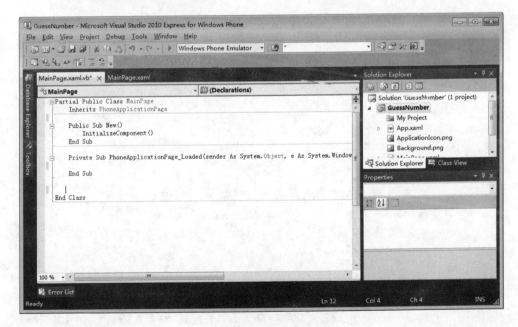

图 1-19　程序代码编辑窗口

6. 添加程序代码

在如图 1-19 所示的程序代码编辑窗口中，找到代码"Public Sub New()"，并在此之前，添加如下代码，定义两个页面可用的公共变量。

VB.NET 代码：
```
Dim GuessNumber As Integer
Dim rnd As Random
```

找到步骤 5 中生成的 **PhoneApplicationPage_Loaded** 事件，修改代码如下。

VB.NET 代码：
```
Private Sub PhoneApplicationPage_Loaded(sender As System.Object, e As
System.Windows.RoutedEventArgs) Handles MyBase.Loaded
        rnd = New Random(System.DateTime.Now.Second)
        GuessNumber = rnd.Next(1, 3)
    End Sub
```

7. 添加按钮事件及处理代码

在如图 1-19 所示窗口中，单击代码编辑窗口顶部的"MainPage.xaml"标签，切换到页面设计窗口。双击模拟器预览窗口中的"GuessButton1"按钮（即显示内容为"Guess1"的按钮），系统会为按钮添加"GuessButton1_Click"事件，并跳转到程序代码编辑窗口。

修改按钮的事件处理代码如下。

VB.NET 代码：
```
Private    Sub    GuessButton1_Click(sender    As    System.Object,    e    As
System.Windows.RoutedEventArgs) Handles GuessButton3.Click, GuessButton1.Click,
GuessButton2.Click
        Dim button As Button = CType(sender, Button)
        If GuessNumber = CInt(button.Tag) Then
            MessageBox.Show("哈哈，真厉害，这也让您猜到了！", "结果",
MessageBoxButton.OK)
            GuessNumber = rnd.Next(1, 3)
        Else
            MessageBox.Show("哦，喔喔！没猜到！再试试！","结果", MessageBoxButton.OK)
        End If
    End Sub
```

1.4.2　测试应用程序

完成后的应用程序可以在模拟器中（Windows Phone Emulator）进行测试，也可以部署到实体手机上进行测试。一般，在开发阶段以模拟器测试为主，在工具栏中选择"Select target for Windows Phone projects"项为"Windows Phone Emulator"，即在模拟器上运行 Windows Phone 应用程序。

单击工具栏中的"Save All"按钮，保存上述设计内容。单击工具栏中"Start Debugging(F5)"按钮，或直接按"F5"键，测试应用程序。系统会启动"Windows Phone Emulator"，并打开应用程序，如图 1-20 所示。

在模拟器中，单击"Guess1"、"Guess2"、"Guess3"各按钮，测试程序运行情况，可以得到如图 1-21 所示的各种情况。

图 1-20 模拟器 Windows Phone Emulator 运行应用程序

提示：

Windows Phone Emulator 模拟器在程序调试过程中，最好不要关闭，这样可以节约模拟器的启动时间。为了便于书籍印刷，在后续实例测试时，模拟器的 Theme 背景会修改为 Light，这样模拟器的背景是白色显示的。为适应白色背景，应用程序背景与文字颜色等也进行了相应调整。

图 1-21　程序运行情况

1.4.3　Silverlight for Windows Phone 应用程序分析

1．Silverlight for Windows Phone 应用程序结构

从文件结构来看，一个 Visual Basic.NET 语言开发的 Silverlight for Windows Phone 的应用程序一般都包含 App.xaml、App.xaml.vb、ApplicationIcon.png、Background.png、MainPage.xaml、MainPage.xaml.vb、SplashScreenImage.jpg 和 My Project、References 等文件与文件夹。其中，My Project 文件夹中还包含 AppManifest.xml、AssemblyInfo.vb、WMAppManifest.xml 等文件，References 文件夹包含对系统类与用户自定义类。

这些文件在应用程序中的作用与含义分别如下。

1）App.xaml/ App.xaml.vb

App.xaml/ App.xaml.vb 定义了一个继承自 Application 的类，此类是 Silverlight 应用程序所必需的，它定义了程序的入口点、程序范围可用的资源等。

默认的 App.xaml 如下。

XAML 代码：

```
<Application
    x:Class="GuessNumber.App"
    xmlns="http://schemas.microsoft.com/winfx/2006/xaml/presentation"
```

```
        xmlns:x="http://schemas.microsoft.com/winfx/2006/xaml"
        xmlns:phone="clr-namespace:Microsoft.Phone.Controls;assembly=
Microsoft.Phone"
        xmlns:shell="clr-namespace:Microsoft.Phone.Shell;assembly=Microsoft.
Phone">

        <!--Application Resources-->
        <Application.Resources>
        </Application.Resources>

        <Application.ApplicationLifetimeObjects>
            <!--Required object that handles lifetime events for the application-->
            <shell:PhoneApplicationService
                Launching="Application_Launching" Closing="Application_Closing"
                Activated="Application_Activated"
Deactivated="Application_Deactivated"/>
        </Application.ApplicationLifetimeObjects>
    </Application>
```

在上述代码中，x:Class="GuessNumber.App"告诉系统定义了一个 App 类型的类，类的名称为 GuessNumber。这个类的定义代码在 App.xaml.vb 代码中，从 App.xaml.vb 代码中可以看到 App 继承自 Application，即应用程序类。Xmlns 标记定义应用程序用到的 XML 名称空间，如 xmlns="http://schemas.microsoft.com/winfx/2006/xaml/presentation"表示引入 Silverlight 标准名称空间，其中包含了常用的 Grid、Button、TextBlock 等控件。<Application.Resources>与</Application.Resources>节点间，可以定义在整个应用程序范围内可用的资源，如样式、图片、模板等。<Application.ApplicationLifetimeObjects>与</Application.ApplicationLifetimeObjects>间的代码定义了应用程序生命周期内的事件绑定，如 Launching="Application_Launching" 和 Closing="Application_Closing"分别表示为应用程序启动时，载入 Application_Launching，关闭时执行 Application_Closing，Application_Launching 和 Application_Closing 的执行代码可以在 App.xaml.vb 中进行定义。

2）ApplicationIcon.png

ApplicationIcon.png 是一个图标文件。应用程序在模拟器中调试时，此图标会出现在模拟器的应用程序列表中，部署到实体手机时同样会出现在手机应用程序的列表中。ApplicationIcon.png 的默认图标如图 1-22 所示,大小为 62 像素×62 像素,如本例"GuessNumber"

在模拟器应用程序列表中的显示效果如图 1-23 所示，这是系统默认提供的图标。

图 1-22　ApplicationIcon.png 图标　　　　图 1-23　应用程序列表中显示的图标

　　用户可以根据需要修改 ApplicationIcon.png，最简单的方式是采用同名文件覆盖系统默认的 ApplicationIcon.png 文件，另一种方式是修改 WMAppManifest.xml 中的相关定义，详见 WMAppManifest.xml。

　　3）Background.png

　　Background.png 也是个图标文件。与 ApplicationIcon.png 不同的是，Background.png 将会出现在模拟器或手机的开始页中（如果用户将程序钉到开始页）。Background.png 的默认图标如图 1-24 所示，大小为 173 像素×173 像素，本例"GuessNumber"在开始页中显示效果如图 1-25 所示。

图 1-24　Background.png 图标　　　　图 1-25　开始页中显示的图标

　　用户同样可以自定义 Background.png，修改方式与 ApplicationIcon.png 类似。

　　4）MainPage.xaml/MainPage.xaml.vb

　　MainPage 是应用程序用户页，MainPage.xaml 用 XAML 代码定义了要在程序中显示的界面，可以将 Grid、Button、TextBlock、ListBox 等定义在 XAML 代码中。MainPage.xaml.vb 是与

MainPage.xaml 对应的程序代码文件。在 Silverlight for Windows Phone 应用程序设计中，页面设计与程序代码设计是可以分别进行的，页面设计师可以设计页面，并将最终结果以 XAML 文件的形式提交，而程序员可以专注于代码设计，最终代码形成.vb 文件。这种可视界面与程序代码独立设计的方式，可以充分发挥设计师和程序员各自的特长。

在 MainPage.xaml 中，默认包含如下代码：

```
FontFamily="{StaticResource PhoneFontFamilyNormal}"
    FontSize="{StaticResource PhoneFontSizeNormal}"
    Foreground="{StaticResource PhoneForegroundBrush}"
    SupportedOrientations="Portrait" Orientation="Portrait"
    shell:SystemTray.IsVisible="True">
```

前 3 项定义了页面整体的字型、字体大小、前景色，这些项的值绑定了系统资源（或样式）PhoneFontFamilyNormal、PhoneFontSizeNormal、PhoneForegroundBrush。这些资源（或样式）是 Silverlight for Windows Phone 为方便用户程序设计预先设置的，比较符合 Windows Phone 运行环境，用户可以根据需要调用，详情请见"第 5 章　资源样式与模板"。SupportedOrientations="Portrait" Orientation="Portrait"定义了应用程序在屏幕上放置的效果，SupportedOrientations="Portrait"表示应用程序支持竖屏显示，SupportedOrientations 还可以取其他值，取值及含义如表 1-2 所示。Orientation 项多用于设计时模拟器预览窗口显示的效果。

表 1-2　SupportedOrientations 的取值及含义

取　　值	含　　义
Portrait（默认值）	竖屏
Landscape	横屏
PortraitOrLandscape	竖屏/横屏都支持，实际情况取决于用户手机的摆放位置

shell:SystemTray.IsVisible="True",此代码定义了系统状态栏的显示状态，在 Windows Phone Mango 中，系统状态栏是指位于屏幕顶部，用于显示通信信号强度、电池容量、响铃（或振动）、WIFI 连接情况等状态。设置值为"True"可以显示状态栏，设置为"False"可以隐藏状态栏。

另外，MainPage.xaml 默认定义如下代码：

```
<StackPanel x:Name="TitlePanel" Grid.Row="0" Margin="12,17,0,28">
    <TextBlock x:Name="ApplicationTitle" Text="MY APPLICATION" Style=
"{StaticResource PhoneTextNormalStyle}"/>
        <TextBlock x:Name="PageTitle" Text="Guess Number" Margin="9,-7,0,0"
Style="{StaticResource PhoneTextTitle1Style}"/>
    </StackPanel>
```

分别用于显示应用程序标题和页面标题，可以通过修改 Text 值进行定制。

系统默认以 MainPage.xaml 作为应用程序运行的首页面，在实际使用中可以进行更改。事实上，应用程序中也可以没有 MainPage.xaml 文件。这些修改需要在 WMAppManifest.xml 文件中完成。

5）SplashScreenImage.jpg

SplashScreenImage.jpg 是个图片文件，默认图片如图 1-26 所示。该图片会在应用程序启动，但尚未载入首页面（如 MainPage.xaml）之前显示。同样与 Background.png 和 ApplicationIcon.png 类似，用户也可以修改该图片。

图 1-26　SplashScreenImage.jpg

6）AppManifest.xml

AppManifest.xml 是 Silverlight 应用程序的基础结构文件，保存的是应用程序生成时所必需的文件清单，一般不需要手工改动。

7）AssemblyInfo.vb

AssemblyInfo.vb 文件记录了应用程序生成时的元数据，包括程序的名称、版本、企业、版权所有方等信息。这些元数据会嵌入到最终生成的 Xap 文件中。如在本例中，AssemblyInfo.vb 文件的内容如下。

VB.NET 代码：

```vbnet
Imports System
Imports System.Reflection
Imports System.Runtime.InteropServices
Imports System.Resources


' Review the values of the assembly attributes
<Assembly: AssemblyTitle("GuessNumber")>
<Assembly: AssemblyDescription("")>
<Assembly: AssemblyConfiguration("")>
<Assembly: AssemblyCompany("Guess Corp.")>
<Assembly: AssemblyProduct("GuessNumber")>
<Assembly: AssemblyCopyright("Copyright © Guess Corp. 2010")>
<Assembly: AssemblyTrademark("")>
<Assembly: AssemblyCulture("")>


<assembly: ComVisible(false)>


' The following GUID is for the ID of the typelib if this project is exposed to
COM
<assembly: Guid("f1b1febc-3400-4f4f-a40b-f00e14551236")>


<assembly: AssemblyVersion("1.0.0.0")>
<assembly: AssemblyFileVersion("1.0.0.0")>
<Assembly: NeutralResourcesLanguageAttribute("zh-CN")>
```

　　这些内容也可以通过项目属性进行修改，操作过程如下：在解决方案管理器窗口中，用鼠标右键单击项目名称，如本例的"GuessNumber"，在弹出快捷菜单中选择"Properties"（属性）命令。在如图 1-27 所示的窗口单击"Assembly Information…"按钮，可以在如图 1-28 所示的"Assembly Information"对话框中，设置应用程序生成的元数据信息。这些数据变动会实时更新到 AssemblyInfo.vb 文件中。

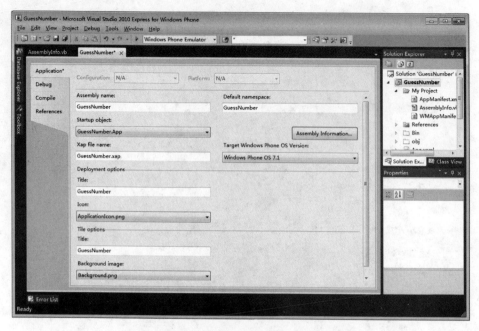

图 1-27 "GuessNumber"窗口

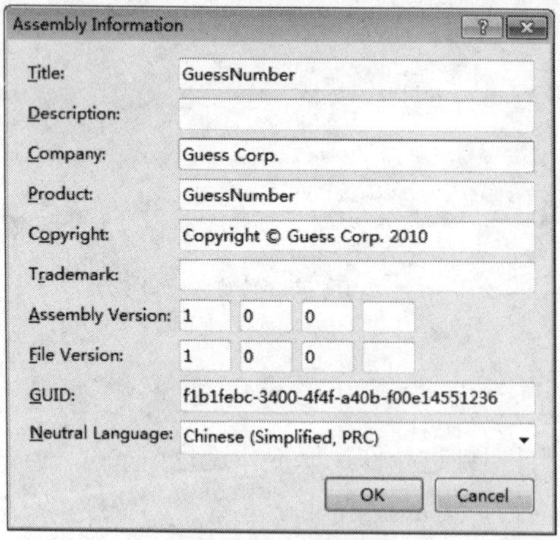

图 1-28 "Assembly Information"对话框

8）WMAppManifest.xml

WMAppManifest.xml 用于应用程序在操作系统 Windows Phone Mango 中的运行方式、显示状态，是应用程序的清单。如本例"GuessNumber"项目的 WMAppManifest.xml 内容如下：

```
<?xml version="1.0" encoding="utf-8"?>
```

```xml
    <Deployment xmlns="http://schemas.microsoft.com/windowsphone/2009/deploy
ment" AppPlatformVersion="7.1">
      <App xmlns="" ProductID="{91b9b9f0-67bd-4be6-83d9-358561e38f4f}" Title=
"GuessNumber" RuntimeType="Silverlight" Version="1.0.0.0" Genre="apps.normal
" Author="GuessNumber author" Description="Sample description" Publisher="Gu
essNumber">
        <IconPath IsRelative="true" IsResource="false">ApplicationIcon.png</I
conPath>
      <Capabilities>
        <Capability Name="ID_CAP_GAMERSERVICES"/>
        <Capability Name="ID_CAP_IDENTITY_DEVICE"/>
        <Capability Name="ID_CAP_IDENTITY_USER"/>
        <Capability Name="ID_CAP_LOCATION"/>
        <Capability Name="ID_CAP_MEDIALIB"/>
        <Capability Name="ID_CAP_MICROPHONE"/>
        <Capability Name="ID_CAP_NETWORKING"/>
        <Capability Name="ID_CAP_PHONEDIALER"/>
        <Capability Name="ID_CAP_PUSH_NOTIFICATION"/>
        <Capability Name="ID_CAP_SENSORS"/>
        <Capability Name="ID_CAP_WEBBROWSERCOMPONENT"/>
        <Capability Name="ID_CAP_ISV_CAMERA"/>
        <Capability Name="ID_CAP_CONTACTS"/>
        <Capability Name="ID_CAP_APPOINTMENTS"/>
      </Capabilities>
      <Tasks>
        <DefaultTask  Name ="_default" NavigationPage="MainPage.xaml"/>
      </Tasks>
      <Tokens>
        <PrimaryToken TokenID="GuessNumberToken" TaskName="_default">
          <TemplateType5>
          <BackgroundImageURI IsRelative="true" IsResource="false">Background.png
</BackgroundImageURI>
            <Count>0</Count>
            <Title>GuessNumber</Title>
```

```
        </TemplateType5>
      </PrimaryToken>
    </Tokens>
  </App>
</Deployment>
```

其中，ProductID 是在 Windows Phone 操作系统用于标识该应用程序的 GUID（Globally Unique Identifier）编号，这是全局唯一的编号，可以与其他程序进行区分。Title 项值代表应用程序的名称，RuntimeType 可识别应用程序的类型，值"Silverlight"表示这是一个 Silverlight 程序，如果值是"XNA"则表示是一个 XNA 程序。另外，<IconPath IsRelative="true" IsResource="false"> ApplicationIcon.png</IconPath>指定了应用程序的图标，<DefaultTask Name ="_default" NavigationPage="MainPage.xaml"/> 指定应用程序启动时载入的首页面为"MainPage.xaml"，<BackgroundImageURI IsRelative="true" IsResource="false">Background.png </BackgroundImage URI>指定了应用程序在操作系统开始页中的图标。因此，修改这些项的值，可以定制应用程序的运行状态。

WMAppManifest.xml 文件与应用程序属性是相关联的，也就是说，可以通过对应用程序属性的修改来更改 WMAppManifest.xml 中的内容。具体可以在如图 1-27 所示的窗口中进行操作。

2. 代码含义

本程序代码比较简单，也易懂，程序代码都集中在 MainPage.xaml.vb 中。完整代码及说明如下。

VB.NET 代码：
```vb
Partial Public Class MainPage
    Inherits PhoneApplicationPage
    '定义两个页面级公共变量
    Dim GuessNumber As Integer
    Dim rnd As Random

Public Sub New()
        InitializeComponent()
    End Sub

    Private Sub PhoneApplicationPage_Loaded(sender As System.Object, e As
System.Windows.RoutedEventArgs) Handles MyBase.Loaded
```

```
        '页面载入时，调用随机函数，生成随机值，随机值取值范围为 1~3，整型值，然后赋给
'页面全局变量 GuessNumber
        rnd = New Random(System.DateTime.Now.Second)
        GuessNumber = rnd.Next(1, 3)
    End Sub
    '将 3 个按钮的单击事件都绑定到 GuessButton1_Click，并判断所单击按钮值是否与
'GuessNumber 值相同，并根据结果给出提示
    Private Sub GuessButton1_Click(sender As System.Object, e As System.
Windows.RoutedEventArgs)    Handles    GuessButton3.Click,    GuessButton1.Click,
GuessButton2.Click
        Dim button As Button = CType(sender, Button)
        If GuessNumber = CInt(button.Tag) Then
            MessageBox.Show("哈 哈，真 厉 害，这 也 让 您 猜 到 了！", "结 果",
MessageBoxButton.OK)
            GuessNumber = rnd.Next(1, 3)
        Else
            MessageBox.Show("哦，  喔 喔！没 猜 到！再 试 试！", "结 果",
MessageBoxButton.OK)
        End If
    End Sub
End Class
```

1.5　本章小结

本章介绍了 Windows Phone Mango 系统的发展历史与特点，应用程序开发平台的搭建；并通过第一个 Silverlight for Windows Phone 应用程序设计过程的介绍，演示了 Windows Phone Mango 应用程序设计、测试等一般过程。同时，还详细分析了 Windows Phone Mango 应用程序的文件结构，各文件的基本内容与作用等。

02 页面布局

布局在 Windows Phone Mango 应用程序中，是指如何将元素更合理地布置在页面上

布局在 Windows Phone Mango 应用程序中，是指如何将元素更合理地布置在页面上。在手机屏幕这个相对狭小的空间内，做好页面的布局，让希望用户看到的、对应用程序功能呈现起重要作用的内容能够充分有效地显示在页面上，并能让用户觉得美观，相比 PC 而言显得尤其重要。同时，Windows Phone Mango 系统的手机都支持重力感应，可以根据用户手机摆放位置不同，转为竖屏或横屏，当屏幕方向发生改变时，原有应用程序界面能否适应这种变化，就需要依靠页面设计时的合理布局。

Windows Phone Mango 解决页面布局的机制主要包括两方面，一是面板，通过系统提供的多种面板控件，如 Grid、StackPanel、Canvas、WrapPanel 解决元素在页面中的布置与定位；另一方面是元素的各种属性，如 Width、MinWidth、MaxWidth、Height、MinHeight、MaxHeight、Margin、Padding、HorizontalAlignment、VerticalAlignment 等，通过这些属性的设置，确定元素的大小、在面板中的相对位置。另外，Windows Phone Mango 还允许用户在系统类的基础上创建用户自定义的布局类。本章介绍布局面板和属性的特性与使用。

本章要点

- Grid、StackPanel、Canvas、WrapPanel 布局面板控件的使用。
- 布局相关属性的设置。

2.1 Grid 面板布局

Grid 面板是 Windows Phone Mango 应用程序页面布局中，使用最广泛的面板。Grid 面板类

似于 HTML 网页设计中的表格 Table，即通过将整个页面划分成由多个行和列组成的单元格，将元素放置于单元格中实现布局。因此，如果以前熟悉 HTML 设计，就比较容易理解和使用 Grid。

2.1.1　定义行与列

使用 Grid 面板进行页面布局，首先需要在 Grid 面板中划分行和列。定义行和列的 XAML 代码分别是 RowDefinition 和 ColumnDefinition，例如，以下代码将 Grid 划分成 3 行两列，在模拟器预览窗口中显示的效果如图 2-1 所示。

XAML 代码：

```xml
<Grid x:Name="ContentPanel" Grid.Row="1" Margin="12,0,12,0">
    <Grid.ColumnDefinitions>
        <ColumnDefinition />
        <ColumnDefinition />
    </Grid.ColumnDefinitions>
    <Grid.RowDefinitions>
        <RowDefinition />
        <RowDefinition />
        <RowDefinition />
    </Grid.RowDefinitions>
</Grid>
```

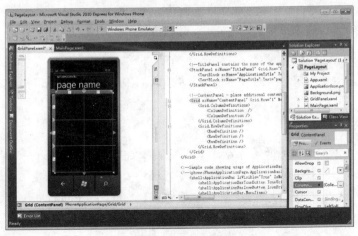

图 2-1　Grid 行和列的定义

即，行的定义是在<Grid.RowDefinitions>标记中添加<RowDefinition/>标记，列的定义是在<Grid.ColumnDefinitions>标记中添加<ColumnDefinition/>标记。

行与列的大小，即单元格大小，可以通过设置<RowDefinition/>的高度值属性 Height 与<ColumnDefinition/>的宽度值属性 Width 来实现。如以下代码定义了两列的宽度分别是 100 和200，三行的高度分别 100、200 和 300。

XAML 代码：

```xaml
<Grid x:Name="ContentPanel" Grid.Row="1" Margin="12,0,12,0">
        <Grid.ColumnDefinitions>
            <ColumnDefinition Width="100"/>
            <ColumnDefinition Width="200"/>
        </Grid.ColumnDefinitions>
        <Grid.RowDefinitions>
            <RowDefinition Height="100"/>
            <RowDefinition Height="200"/>
            <RowDefinition Height="300"/>
        </Grid.RowDefinitions>
    </Grid>
```

这种直接以确定数值指定行（或列）的高度（或宽度）的方式，被称为绝对尺寸（Absolute Sizing）设置方式，相对简单明了。但是在实际使用过程中，这些绝对尺寸值是固定的，无法适应屏幕方向的变化和在元素增减时要求布局自动调整的需要。为了解决这方面的问题，Silverlight for Windows Phone Mango 还提供了自动尺寸（Autosizing）和比例尺寸（Proportional Sizing），比例尺寸还被称为星号尺寸（Star Sizing）。这 3 种尺寸设置方式的特点如下。

1. 绝对尺寸

绝对尺寸使用确定的数值来定义行或列的大小，这些值不会因为 Grid 面板所占空间大小的变化而变化。

2. 自动尺寸

自动尺寸将 Width 和 Height 值设为 Auto，如 Width="Auto"或 Height="Auto"，当元素放置于单元格时，行与列的 Height 与 Width 值将由单元格中子元素的大小确定。但是，当一行或一列中有多个单元格，并放置多个子元素时，行与列的 Height 与 Width 的实际值由每一行与每一列中最大 Height 值与 Width 值决定。相比绝对尺寸，自动尺寸更具灵活性，尤其是更能适应单元格内容的动态变化，两者的区别如图 2-2 所示。

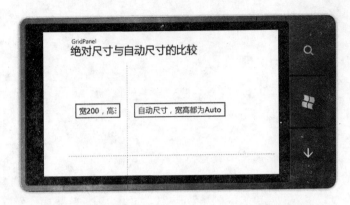

图 2-2　绝对尺寸与自动尺寸的比较

显示图 2-2 的代码如下。

XAML 代码：Gridpanel1.xaml

```
<Grid x:Name="ContentPanel" Grid.Row="1" Margin="12,0,12,0" ShowGridLines=
"True">
        <Grid.ColumnDefinitions>
            <ColumnDefinition Width="200"/>
            <ColumnDefinition Width="Auto"/>
        </Grid.ColumnDefinitions>
        <Grid.RowDefinitions>
            <RowDefinition Height="300"/>
            <RowDefinition Height="Auto"/>
        </Grid.RowDefinitions>
        <Button Content="宽 200，高 300" Height="72" Margin="12"
Name="Button1" VerticalAlignment="Center" HorizontalAlignment="Stretch" />
        <Button Content="自动尺寸，宽高都为 Auto" Height="72" Margin="12"
Name="Button2" VerticalAlignment="Center" HorizontalAlignment="Stretch" Grid.
Row="0" Grid.Column="1"/>
    </Grid>
```

从代码可见，第一行与第一列的高度与宽度设置为绝对尺寸，分别为 Width="200" 和
Height="300"，第二行与第二列的宽度与高度设置为自动尺寸；在第一行第一列的单元格中放置
一个 Button1，这个 Button1 显示的内容为 "宽 200，高 300"，但是由于单元格是绝对尺寸且宽
度不足，Button1 的内容没有全部显示出来。第一行第二列的单元格中放置 Button2，由于单元

格的宽度为自动尺寸，因此，单元格的宽度根据 Button2 内容的宽度做了自动调整，Button2 的内容全部显示出来了。

3. 比例尺寸

比例尺寸使用系数和星号（*）的组合来表示尺寸大小，如 Width="2.5*"，这样系统会自动根据系数的比例来分配尺寸。这种分配方法跟行与列设置值的情况有关，具体分为以下 3 种情况。

- 只有一行的高度或一列宽度被设置为"*"时，该行或列会占据剩余的高度或宽度。
- 有多行的高度或多列的宽度设置为"*"时，这些行或列平分剩余的高度或宽度。
- 多行的高度或多列的宽度设置为系数与"*"的组合时，这些行或列按系数比例分配尺寸。如行 1 的 Height="3.5*"，行 2 的 Height="1.5*"，则行 1 的 Height 占可分配空间的 70%，行 2 的 Height 占 30%。其中 Height="*" 等同于 Height="1*"。

图 2-3 所示可以说明上述 3 种情况。Grid1 中，第一列的宽度 Width="180"，为绝对尺寸，第二列为 Width="*"，为比例尺寸，则第一列宽度固定，第二列占据剩余宽度。Grid2 中，第一列宽度为绝对尺寸，宽度值固定，其他列宽都为"*"，平分剩余宽度。Grid3 和 Grid4 除第一列为固定尺寸外，其余列按比例分配剩余宽度。

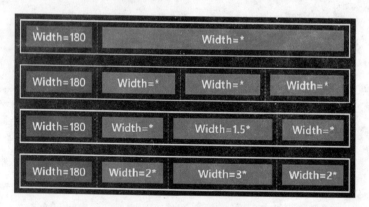

图 2-3　比例尺寸的空间分配

行与列的定义与尺寸设置除了可以在 XAML 代码中实现之外，还可以通过程序代码来实现，如以下代码创建了一个三行，三列的 Grid，并对行与列的尺寸进行了设置。程序运行的结果如图 2-4 所示。

XAML 代码：Gridpanel2.xaml.vb

```vb
Dim Grid1 As Grid = New Grid
Dim row As RowDefinition
Dim col As ColumnDefinition
```

```
Dim i As Integer = 0
For i = 1 To 3
    row = New RowDefinition
    row.Height = New GridLength(30 * i, GridUnitType.Pixel)
    Grid1.RowDefinitions.Add(row)
Next
For i = 1 To 3
    col = New ColumnDefinition
    col.Width = New GridLength(i, GridUnitType.Star)
    Grid1.ColumnDefinitions.Add(col)
Next
Grid1.ShowGridLines = True
Grid1.Margin = New Thickness(20)
Grid1.Height = 180
Grid1.Width = 300
Grid.SetRow(Grid1, 1)
Me.LayoutRoot.Children.Add(Grid1)
```

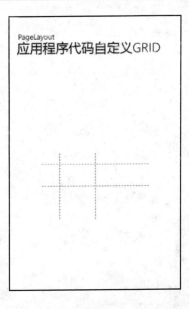

图 2-4 程序代码定义 Grid 行与列

其中，GridUnitType 是个枚举类，可选的值有 Pixel、Star、Auto；分别表示尺寸设置方式为绝对尺寸、比例尺寸和自动尺寸。在设计阶段，为了便于观察单元格，可以将 Grid 面板控件的 ShowGridLines 属性设置为 True，表示显示表格线，表格线会以虚线形式显示。

> **提示：**
>
> Grid 行与列的划分和尺寸也可以在模拟器预览窗口中进行划分。

2.1.2　设置子元素的位置

定义 Grid 面板的行和列之后，就可以将子元素布置到单元格中。定义子元素在单元格的位置，可以采用附加属性 Grid.Row 和 Grid.Column。如在实例图 2-2 对应的代码中，对 Button2 设置了 Grid.Row="0"和 Grid.Column="1"，即表示将元素 Button2 放置于第一行、第二列中。Grid 的行与列编号是从 0 开始编的，因此 Grid.Row="0"表示第一行，Grid.Row="1"表示第二行。而 Button1 未设置 Grid.Row 和 Grid.Column 表示取默认值，Grid.Row 和 Grid.Column 的默认值都是 0，因此，Button1 实际是放置在第一行第一列的单元格。

Grid 的单元格可以放置的子元素不止一个，当有多个子元素置于同一个单元格中时，这些元素可能会出现重叠。在代码顺序中排在后面的元素会叠加在顺序靠前的元素之上。如以下代码表示在 Grid 的第一行第一列放置两个 Button，其中，Button2 叠加在 Button1 之上，如图 2-5 所示。

XAML 代码：Gridpanel3.xaml

```
    <Button Name="Button1" Width="200" Height="120" HorizontalAlignment="Left"
VerticalAlignment="Top" Grid.Row="0" Grid.Column="0">Button1</Button>
    <Button Name="Button2" Width="200" Height="120" Background="#FFDEA0A0"
Grid.Row="0" Grid.Column="0" >Button2</Button>
```

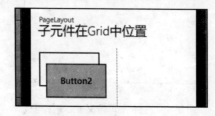

图 2-5　多个元素置于同一单元格时出现重叠

这种同一单元格中重叠的特性，有时候比较有用。如 Silverlight for Windows Phone 默认提供了多个图标，但有些图标可能没有。如图 2-6 所示，采用两个图标在同一单元格中重叠的特性，构造出了一个新图标。

 ＋  ——》

图 2-6　利用叠加构造新图标

代码如下。

XAML 代码：

```
    <Image   Source="/Images/appbar.basecircle.rest.png" Width="48" Height="48"
Grid.Row="2" HorizontalAlignment="Center" VerticalAlignment="Center" />
    <Image    Source="/Images/appbar.add.rest.png"   Width="48"   Height="48"
Grid.Row="2" HorizontalAlignment="Center" VerticalAlignment="Center" />
```

子元素可以放置在 Grid 面板的一个单元格中，也可以跨越多行或者多列，这可以使用 Grid.RowSpan 和 Grid.ColumnSpan 进行设置。如 Grid.RowSpan=2 表示跨越两行，可以使用两行的空间，　Grid.ColumnSpan=3，表示跨越三列。Grid.RowSpan 和 Grid.ColumnSpan 的默认值都为 1，表示置于一行和一列内。

如以下代码表示 Button2 置于第二行，第一列，但跨越二列，如图 2-7 所示。

XAML 代码：

```
<Button  Name="Button3"  Width="400"  Background="#FFDEA0A0"  Grid.Row="1"
Grid.ColumnSpan="2" Margin="28,14,28,1">Button2</Button>
```

> **提示：**
>
> 在程序代码中使用上述附加属性，可以采用如下方式。

VBnet 代码：

```
Dim button As New Button
Grid.SetRow(button, 1)
Grid.SetColumn(button, 1)
```

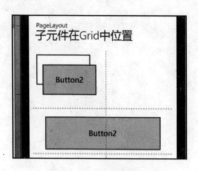

图 2-7　元素跨越多列

2.2 ●StackPanel 面板布局

StackPanel 面板也称为堆栈面板，也是一种十分常用的布局面板。StackPanel 面板中可以放置多个子元素，这些子元素虽然在同一面板中，但是相互之间不会重叠，会按顺序进行排列。

多个子元素在 StackPanel 面板中的排列方向有垂直和水平两种。StackPanel 中子元素排列方向取决于 StackPanel 的属性 Orentation 的设置值。对应值及含义如下：

- Vertical。Vertical 是默认值，表示 StackPanel 面板中的元素以垂直方向排列。
- Horizontal。表示以水平方向排列面板内的元素。

如图 2-8 所示，分别表示垂直和水平排列。

图 2-8　StackPanel 面板中元素的排列方向

子元素在 StackPanel 面板中的排列顺序取决于属性 FlowDirection，FlowDirection 的取值有 LeftToRight 和 RightToLeft 两种。含义如下：

- LeftToRight。表示 StackPanel 中子元素，按从左向右的顺序排列。
- RightToLeft。表示 StackPanel 中子元素，按从右向左的顺序排列。

如图 2-9 所示分别是两种不同的排列顺序。

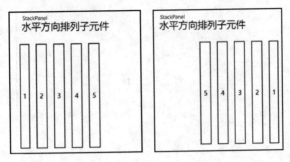

图 2-9　StackPanel 通过 FlowDirection 设置子元素的排列顺序

提示：

FlowDirection 属性只在 Orentation 设置为 Horizontal 时有效，在 Orentation 取值为 Vertical 时不起作用。

StackPanel 面板的排列方向和顺序也可以使用程序代码进行设置。如图 2-10 所示，单击 "ChangOrientation" 按钮可以调整排列方向，单击 "ChangFlowDirection" 按钮可以调整排列顺序，单击 "AddNew" 按钮可以添加一个新按钮到 StackPanel 面板的末尾和插入一个新按钮到第三行。

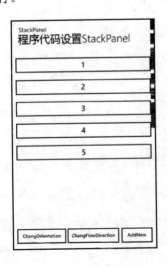 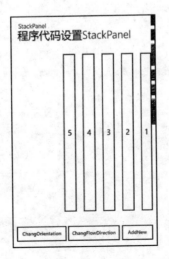 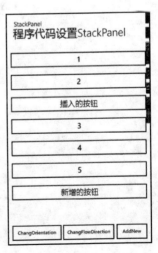

图 2-10　使用程序代码设置 StackPanel 面板

详细代码如下。

VBnet 代码：StackPanel3.xaml.vb

```vb
Private Sub ChangOrientation_Click(sender As System.Object, e As System.Windows. _
    RoutedEventArgs) Handles ChangOrientation.Click
    If Me.StackPanel0.Orientation = Controls.Orientation.Vertical Then
        Me.StackPanel0.Orientation = Controls.Orientation.Horizontal
    Else
        Me.StackPanel0.Orientation = Controls.Orientation.Vertical
    End If
End Sub


Private Sub ChangFlowDirection_Click(sender As System.Object, e As System.Windows. _
    RoutedEventArgs) Handles ChangFlowDirection.Click
    If Me.StackPanel0.FlowDirection = Windows.FlowDirection.LeftToRight Then
        Me.StackPanel0.FlowDirection = Windows.FlowDirection.RightToLeft
    Else
        Me.StackPanel0.FlowDirection = Windows.FlowDirection.LeftToRight
    End If
End Sub


Private Sub Addnew_Click(sender As System.Object, e As System.Windows. _
    RoutedEventArgs) Handles Addnew.Click
    Dim buttonnew As Button = New Button
    buttonnew.Content = "新增的按钮"
    Me.StackPanel0.Children.Add(buttonnew) '新增按钮，添加在末尾
    buttonnew = New Button
    buttonnew.Content = "插入的按钮"
    Me.StackPanel0.Children.Insert(2, buttonnew) '插入的按钮，添加在第三个
End Sub
```

2.3 WrapPanel 面板布局

WrapPanel 是一个比较特殊的面板，并且没有包含在 Silverlight for Windows Phone 默认安装中。要使用 WrapPanel 面板，首先需要到 http://silverlight.codeplex. com/releases/view/60291 下载并安装 Silverlight for Windows Phone Toolkit，本书编写时最新版本是 August 2011（7.1 SDK）。下载安装后，可以将 WrapPanel 面板及其他众多有用的控件集成到开发工具中。

WrapPanel 与 StackPanel 非常接近，可以将面板内的子元素按顺序排列，不同之处是，如果遇到空间不足时，WrapPanel 会将多余的元素放在另外一行或者列。这对于子元素数目不确定，又需要分行或列排列在面板中时，是非常有用的。

在 Visual Studio Express for Windows Phone 中使用 WrapPanel 的过程如下：

（1）首先根据前述地址下载并安装 Silverlight for Windows Phone Toolkit。

（2）在 Visual Studio Express for Windows phone 的解决方案管理窗口（Solution Explorer）中，用鼠标右键单击 References 文件夹，在弹出的快捷菜单中选择“Add Reference…”命令，在“Add Reference”对话框中选择“Browser”选项卡，并按如下路径找到“C:\Program Files (x86)\Microsoft SDKs\Windows Phone\v7.0\Toolkit\Feb11\Bin\Microsoft.Phone.Controls.Toolkit.dll”，将 Windows Phone Toolkit 添加引用到本项目中（具体路径与安装时选择的安装路径有关）。

（3）在页面设计状态中，展开左侧的“ToolBox”对话框。在对话框中的空白区域单击鼠标右键，在弹出的快捷菜单中选择“Choose Items…”命令，在如图 2-11 所示的“Choose Toolbox Items”对话框中，找到并选中“WrapPanel”复选框。

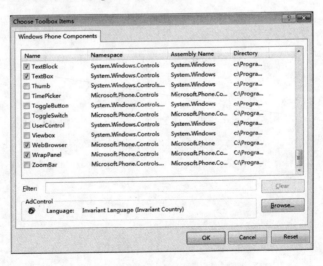

图 2-11　选择 WrapPanel 面板控件

（4）在页面的 XAML 代码编辑窗口中，添加<toolkit:WrapPanel></toolkit:WrapPanel>即可使用 WrapPanel。

WrapPanel 如下属性与 StackPanel 类似：

- Orientation。与 StackPanel 面板的 Orientation 属性类似，用于确定子元素的排列方向，不同之处是默认值为 Horizontal。如果 Orientation 值为 Horizontal，WrapPanel 面板中的子元素会先按水平方向排列，排不下时，剩余的元素会另起一行，重新排列。
- ItemWidth。用于指定 WrapPanel 面板内子元素的宽度。如果子元素的实际宽度大于 ItemWidth 时，会被裁剪；小于 ItemWidth 时保持原有宽度。ItemWidth 的默认值为 Auto，表示 ItemWidth 值取子元素的实际宽度。
- ItemHeight。与 ItemWidth 类似，指定的是子元素的高度，默认值也为 Auto。

例如，以下代码包含两个 WrapPanel，第一个 WrapPanel 水平放置子元素，ItemWidth="120"，按钮 1 的 Width=140，大于 ItemWidth，被裁剪了，按钮 3 的 Width 小于 ItemWidth，保持原值，其余按钮的 Width 未做设置，默认设置为 Auto，取 ItemWidth 值作为按钮的 Width 值。

第二个 WrapPanel 垂直放置子元素，ItemHeight="120"，Height 值大于 ItemHeight 的子元素被裁剪，小于 ItemHeight 保持原持，Height 值为 Auto 的，取 ItemHeight。

程序运行效果，如图 2-12 所示。

XAML 代码：WrapPanel1.xaml

```xaml
<toolkit:WrapPanel Grid.Row="1" Grid.RowSpan="3" ItemWidth="120">
        <Button Content="1" BorderBrush="Aqua" Width="140"/>
        <Button Content="2" BorderBrush="CadetBlue"/>
        <Button Content="3" BorderBrush="DarkMagenta" Width="80"/>
        <Button Content="4" BorderBrush="Fuchsia"/>
        <Button Content="5" BorderBrush="LightBlue" />
        <Button Content="6" BorderBrush="Orange"/>
    </toolkit:WrapPanel>
    <TextBlock Name="textblock" Text="垂直放置子元件" Margin="9"
Style="{StaticResource PhoneTextTitle1Style}" FontSize="36" Grid.Row="2"/>
    <toolkit:WrapPanel Grid.Row="3" ItemHeight="120" Orientation=
"Vertical">
        <Button Content="1" BorderBrush="Aqua" Height="140"/>
        <Button Content="2" BorderBrush="CadetBlue" Height="80"/>
        <Button Content="3" BorderBrush="DarkMagenta" />
        <Button Content="4" BorderBrush="Fuchsia" />
```

```
        <Button Content="5" BorderBrush="LightBlue" />
        <Button Content="6" BorderBrush="Orange" />

    </toolkit:WrapPanel>
```

图 2-12　WrapPanel 的应用

2.4 —● Canvas 面板布局

Canvas 面板也被称为画布面板，是一种根据子元素所处位置的坐标值来进行定位的布局面板。这与 Windows Forms 窗体程序设计中，通过将控件放置于窗体 Form 中，由控件的左上角顶点在窗体 Form 中的绝对位置来决定控件的位置是相似的。因此，Canvas 面板非常适合用于游戏程序设计。

在实际使用中，Canvas 面板中的子元素，通过设置附加属性 Canvas.Left 和 Canvas.Top 来设定子元素的左上角顶点的坐标。一般以 Canvas 的左上角顶点作为坐标原点，则 Canvas.Left 相当于子元素的 X 轴坐标值，Canvas.Top 相当于子元素的 Y 轴坐标值。

由此，不难发现采用 Canvas 面板放置子元素比较容易出现子元素重叠的现象。如果多个子元素发生重叠，又需要控制重叠的顺序，可以通过设置 Canvas.ZIndex 值实现，Canvas.ZIndex 值越大，处于最上层。例如，有两个 Button 出现重叠，Button1 的 Canvas.ZIndex=1，而 Button2 的 Canvas.ZIndex=2，则 Button2 会叠在 Button1 的上面。

在 Windows Phone Mango 手机中，有一个用于显示拨号键盘的图标，如图 2-13 所示，是由一组浅色的矩形拼合成的。这一图标可以通过 Canvas 面板来生成，代码如下。

图 2-13　显示拨号键盘的图标

XAML 代码：Canvas.xaml

```
<Canvas Width="64" Height="72" Grid.Row="1">
        <!-- Add a style to this canvas's resource dictionary -->
        <Rectangle  Width="16" Height="16" Fill="White" />
        <Rectangle Canvas.Left="24" Width="16" Height="16" Fill="White"/>
        <Rectangle Canvas.Left="48" Width="16" Height="16" Fill="White"/>
        <Rectangle Canvas.Top="24" Width="16" Height="16" Fill="White"/>
        <Rectangle Canvas.Left="24" Canvas.Top="24" Width="16" Height="16"
Fill="White"/>
        <Rectangle Canvas.Left="48" Canvas.Top="24" Width="16" Height="16"
Fill="White"/>
        <Rectangle Canvas.Top="48" Width="16" Height="16" Fill="White"/>
        <Rectangle Canvas.Left="24" Canvas.Top="48" Width="16" Height="16"
Fill="White"/>
        <Rectangle Canvas.Left="48" Canvas.Top="48" Width="16" Height="16"
Fill="White"/>
        <Rectangle Canvas.Left="24" Canvas.Top="72" Width="16" Height="16"
Fill="White"/>
    </Canvas>
```

上述代码中，Rectangle 表示矩形控件，Canvas.Left 和 Canvas.Top 分别指定矩形距离 Canvas 面板左上角顶点的横坐标（X 轴）与纵坐标（Y 轴）的值，如果未明确指定则默认表示值为 0。例如，<Rectangle Width="16" Height="16" Fill="#FFF8F2F2" />矩形未指定 Canvas.Left 和 Canvas.Top 值，表示两值都为 0，则此矩形的左上角顶点坐标与 Canvas 左上角顶点坐标重合。

实现上述拨号图标的程序代码如下：

VBnet 代码：Canvas2.xaml.vb

```
Private Sub PhoneApplicationPage_Loaded(sender As System.Object, e As
```

```
System.Windows.RoutedEventArgs) Handles MyBase.Loaded
        Dim rec As Rectangle '表示图标中白色小方块的矩形
        Dim i As Integer = 0
        Dim j As Integer = 0
        For i = 0 To 2
            For j = 0 To 2
                rec = New Rectangle
                rec.Fill = New SolidColorBrush(Colors.White)
                rec.Width = 16
                rec.Height = 16
                '采用 Controls.Canvas.SetLeft 设置左顶点的 X 轴坐标值
                Controls.Canvas.SetLeft(rec, j * 24)
                '采用 Controls.Canvas.SetTop 设置左顶点的 Y 轴坐标值
                Controls.Canvas.SetTop(rec, i * 24)
                '将 rec 矩形作为子元素添加到 Canvas1 面板中
                Me.Canvas1.Children.Add(rec)
            Next
        Next
        rec = New Rectangle With {
            .Height = 16, .Width = 16, .Fill = New SolidColorBrush(Colors.White)}
        Controls.Canvas.SetLeft(rec, 24)
        Controls.Canvas.SetTop(rec, 72)
        Me.Canvas1.Children.Add(rec)
    End Sub
```

代码定义矩形变量作为图标中的白色小方块，通过双重循环往 Canvas 面板中添加 9 个矩形。这些矩形添加在 Canvas 的 Children 集合中，作为 Canvas 的子元素。每个矩形的定位通过 Controls.Canvas.SetLeft 和 Controls.Canvas.SetTop 来设定，最后又单独添加了一个处于最下端的矩形块。

2.5 ━●面板嵌套

这些面板除了可以单独定位和布置子元素外，还可以相互嵌套。事实上在页面结构比较复杂的场合，页面就是通过面板相互嵌套实现的。

如在 Visual Studio 2010 Express for Windows Phone 新建的 XAML 页面文件中，代码如下，就是以一个名称为"LayoutRoot"的 Grid 面板作为底层面板，然后在其中嵌套一个名称为"TitlePanel"的 StackPanel 面板，用于设置程序名称和页面标题；还嵌套了另一个名称为"ContentPanel"的 Grid 面板用于放置页面内容。

XAML 代码：

```xaml
<Grid x:Name="LayoutRoot" Background="Transparent">
    <Grid.RowDefinitions>
        <RowDefinition Height="Auto"/>
        <RowDefinition Height="*"/>
    </Grid.RowDefinitions>
    <StackPanel x:Name="TitlePanel" Grid.Row="0" Margin="12,17,0,28">
        <TextBlock  x:Name="ApplicationTitle"  Text="MY  APPLICATION"
Style="{StaticResource PhoneTextNormalStyle}"/>
        <TextBlock x:Name="PageTitle" Text="page name" Margin="9,-7,0,0"
Style="{StaticResource PhoneTextTitle1Style}"/>
    </StackPanel>
    <Grid x:Name="ContentPanel" Grid.Row="1" Margin="12,0,12,0"></Grid>
</Grid>
```

需要说明的是，当两个 Grid 面板嵌套时，子元素归属于哪个 Grid 面板，取决于该子元素离哪个 Grid 面板近，或者说子元素是在哪个面板的标签内。例如，以下代码中，ContentPanel 面板嵌套在 LayoutRoot 面板中，但 Button1 按钮离 LayoutRoot 面板近，属 LayoutRoot 面板的子元素；Button2 属 ContentPanel 面板。

XAML 代码：

```xaml
<Grid x:Name="LayoutRoot" Background="Transparent">
    <Grid.RowDefinitions>
        <RowDefinition Height="Auto"/>
        <RowDefinition Height="*"/>
    </Grid.RowDefinitions>
    <Button   Name="Button1"   Grid.Row="0"   Height="80">  我  属  于
```

```
Grid(LayoutRoot)</Button>

        <Grid x:Name="ContentPanel" Grid.Row="1" >
            <Grid.RowDefinitions>
                <RowDefinition Height="Auto"/>
                <RowDefinition Height="*"/>
            </Grid.RowDefinitions>
            <Button   Name="Button2"   Grid.Row="0"   Height="80"> 我 属 于
Grid(ContentPanel)</Button>
        </Grid>
    </Grid>
```

2.6 　布局的几个重要属性

面板作为一种容器可以放置子元素，并以一定的顺序排列子元素。但是，子元素的大小与实际位置，还与子元素自身的属性设置有关。这些属性有很多种，大致可以分成为以下几种：设置元素大小的属性，如 Height、MinHeight、MaxHeight、Width、MinWidth、MaxWidth；设置间距的属性，如 Margin 与 Padding；设置对齐方式的属性，如 HorizontalAlignment 与 VerticalAlignment；设置可视状态的属性，如 Visibility 与 Opacity。

2.6.1　尺寸属性

Height、MinHeight、MaxHeight、Width、MinWidth、MaxWidth 这些属性通过设置元素的高度与宽度，确定元素的大小。

- Height。用于设置元素的高度值。
- MinHeight。用于设置元素最小允许的高度值。
- MaxHeight。用于设置元素最大允许的高度值。
- Width。用于设置元素的宽度值。
- MinWidth。用于设置元素最小允许的宽度值。
- MaxWidth。用于设置元素最大允许的宽度值。

元素 Height 与 Width 的默认取值为 Auto（即不明确设置数值），表示元素内容多大，元素的 Height 与 Width 就有多大值（另外，还受面板的影响）。例如，以下代码运行结果如图 2-14 所示。

XAML 代码：ImportantPorperties.xaml
```
<Grid x:Name="ContentPanel" Grid.Row="1" Margin="12,0,12,0">
```

```
            <Button Content="But" HorizontalAlignment="Left" Margin="57,80,0,0"
Name="Button1" VerticalAlignment="Top" />
            <Button Content="Button" HorizontalAlignment="Left" Margin="153,80,0,0"
Name="Button2" VerticalAlignment="Top" />
            <TextBlock Height="30" HorizontalAlignment="Left" Margin="153,171,0,0"
Name="TextBlock1" Text="A" VerticalAlignment="Top" />
            <Button Content="But"  HorizontalAlignment="Left"  Margin="315,80,0,0"
Name="Button3" VerticalAlignment="Top" MinWidth="120" />
            <Button Content="Button" HorizontalAlignment="Left" Margin="426,80,0,0"
Name="Button4" VerticalAlignment="Top" MaxWidth="100"/>
            <TextBlock Height="30" HorizontalAlignment="Left" Margin="421,171,0,0"
Name="TextBlock5" Text="B" VerticalAlignment="Top" />
        </Grid>
```

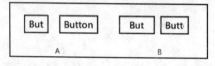

图 2-14　尺寸属性

A 组中的两个按钮都未显式设置 Height 与 Width 的值，因此，按钮的高度与宽度是显示其内容所需的大小值。在 B 组中，两按钮也未显式设置 Height 与 Width 的值，但第一个按钮设置了 MinWidth 的值，因此，虽然按钮内容实际需要空间并没有那么大，还是按 MinWidth 的值显示宽度；第二个按钮由于设置了 MaxWidth 的值，虽然内容所需宽度大于 MaxWidth 值，但还是限制在 MaxWidth 值内。如果显式设置了元素 Height 与 Width 属性的值，那么 Height 与 Width 属性比 MinHeight、MaxHeight 和 MinWidth、MaxWidth 具有更高的优先级，且元素大小会以 Height 与 Width 值来显示。

提示：

　　一般考虑到元素内容具有一定的可变性，如列表框（ListBox）的项目文字会有长有短，因此，不显式设置 Height 与 Width 属性的值，相比具有更高的灵活性。在多语言环境中，不同文字也有可能造成内容出现长短，也最好不要显式设置 Height 与 Width 属性的值。如果确实需要对元素的高度与宽度进行设置，可以设置 MinHeight、MaxHeight 和 MinWidth、MaxWidth 属性的值来实现。

2.6.2　Margin 与 Padding

Margin 与 Padding 是设置元素间距的属性，不同的是 Margin 用于设置元素外部的间距，即元素与元素之间（或元素与面板之间）的间距；Padding 用于设置元素内部的间距，即元素内容与元素边界之间的间距。

一般，使用 Margin="20"或 Padding="20"等方式，即可以将 Margin 与 Padding 属性设置为某一具体的浮点数。但是事实上，Margin 与 Padding 属性的值是一个 System.Windows.Thickness 类的值，此类表示距离左、上、右、下边界的值。因此，Thickness 可以有由 1 个浮点数、2 个浮点数、4 个浮点数 3 种构造方式。如：

- Thickness(10)。表示距离左、上、右、下四边界都为 10。
- Thickness(10，20)。表示距离左、右边界为 10，距离上、下边界为 20。
- Thickness(10，20，5，30)。表示距离左边界为 10，上边界为 20、右边界为 5，下边界为 30。

请看以下代码。

```
XAML 代码：MarginAndPadding.xaml
<Grid x:Name="ContentPanel" Grid.Row="1" Margin="12,0,12,0">
        <Grid.RowDefinitions>
          <RowDefinition Height="*" />
          <RowDefinition Height="*" />
        </Grid.RowDefinitions>
        <Button Name="button1"  Grid.Row="0" Grid.Column="1" Background=
"Blue" Margin="20">Button1</Button>
        <Button Name="button2" Margin="0" Grid.Row="1" Grid.Column="1"
Background="Blue" Padding="120,0,10,0">Button2</Button>
    </Grid>
```

在 Grid 面板中放置了两个 Button，其中 button1 设置 Margin="20"，表示与 Grid 面板 4 个边界的间距都为 20；button2 设置 Margin="0"和 Padding="120,0,10,0"，表示与 Grid 面板 4 个边界的间距都为 0，在 button2 内部，内容文字"Button2"距离左边界为 120，右边界为 10，上、下边界都为 0。

代码执行结果，如图 2-15 所示。

图 2-15　Margin 与 Padding

2.6.3　对齐属性

面板给元素提供了存放的空间与放置的方式，但是子元素还可以决定自己在面板空间中的对齐方式。如同 Windows Form 或 Asp.NET 网页设计中一样，控件在 Form 窗口或网页表单中可以设置对齐方式，Silverlight for Windows Phone 中的子元素也可以通过设置属性 HorizontalAlign ment 与 VerticalAlignment 的值来确定在面板中的对齐方式，还可以通过 HorizontalContentAlign ment 和 VerticalContentAlignment 来设置子元素中内容的对齐方式。

HorizontalAlignment 表示子元素的水平对齐方式，可以取的值包括 Left、Center、Right 和 Stretch，分别表示在水平方向子元素左对齐、中间对齐、右对齐和两端对齐。

VerticalAlignment 表示子元素的垂直对齐方式，可以取的值包括 Top、Center、Bottom 和 Stretch，分别对应顶端对齐、居中对齐、底边对齐和上下两端对齐。

在默认情况下，HorizontalAlignment 和 VerticalAlignment 的值都是 Stretch，这使子元素可以使用面板提供的全部空间。如图 2-16 左图表示的是默认情况，即没有对 HorizontalAlignment 和 VerticalAlignment 属性设置值时的状态，右图是对 HorizontalAlignment 和 VerticalAlignment 属性设置相应值时的状态。

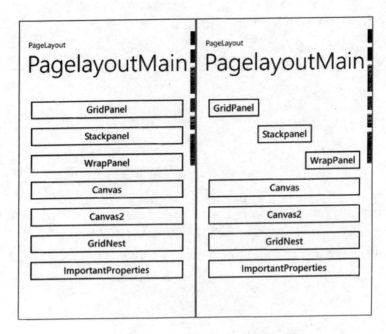

图 2-16　HorizontalAlignment 属性的使用

实现图 2-16 中右图效果的代码如下。

```
XAML 代码：ImportantPorperties.xaml
    <StackPanel Orientation="Vertical" Grid.Row="1" HorizontalAlignment="Stretch"
VerticalAlignment="Stretch" Margin="20" >
        <Button Name="Button1" HorizontalAlignment="Left">GridPanel</Button>
        <Button Name="Button2" HorizontalAlignment="Center">Stackpanel
</Button>
        <Button Name="Button3" HorizontalAlignment="Right">WrapPanel</Button>
        <Button Name="Button4" HorizontalAlignment="Stretch">Canvas</Button>
        <Button Name="Button41">Canvas2</Button>
        <Button Name="Button5">GridNest</Button>
        <Button Name="Button6">ImportantProperties</Button>
</StackPanel>
```

HorizontalContentAlignment 和 VerticalContentAlignment 的取值与 HorizontalAlignment 和 VerticalAlignment 的取值是相同的，对应的含义也相同。

如图 2-17 所示为对子元素的 HorizontalContentAlignment 属性设置不同值时呈现的效果。代码如下：

XAML 代码：ImportantPorperties.xaml

```xaml
<StackPanel Orientation="Vertical" Grid.Row="1" HorizontalAlignment="Stretch"
VerticalAlignment="Stretch" Margin="20" >
    <Button Name="Button1" HorizontalContentAlignment="Left">GridPanel</Button>
    <Button Name="Button2" HorizontalContentAlignment="Center">Stackpanel
</Button>
    <Button Name="Button3" HorizontalContentAlignment="Right">WrapPanel
</Button>
    <Button Name="Button4" HorizontalContentAlignment="Stretch">Canvas</Button>
    <Button Name="Button41">Canvas2</Button>
    <Button Name="Button5">GridNest</Button>
    <Button Name="Button6">ImportantProperties</Button>
</StackPanel>
```

图 2-17 HorizontalContentAlignment 属性的使用

从执行结果来看，似乎存在不少问题，例如，按钮 Button4 将 HorizontalContentAlignment 设置为 Stretch 与 Button1 设置为 Left 的效果相同。这主要因为在 Button 中用于呈现文字内容的是 TextBlock 控件，TextBlock 控件本身已被拉伸，但文字内容不会被拉伸。

在程序代码中，使用对齐属性的方法如下：

```
    Me.Button1.HorizontalAlignment = Windows.HorizontalAlignment.Center
    Me.Button2.HorizontalContentAlignment = Windows.HorizontalAlignment.
Stretch
    Me.Button3.VerticalAlignment = Windows.VerticalAlignment.Top
    Me.Button4.VerticalContentAlignment = Windows.VerticalAlignment.Bottom
```

即 HorizontalAlignment 和 HorizontalContentAlignment 的取值都是 Windows.Horizontal Alignment 的枚举值，VerticalAlignment 和 VerticalContentAlignment 的取值都是 VerticalAlignment 的枚举值。

2.6.4　可视状态属性

可视状态在严格意义上，并不能归到布局中。但是，子元素的显示与否确实在一定程度上可以影响整体页面的效果，如处于中间位置的元素被隐藏时，其他元素可能会占用这些多出来的空间。因此，设置可视状态属性也是页面布局中的内容之一。

子元素的属性中，与可视状态有关的属性包括 Visibility 与 Opacity。

（1）Visibility。用于设置元素是否可视。设置 Visibility= Visible 或 0 时，表示元素处于显示状态，设置 Visibility= Collapsed 或 1 时，表示元素处于隐藏状态。Visibility 的上述取值是 Windows. Visibility 类的枚举值。因此，在程序代码中也可以像下面一样使用：

```
If Me.Button4.Visibility = Windows.Visibility.Collapsed Then
        Me.Button4.Visibility = Windows.Visibility.Visible
 Else
        Me.Button4.Visibility = Windows.Visibility.Collapsed
 End If
```

（2）Opacity。用于设置元素的透明度，取值范围为 0~1。取值为 1 时，表示不透明，背景被覆盖，取值为 0 时，表示透明，元素占据空间但未显示出内容。因此，可以将取值设置在 0~1 之间，如 0.5，实现一种半透明效果，如 Windows Phone Mango 中的系统状态栏和程序栏通常呈半透明状态，一般是通过设置 Opacity 值实现。

如图 2-18 所示，由上至下 4 个按钮的 Opacity 属性分别被设置为 0.3、0.5、0.7 和 1，按钮逐步从半透明向不透明过渡。

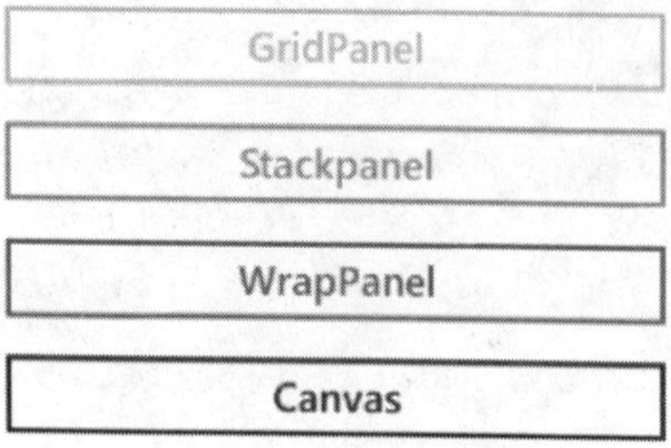

```
┌──────────────────────────────────┐
│            GridPanel             │
└──────────────────────────────────┘
┌──────────────────────────────────┐
│            Stackpanel            │
└──────────────────────────────────┘
┌──────────────────────────────────┐
│            WrapPanel             │
└──────────────────────────────────┘
┌──────────────────────────────────┐
│             Canvas               │
└──────────────────────────────────┘
```

图 2-18　Opacity 属性的使用

2.7 　ScrollViewer 与 ViewBox

通常情况下，当元素添加到面板之后，面板会提供尽可能大的空间来显示子元素中的内容。但是，在有些场合，由于子元素的内容过多，或者其他子元素占据的空间过大，可能会出现部分子元素的内容没有足够的空间来显示。这样，会出现部分内容被剪辑（Clipping）或被截断（Trimming）的现象。为了让用户能够看到全部内容，尤其是要在有限的手机屏幕上显示出更多的内容，让内容滚屏或者缩放显示是不错的选择。

可用于滚屏和缩放的控件分别是 ScrollViewer 和 ViewBox。

2.7.1　ScrollViewer

ScrollViewer 控件提供了垂直滚动条和水平滚动条，允许用户上下或左右滚动显示大容量内容。如以下代码对比了未使用 ScrollViewer 和使用 ScrollViewer 后，大段文字显示情况的差别。

```
XAML 代码：Scrollviewer.xaml
<Grid x:Name="ContentPanel" Grid.Row="1" Margin="12,0,12,0">
        <Grid.RowDefinitions>
            <RowDefinition Height="*" />
            <RowDefinition Height="*" />
        </Grid.RowDefinitions>
        <TextBlock  Margin="20" Text="面板给了元件提供了存放的空间与放置的方
式，但是子元素还可以决定自己在面板空间中的对齐方式。如同 Windows Form 或 Asp.NET 网页设计
中一样，控件在 Form 窗口或表单中可以自己设置对齐方式，Silverlight for Windows Phone 中
的子元件可以通过设置属性 HorizontalAlign ment 与 VerticalAlignment 的值来确定在面板中
```

位置的对齐方式，还可以通过 `HorizontalContent Alignment` 和 `VerticalContentAlignment` 来设置子元件中内容的对齐方式。

`HorizontalAlignment` 表示子元件的水平对齐方式，可以取的值包括 `Left`、`Center`、`Right` 和 `Stretch`，分别表示在水平方向子元件左对齐、中间对齐、右对齐和两端对齐。

`VerticalAlignment` 表示子元件的垂直对齐方式，可以取的值包括 `Top`、`Center`、`Bottom` 和 `Stretch`，分别对应顶端对齐、居中对齐、底边对齐和上下两端对齐。" `TextWrapping="Wrap">`

```
        </TextBlock>
        <ScrollViewer Grid.Row="1" Margin="2" BorderBrush="Blue" Border
Thickness="1" VerticalScrollBarVisibility="Hidden">
```

`<TextBlock Text="`面板给了元件提供了存放的空间与放置的方式，但是子元素还可以决定自己在面板空间中的对齐方式。如同 `Windows Form` 或 `Asp.NET` 网页设计中一样，控件在 `Form` 窗口或表单中可以自己设置对齐方式，`Silverlight for Windows Phone` 中的子元件可以通过设置属性 `HorizontalAlignment` 与 `VerticalAlignment` 的值来确定在面板中位置的对齐方式，还可以通过 `HorizontalContentAlignment` 和 `VerticalContentAlignment` 来设置子元件中内容的对齐方式。

`HorizontalAlignment` 表示子元件的水平对齐方式，可以取的值包括 `Left`、`Center`、`Right` 和 `Stretch`，分别表示在水平方向子元件左对齐、中间对齐、右对齐和两端对齐。

`VerticalAlignment` 表示子元件的垂直对齐方式，可以取的值包括 `Top`、`Center`、`Bottom` 和 `Stretch`，分别对应顶端对齐、居中对齐、底边对齐和上下两端对齐。" `TextWrapping="Wrap"></TextBlock>`

```
    </ScrollViewer>
</Grid>
```

程序执行的效果如图 2-19 所示。第一个 TextBlock 由于空间不足，剩余的文字内容被截断，没有显示出来；第二个 TextBlock 放在 ScrollViewer 控件中，用户可以通过上下滚动来显示后续文字内容。

ScrollViewer 的重要属性有如下两个：

● HorizontalScrollBarVisibility。用于设置是否显示水平滚动条，可以设置的值有 Auto、Disabled、Hidden、Visible。

● VerticalScrollBarVisibility。用于设置是否显示垂直滚动条，可以设置的值也包括 Auto、Disabled、Hidden、Visible。

　　➤ Auto。表示自动显示滚动条，系统根据内容的量和元素的高度（Height）、宽度（Width）设置值，自动计算，在需要时显示滚动条。

　　➤ Disabled。表示滚动条不可用，与没有使用 ScrollViewer 情况是相同的。

> ➢ Hidden。表示滚动条不可见，但内容可以滚动显示。
> ➢ Visible。显示滚动条。当空间足够时，也显示滚动条。

图 2-19　ScrollViewer 的使用

2.7.2　ViewBox

ViewBox 提供了一种缩放机制，用于对放置于其中的子元素进行缩放。缩放的方式取决于属性 Stretch 的取值。Stretch 是 System.Windows.Media.Stretch 类的枚举类值，可以取的值包括 None、Fill、Uniform、UniformToFill4 种，其中 Uniform 是默认值。这些取值的含义如下：

- None。不对子元素进行缩放，这与没有使用 ViewBox 效果是一样的。
- Fill。拉伸子元素，使子元素填充满整个 ViewBox，这时子元素的高度和宽度分别是 ViewBox 的高度和宽度。这种情况有可能造成比例失调。
- Uniform。在保持子元素高度与宽度比例的前提下，放大或缩小子元素并填充到 ViewBox 中。因此，有可能在 ViewBox 的水平或垂直方向出现多余空间。
- UniformToFill。同样在保持子元素高度与宽度比例的前提下，缩放填充子元素到 ViewBox 中，但是可能会出现某一方向填满，而另一方向出现空间不足被截断的情况。

如以下代码，将同一图片放到 4 个 ViewBox 中，由于 Stretch 的设置值不同，出现了 4 种不同的显示效果。

```
XAML 代码：ViewBox.xaml
<Grid x:Name="ContentPanel" Grid.Row="1">
        <Grid.ColumnDefinitions>
            <ColumnDefinition Width="*" />
            <ColumnDefinition Width="*" />
        </Grid.ColumnDefinitions>
        <Grid.RowDefinitions>
            <RowDefinition Height="*" />
            <RowDefinition Height="*" />
        </Grid.RowDefinitions>
        <Viewbox Stretch="None" Name="view">
            <Image  Source="/Images/Penguins.jpg" HorizontalAlignment="
Center" VerticalAlignment="Center"  />
        </Viewbox>
        <Viewbox Grid.Row="0" Grid.Column="1" Stretch="Fill" Name="view1">
            <Image  Source="/Images/Penguins.jpg" HorizontalAlignment="
Center" VerticalAlignment="Center"  />
        </Viewbox>
        <Viewbox Grid.Row="1" Stretch="Uniform" Name="view2">
            <Image  Source="/Images/Penguins.jpg" HorizontalAlignment="
Center" VerticalAlignment="Center"  />
    </Viewbox>
        <Viewbox Grid.Row="1" Grid.Column="1" Stretch="UniformToFill" N
ame="view3">
            <Image Source="/Images/Penguins.jpg" HorizontalAlignment="C
enter" VerticalAlignment="Center"  />
        </Viewbox>
    </Grid>
```

　　代码执行结果如图 2-20 所示。左上 ViewBox 的 Stretch 属性设置为 None，因此，在图片太大时，只能显示部分图片内容；右上，设置为 Fill，按 ViewBox 的宽度与高度分别缩放图片的宽度与高度，图片虽然被完整填充，但出现比例失调的问题；左下，设置为 Uniform，图片按原比例缩放后填到 ViewBox，在垂直方向出现空余；右下，设置为 UniformToFill，图片按比例缩放，并且垂直方向被完整填充，但水平方向出现剪辑。

图 2-20　使用 ViewBox 的显示效果

（左上：None，右上：Fill，左下：Uniform，右下：UniformToFill）

2.8 ● 数字拼图游戏设计

本节介绍一款数字拼图游戏的设计，如图 2-21 所示为该游戏运行时的情况。程序启动后，可以单击"Start"按钮，打乱数字的顺序，然后通过移动数字块来重新排列数字，当 15 个数字排列整齐后，游戏完成并会给出所用的时间与移动次数。

本游戏中应用了本章介绍的页面布局，如 Grid 面板的使用及元素的显示与隐藏。以下是程序的设计过程。

（1）启动 Visual Studio Express 2010 for Windows Phone。 在 Windows 操作系统中，单击"开始"→"所有程序"→"Microsoft Visual Studio 2010 Express"→"Microsoft Visual Studio 2010 Express for Windows Phone"。

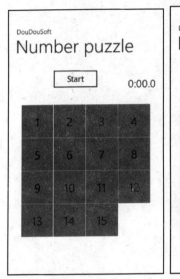 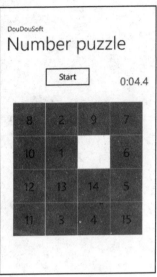

图 2-21　数字拼图（Number puzzle）运行情况

（2）**新建应用程序项目。**在"Start Page"页上，单击"New Project…"或者选择"File"→ "New Project…"命令。在新建工程"New Project"窗口中，选择左侧项目模板为"Other Languages"→ "Visual Basic"，然后在中间的项目模板列表中选择"Windows Phone Application"，设置项目名称为"Puzzle"，指定项目文件存放的路径。单击"OK"按钮，创建新应用程序项目。

（3）**选择"Windows Phone Platform"。**选择应用程序运行的操作系统平台为 Windows Phone OS 7.1。单击"OK"按钮，进入项目设计窗口。

（4）**修改"MainPage.xaml"文件。**将系统默认提供的 MainPage.xaml，修改如下：

```
XAML 代码：MainPage.xaml
<phone:PhoneApplicationPage
    x:Class="Puzzle.MainPage"
    …
    shell:SystemTray.IsVisible="True">

<!--LayoutRoot is the root grid where all page content is placed-->
<Grid x:Name="LayoutRoot" Background="Transparent">
    <Grid.RowDefinitions>
        <RowDefinition Height="Auto"/>
        <RowDefinition Height="Auto"/>
        <RowDefinition Height="489*" />
```

```xml
        </Grid.RowDefinitions>

        <!--TitlePanel contains the name of the application and page title-->
        <StackPanel x:Name="DouDouSoft" Grid.Row="0" Margin="12,17,0,28">
            <TextBlock x:Name="ApplicationTitle" Text="DouDouSoft" Style=
"{StaticResource PhoneTextNormalStyle}"/>
            <TextBlock x:Name="PageTitle" Text="Number puzzle" Margin=
"9,-7,0,0" Style="{StaticResource PhoneTextTitle1Style}" FontSize="56" />
        </StackPanel>
        <!--ContentPanel - place additional content here-->
        <Grid Name="GameContainer" Width="400" Height="400" Grid.Row="2"
Margin="40" VerticalAlignment="Top">
            <Grid.ColumnDefinitions>
                <ColumnDefinition Width="100" />
                <ColumnDefinition Width="100" />
                <ColumnDefinition Width="100" />
                <ColumnDefinition Width="100" />
            </Grid.ColumnDefinitions>
            <Grid.RowDefinitions>
                <RowDefinition Height="100" />
                <RowDefinition Height="100" />
                <RowDefinition Height="100" />
                <RowDefinition Height="100" />
            </Grid.RowDefinitions>
        </Grid>
        <Grid   Grid.Row="1"   Height="70"   HorizontalAlignment="Center"
Margin="2" Name="Grid1" VerticalAlignment="Center" Width="460">
            <Grid.ColumnDefinitions>
                <ColumnDefinition Width="120*" />
                <ColumnDefinition Width="157*" />
                <ColumnDefinition Width="183*" />
            </Grid.ColumnDefinitions>
        <Button Content="Start" Grid.Row="0" Height="76" HorizontalAlignment=
"Center"  Margin="6"  Name="Button1"  VerticalAlignment="Center"  Width="160"
```

```
Grid.Column="1" />
            <local:TimeDisplay x:Name="TotalTimeDisplay" Grid.Column ="2"
mdigitWidth="18" HorizontalAlignment="Right" Margin="0,0,12,0" FontSize=
"{StaticResource PhoneFontSizeLarge}" VerticalAlignment="Bottom" />
        </Grid>
    </Grid>
    </phone:PhoneApplicationPage>
```

（5）添加程序引用的名称空间。 本程序需要使用集合和 Timer 对象，因此，需要引用 System.ComponentModel 和 System.Windows.Threading 两个名称空间。在程序代码编辑窗口中打开 MainPage.xaml.vb 文件，在代码顶部加入如下代码：

```
Imports System.ComponentModel
Imports System.Windows.Threading
```

（6）添加页面级公共变量。 MainPage.xaml.vb 文件代码中，用到多个页面级公共变量，在 MainPage.xaml.vb 文件的 Public Sub New()之前，添加以下公共变量的定义代码：

```
Dim isstarting As Boolean = False '标记游戏是否开始，True 表示开始，False 表示未开始
Public TileList As New List(Of tile)(15)
Dim timer As New DispatcherTimer() With {.Interval = TimeSpan.FromSeconds(0.1)}
Dim TotalTime As New TimeSpan '记录总计用时
Dim Starttime As New DateTime '记录开始时间
Dim MoveCount As Integer = 0 '移动次数
```

（7）定义页面载入事件。 下面的代码首先通过两层 For 循环，往 Grid 面板（名称为 "GameContainer"）中添加 15 个数字块 tile，tile 是一个用户自定义类（代码见 tile.xaml 和 tile.xaml.vb），每个数字块标记值为 1~15 的数字，第 16 个数字块单独添加，其 number 值为-1。

```
Private Sub PhoneApplicationPage_Loaded(sender As System.Object, e As
System.Windows.RoutedEventArgs) Handles MyBase.Loaded
        Dim tt As tile 'tile 是一个用户自定义类，用于定义可移动的数字块
        Dim x As Integer
        Dim y As Integer
        Dim i As Integer
        '通过循环，加入 15 个数字块，每行放 4 个
```

```
    For x = 0 To 14
        tt = New tile
        tt.number = x + 1
        i = x \ 4
        y = x Mod 4
        tt.x = i
        tt.y = y
        Me.GameContainer.Children.Add(tt)  '将数字方块添加到 Grid 面板中
        Grid.SetRow(tt, i)  '设置在 Grid 面板中的行位置
        Grid.SetColumn(tt, y)  '设置在 Grid 面板中的列位置
        TileList.Add(tt)  '将数字方块添加到集合中
    Next
    '加入第十六数字块，与前面 15 个不同的是：这一块的数字是-1
    tt = New tile
    tt.number = -1
    tt.x = 3
    tt.y = 3
    Me.GameContainer.Children.Add(tt)
    Grid.SetRow(tt, 3)
    Grid.SetColumn(tt, 3)
    TileList.Add(tt)
    AddHandler timer.Tick, AddressOf Timer_Tick  '绑定 timer 对象的事件句柄
End Sub
```

（8）定义"Start"按钮的事件代码。单击"Start"按钮，页面上的数字块顺序会被打乱，程序进入开始游戏状态，游戏状态记录在公共变量 isstarting 中。通过随机函数生成 16 以内的两个整数值，当这两个数不相等时，交换以这两个数字为 Index 值的对应数字块的 number 值，实现打乱。代码如下：

```
Private    Sub    Button1_Click(sender    As    System.Object,    e    As
System.Windows.RoutedEventArgs) Handles Button1.Click
    Dim rnd As Random = New Random(System.DateTime.Now.Second)
    Dim n As Integer = 0
    For n = 0 To 99
        Dim n1 As Integer = rnd.Next(16)
```

```
            Dim n2 As Integer = rnd.Next(16)
            '随机取 16 以内的两整数值, 当这两个数不相等时, 交换这两个数字为索引的对应数
'字块的 number 值, 实现打乱
            If (n1 <> n2) Then
                Dim tmp As Integer = TileList(n1).number
                TileList(n1).number = TileList(n2).number
                TileList(n2).number = tmp
            End If
        Next
        '调用 refreshtile 刷新页面数字块, 使页面呈现打乱状态
        refreshtile()
        '记录游戏状态为开始状态
        Me.isstarting = True
        '记录游戏开始时的时间
        Starttime = DateTime.UtcNow
        ' 显 示 用 时 记 录 器 , 用 时 记 录 器 详 细 代 码 见 TimeDisplay.xaml 和
'TimeDisplay.xaml.vb
        If Me.TotalTimeDisplay.Visibility = Windows.Visibility.Collapsed
Then
            Me.TotalTimeDisplay.Visibility = Windows.Visibility.Visible
        End If
        '停止 timer 对象, 清零总用时, 然后重新开始, 主要是为了在多次游戏中, 用于清除上
'次游戏的用时
        Me.timer.Stop()
        reset()
        Me.timer.Start()
    End Sub
```

（9）定义 reset()重置总用时子过程。 该子过程非常简单，只完成将总用时清零操作，代码如下：

```
Private Sub reset()
        Me.TotalTime = TimeSpan.Zero
    End Sub
```

（10）定义触屏操作代码。 用户在屏幕上触击数字块，以移动数字块。代码如下：

```vb
    Private        Sub       PhoneApplicationPage_ManipulationStarted(sender        As
System.Object, e As System.Windows.Input.ManipulationStartedEventArgs) Handles
MyBase.ManipulationStarted
        Dim tt As tile
        '判断触击的是否是数字块，数字块 Tile 外部用 Border 包裹，名称起始字符串为
'Tborder，当这两条件满足时，执行移动代码
        If (TypeOf e.ManipulationContainer Is Border And e.ManipulationContainer.
GetValue(FrameworkElement.NameProperty).ToString().StartsWith("Tborder"))
Then
            Dim b1 As Border = e.ManipulationContainer
            tt = b1.Parent
            '判断是否可移动和移动的方向，如果可移动，按可移动方向移动。
            Dim ii As Integer = Me.CanMovePiece(tt.number)
            If ii = 1 Then
                tmove(tt, TileList(4 * tt.x + tt.y - 4))
            End If
            If ii = 2 Then
                tmove(tt, TileList(4 * tt.x + tt.y + 1))
            End If
            If ii = 3 Then
                tmove(tt, TileList(4 * (tt.x + 1) + tt.y))
            End If
            If ii = 4 Then
                tmove(tt, TileList(4 * tt.x + tt.y - 1))
            End If
        End If
        e.Complete()
        e.Handled = True
        '判断是否完成，如完成提示完成信息
        If iscompleted() Then
            isstarting = False
            timer.Stop()
            MessageBox.Show("祝贺您！您成功了！" & Environment.NewLine & "    用
时:" & Me.TotalTime.ToString & Environment.NewLine & "    移动次数:" & MoveCount
```

```
& "下", "游戏完成", MessageBoxButton.OK)
            Me.TotalTimeDisplay.Visibility = Windows.Visibility.Visible
        End If
    End Sub
```

(11) 定义是否可移动判断函数。 比较空白数字块（其 number 值为-1）与被触击数字块之间的位置，来判别是否可移动，以及移动的方向。代码如下：

```
Public Function CanMovePiece(ByVal num As Integer) As Integer
        'num 参数保存当前被触击数字块的数值
        Dim totalPieces As Integer = 15
        Dim CurrentTileindex As Integer = -1 '当前被触击数字块的 Index 值
        Dim emptyTileindex As Integer = -1 '空白数字块的 Index 值
        Dim i As Integer = 0
        If Me.isstarting = False Then
            Return 0
        End If
        For i = 0 To totalPieces
            If (TileList(i).number = num) Then 'number=num,即为被触击块
                CurrentTileindex = i
            ElseIf TileList(i).number = -1 Then 'number=-1,即为空白块
                emptyTileindex = i
            End If
        Next
        If ((CurrentTileindex = emptyTileindex + 1) Or (CurrentTileindex =
emptyTileindex - 1) Or (CurrentTileindex = emptyTileindex + 4) Or
(CurrentTileindex = emptyTileindex - 4)) Then
            If (CurrentTileindex + 1 = emptyTileindex) Then
                Return 2 '可向右移动
            ElseIf (CurrentTileindex - 1 = emptyTileindex) Then
                Return 4 '可向左移动
            ElseIf (CurrentTileindex - 4 = emptyTileindex) Then
                Return 1 '可向上移动
            ElseIf (CurrentTileindex + 4 = emptyTileindex) Then
                Return 3 '可向下移动
```

```
            End If
        End If
        Return 0  '0 表示不可移动
    End Function
```

（12）定义移动函数。 数字块移动函数通过将两个数字块的值交换，实现移动。参数 t1、t2 分别代表要互换的数字块。

```
Public Function tmove(ByVal t1 As tile, ByVal t2 As tile) As Boolean
    If t2.number = -1 Then
        Dim t3 As New Integer
        t3 = t2.number
        t2.number = t1.number
        t1.number = t3
        MoveCount = MoveCount + 1 '统计移动次数
        refreshtile()
        Return True
    Else
        Return False
    End If
End Function
```

（13）定义游戏是否完成函数。 当数字块集合中，所有数字块的 Index（索引值）与 number 值（即显示的数值）相符时，即表示游戏完成。

```
Private Function iscompleted() As Boolean
    If isstarting Then '游戏处于开始状态时才进行判断
        Dim iscompleted1 As Boolean = True
        Dim i As Integer = 0
        For i = 0 To 14
    '如果数字块集合中，Index 与 number 不相等，则未完成，如果全部相符，则表示已排列完成
            If i <> (TileList(i).number - 1) Then
                iscompleted1 = False
            End If
        Next
        Return (iscompleted1)
    Else
```

```
        Return False
    End If
End Function
```

（14）定义 timer 执行函数。 定时器 timer 每隔一定时间，更新总用时。代码如下（包括显示总用时的子过程）：

```
Private Sub Timer_Tick(sender As Object, e As EventArgs)
    Dim Pasttime As TimeSpan = DateTime.UtcNow - Me.Starttime
    Me.Starttime = Me.Starttime + Pasttime
    Me.TotalTime = Me.TotalTime + Pasttime
    ShowCurrentTime()
End Sub
Private Sub ShowCurrentTime()
    Me.TotalTimeDisplay.mtime = Me.totalTime
End Sub
```

（15）定义总用时显视器的可视特性。 总用时显示在右上角，有时候变动的时间会干扰用户。因此，程序允许用户在需要时可以通过单击总用时显示器，达到隐藏总用时显示器的特性。代码如下：

```
Private Sub TotalTimeDisplay_MouseLeftButtonDown(sender As System.Object,
e As System.Windows.Input.MouseButtonEventArgs) Handles TotalTimeDisplay.
MouseLeftButtonDown
    Me.TotalTimeDisplay.Visibility = Windows.Visibility.Collapsed
End Sub
```

上述完成的是 MainPage.xaml.vb 中的程序代码定义。接下来，需要创建两个程序用到的自定义控件。

（16）创建数字块控件。 在解决方案管理器窗口中，用鼠标右键单击"Puzzle"项目，在弹出的快捷菜单中选择"Add…"→"New Item…"命令，在"New Item"对话框中，选择"Windows Phone User Control"，Name 为"tile.xaml"。双击打开"tile.xaml"文件，修改 XAML 代码如下。

XAML 代码：tile.xaml

```
<UserControl x:Class="Puzzle.tile"
    xmlns="http://schemas.microsoft.com/winfx/2006/xaml/presentation"
    xmlns:x="http://schemas.microsoft.com/winfx/2006/xaml"
    xmlns:d="http://schemas.microsoft.com/expression/blend/2008"
```

```
xmlns:mc="http://schemas.openxmlformats.org/markup-compatibility/2006"
    mc:Ignorable="d"
    FontFamily="{StaticResource PhoneFontFamilyNormal}"
    FontSize="{StaticResource PhoneFontSizeNormal}"
    Foreground="{StaticResource PhoneForegroundBrush}"
    d:DesignHeight="100" d:DesignWidth="100">

    <Border  Width="99" Height="99" Name="Tborder" Background="Blue">
       <TextBlock  Name="nu" HorizontalAlignment="Center"  VerticalAlignment=
"Center" FontSize="36" />
    </Border>
</UserControl>
```

修改 tile.xaml.vb 程序代码如下。

VB.NET 代码：tile.xaml.vb
```
Partial Public Class tile
    Inherits UserControl


    Private _x As Integer '记录在 Grid 面板中的行位置
    Public Property x() As Integer
       Get
          Return _x
       End Get
       Set(ByVal value As Integer)
          _x = value
       End Set
    End Property
    Private _y As Integer '记录在 Grid 面板中的列位置
    Public Property y() As Integer
       Get
          Return _y
       End Get
    Set(ByVal value As Integer)
```

```
            _y = value
        End Set
    End Property
    Private _number As Integer '数据块显示的数字
    Public Property number() As Integer
        Get
            Return _number
        End Get
        Set(ByVal value As Integer)
            _number = value
            '如果不是空白块，设置数字块颜色为系统前景色，并显示数字
            If number <> -1 Then
                Me.nu.Text = number.ToString
                Me.Tborder.Background = New SolidColorBrush(Application.
Current.Resources("PhoneAccentColor"))
            Else '是空白块，不显示数字，且颜色为系统背景色
                Me.nu.Text = ""
                Dim clr As Color = Application.Current.Resources
("PhoneBackgroundColor")
                Me.Tborder.Background = New SolidColorBrush(clr)
            End If
        End Set
    End Property
    Public Sub New()
        InitializeComponent()
    End Sub
End Class
```

(17) 创建时间显示器控件。 与数字块控件类似，TimeDisplay.xaml 代码如下。

XAML 代码：TimeDisplay.xaml

```
<UserControl x:Class="Puzzle.TimeDisplay"
xmlns="http://schemas.microsoft.com/winfx/2006/xaml/presentation"
xmlns:x="http://schemas.microsoft.com/winfx/2006/xaml"
VerticalAlignment="Center">
```

```
    <StackPanel x:Name="LayoutRoot" Orientation="Horizontal"/>
</UserControl>
```

修改 TimeDisplay.xaml.vb 代码如下：

```vb
Imports System
Imports System.ComponentModel
Imports System.Globalization
Imports System.Windows
Imports System.Windows.Controls
Partial Public Class TimeDisplay
    Inherits UserControl
    Dim digitWidth As Integer
    Dim time As TimeSpan
    Public Sub New()
        InitializeComponent()
        If (DesignerProperties.IsInDesignTool) Then
            Dim textblock As New TextBlock
            textblock.Text = "0:00.0"
            Me.LayoutRoot.Children.Add(textblock)
        End If
    End Sub

    Public Property mdigitWidth() As Integer
        Get
            Return digitWidth
        End Get
        Set(ByVal value As Integer)
            digitWidth = value
            mtime = time
        End Set
    End Property

    Public Property mtime() As TimeSpan
        Get
```

```
                    Return time
                End Get
                Set(ByVal value As TimeSpan)
                    Me.LayoutRoot.Children.Clear()
                    Dim minutesString As String = value.Minutes.ToString()
                    For i As Integer = 0 To minutesString.Length - 1
                        AddDigitString(minutesString(i).ToString())
                    Next
                    Me.LayoutRoot.Children.Add(New TextBlock() With {.Text = ":"})
                    AddDigitString((value.Seconds \ 10).ToString())
                    AddDigitString((value.Seconds Mod 10).ToString())
                    Me.LayoutRoot.Children.Add(New   TextBlock()   With   {.Text   =
CultureInfo.CurrentUICulture.NumberFormat.NumberDecimalSeparator})
                    AddDigitString((value.Milliseconds \ 100).ToString())
                    time = value
                End Set
            End Property
            Private Sub AddDigitString(ByVal digitString As String)
                Dim border As New Border() With {.Width = Me.digitWidth}
                border.Child = New TextBlock() With {.Text = digitString, .
HorizontalAlignment = HorizontalAlignment.Center}
                Me.LayoutRoot.Children.Add(border)
            End Sub
        End Class
```

（18）更换程序图标。 程序默认图标没有特色，可以根据需要更换为其他图标。本例中，ApplicationIcon.jpg 和 Background.jpg 分别更换为如图 2-22 所示图标。

图 2-22　ApplicationIcon.jpg 和 Background.jpg 更换的图标

2.9 ● 本章小结

本章介绍了 Silverlight for Windows Phone 程序中页面布局的机制，包括各种面板，如 Grid、StackPanel、WrapPanel、Canvas 等的特性与使用方法。同时，还介绍了多个与布局相关的属性，包括尺寸属性、间距属性、对齐属性、可视状态属性等，如 Width、Height、Margin、Margin、Padding 等，并给出使用和设置的实例。

熟练掌握这些定位控件与属性的特性和使用方法，是实现 Silverlight for Windows Phone 应用程序页面合理布局的基础。

03 常用控件

控件可以使应用程序设计过程变得更加快捷方便

控件（Control）是可视化程序设计中非常重要的一大特性，借助于已经封装好的控件，可以使应用程序设计过程变得更加快捷方便。Silverlight for Windows Phone 同样为 Windows Phone 应用程序开发提供了大量的控件。这些控件按来源分，可以分为来自于 System.Windows.Controls 和 Microsoft.Phone.Controls 两大名称空间的基本控件，也包括来源于 Silverlight for Windows Phone Toolkit 的扩展控件。实际上，在 Silverlight for Windows Phone Toolkit 上成熟并完善的控件也会逐步添加到基本控件中。Silverlight 控件还可以从提供的功能与特性角度，划分成为：文本提供类控件，如 TextBlock、TextBox 等；命令按钮类控件，如 Button、HyperLinkButton 等；选择类控件，如 ListBox、CheckBox 等；图片和媒体类控件，如 Image、MediaElement 等，以及布局面板等多种类别。

本章介绍 Windows phone Mango 应用程序开发中常用的基本控件，包括 TextBlock、TextBox、PasswordBox、Button、ListBox、CheckBox、RadionButton、WebBrowser 等。

本章要点

- 熟悉 Silverlight for Windows Phone 常用控件的特性。
- 掌握常用控件在应用程序开发中的应用。

3.1 TextBlock

TextBlock 是用于显示静态文本的控件，类似于 Windows Form 应用程序开发中的 Label 控件，一般用于显示一行或多行固定的文本数据，如页面上的提示文字等。但 TextBlock 更加灵活，功能也强大得多。在前面的实例中，已多次使用了 TextBlock 控件，如页面的标题、应用程序的名称等，都是采用 TextBlock 来显示的，如以下代码。

XAML 代码：

```
<StackPanel x:Name="DouDouSoft" Grid.Row="0" Margin="12,17,0,28">
        <TextBlock x:Name="ApplicationTitle" Text="DouDouSoft" Style="
{StaticResource PhoneTextNormalStyle}"/>
        <TextBlock x:Name="PageTitle" Text="Number puzzle" Margin="9,-7,0,0"
Style="{StaticResource PhoneTextTitle1Style}" FontSize="56" />
</StackPanel>
```

从上述代码中可知，TextBlock 控件是通过 Text 属性来设置和保存文本数据的。如果需要显示多行文本时，需要将 TextWrapping 属性设置为 Wrap，即文本内容超过 TextBlock 控件的宽度时，换行显示；该属性的另一个取值是 NoWrap，表示不换行，即一行显示所有数据，这是默认值。如以下代码演示了 TextWrapping 属性的特性，代码执行结果如图 3-1 所示。

XAML 代码：TextBlock1.xaml

```
<Grid x:Name="ContentPanel" Grid.Row="1" Margin="12,0,12,0">
        <TextBlock Height="107" HorizontalAlignment="Left" Margin=
"51,83,0,0" Name="TextBlock1" Text="TextBlock 是用于显示静态文本的控件，类似于
Windows Form 应用程序开发中的 Label，一般用于显示一行或多行的固定文本数据，如页面上提示标
签等。" VerticalAlignment="Top" Width="353" TextTrimming="None" />
        <TextBlock Height="118" HorizontalAlignment="Left" Margin=
"51,230,0,0" Name="TextBlock2" Text="TextBlock 是用于显示静态文本的控件，类似于
Windows Form 应用程序开发中的 Label，一般用于显示一行或多行的固定文本数据，如页面上提示标
签等。" VerticalAlignment="Top" Width="353" TextWrapping="Wrap" />
        <TextBlock Height="107" HorizontalAlignment="Left" Margin=
"51,379,0,0" Name="TextBlock3" Text="TextBlock 是用于显示静态文本的控件，类似于
Windows Form 应用程序开发中的 Label，一般用于显示一行或多行的固定文本数据，如页面上提示标
签等。" VerticalAlignment="Top" Width="353" TextTrimming="WordEllipsis" />
</Grid>
```

上例中，TextBlock1 由于 TextWrapping 属性的默认值为 NoWrap，因此，文本内容不换行，在宽度不足时，会被截断。TextBlock2 的 TextWrapping 属性设置为 Wrap，文本内容换行显示。在 TextWrapping 属性的设置为 NoWrap 时，还可以设置 TextTrimming="WordEllipsis"，将截断的文字内容用 "…" 来表示，如本例中的 TextBlock3。

TextBlock 还提供了 InLines 集合属性，使 TextBlock 支持对文本内容分段设置不同的样式，

如字体、颜色等，可以结合 Run 元素实现这种应用。如以下 XAML 代码，在 TextBlock 中添加了多个 Run，并使用<LineBreak/>分割行，执行效果如图 3-2 所示。

XAML 代码：TextBlock2.xaml

```
<TextBlock Height="125" HorizontalAlignment="Left" Margin="66,346,0,0"
Name="TextBlock2"  VerticalAlignment="Top" Width="322" >
            <LineBreak/>
            <Run Text="第二行红色" FontSize="32" Foreground="red"></Run>
            <LineBreak/>
            <Run Text="第三行黑色" FontSize="20" Foreground="Black" ></Run>
    </TextBlock>
```

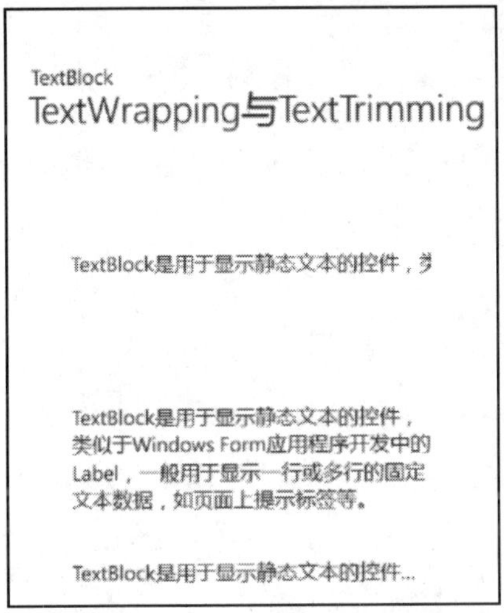

图 3-1　使用 TextWrapping 属性

图 3-2　XAML 使用 InLines 集合

同样，通过程序代码也可以实现类似的效果，例如以下代码，执行效果如图 3-3 所示。

VB.NET 代码：

```
Private Sub PhoneApplicationPage_Loaded(sender As System.Object, e As
System.Windows.RoutedEventArgs) Handles MyBase.Loaded
        Me.TextBlock1.FontSize = 26
        Me.TextBlock1.Inlines.Add("这是 TextBlock 的 Inlines 属性的第一句。")
        Dim run As New Run With {.FontSize = 30, .Foreground = New
SolidColorBrush(Colors.Red), .Text = "第二句，使用红色粗体", .FontWeight =
FontWeights.Bold}
```

```
        Me.TextBlock1.Inlines.Add(run)
        run = New Run With {.FontSize = 36, .Foreground = New
SolidColorBrush(Colors.Blue), .Text = "第三句，使用蓝色", .FontWeight =
FontWeights.Normal}
        Me.TextBlock1.Inlines.Add(run)
        Me.TextBlock1.TextWrapping = TextWrapping.Wrap
End Sub
```

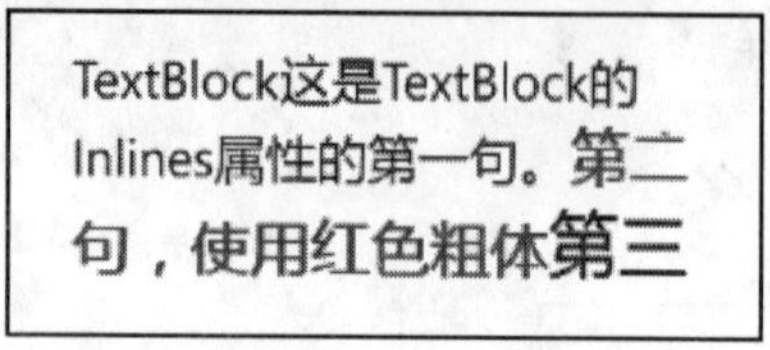

TextBlock这是TextBlock的
Inlines属性的第一句。第二
句，使用红色粗体第三

图 3-3　程序代码使用 Inlines

3.2 TextBox

　　TextBox 也是最常用的文本控件，主要用于输入和保存文本内容，是实现文本编辑的主要控件。用户可以通过 TextBox 的 Text 属性设置或获取文本内容，如果需要禁用 TextBox 的编辑功能，可以设置 IsReadOnly 属性为 True，将它设置为只读。TextBox 控件与 Windows Form 窗体程序设计中的 TextBox 特性基本相同，但功能更加强大。

　　TextBox 控件同样存在 TextWrapping 属性，取值、作用与 TextBlock 控件相同，即当 TextWrapping="Wrap"时，如果输入一行比较长的文本，长度超过 TextBox 控件的宽度时，文本内容会换行。TextBox 控件还允许接收"回车"键，实现输入文本内容的手工换行，这时需要设置 AcceptsReturn 属性为 True。

　　当 TextBox 控件中输入多行文本数据时，可以设置 HorizontalScrollBarVisibility 或 VerticalScrollBarVisibility 属性为 ScrollBarVisibility.Visible，来显示水平或垂直滚动条，用户可以拖动滚动条查看更多文本内容。

　　TextBox 控件的 TextAlignment 属性可以设置文本内容在文本框中的对齐方式，可以取 Center、Left、Right、Justify，分别表示居中对齐、左对齐、右对齐和两端对齐。

　　TextBox 控件还提供了 SelectedText、SelectionLength、SelectionStart 用于获取或设置文本框中全部或部分选中内容。其中，SelectedText 用于设置或获取选中的内容，SelectionLength 用于设置或获取选中文本的长度，SelectionStart 用于设置或获取选中文本的起始点。

如以下实例结合 TextBlock，设计了一个信息发布页面，单击"获取选中内容"按钮可以获取内容文本框中选中的文本内容，执行结果如图 3-4 所示。程序的 XAML 代码如下。

XAML 代码：TextBox.xaml

```xml
<Grid x:Name="ContentPanel" Grid.Row="1" Margin="12,0,12,0">
        <Grid.ColumnDefinitions>
            <ColumnDefinition Width="107*" />
            <ColumnDefinition Width="349*" />
        </Grid.ColumnDefinitions>
        <Grid.RowDefinitions>
            <RowDefinition Height="82*" />
            <RowDefinition Height="66*" />
            <RowDefinition Height="78*" />
            <RowDefinition Height="174*" />
            <RowDefinition Height="72*" />
            <RowDefinition Height="155*" />
        </Grid.RowDefinitions>
        <TextBlock HorizontalAlignment="Center" Name="TextBlock1" Text="
信息发布 " VerticalAlignment="Stretch" Margin="64,18,173,22" FontSize="28"
Width="Auto" Grid.Column="1" />
        <TextBlock FontSize="20" HorizontalAlignment="Right" Name=
"TextBlock2" Text="标题： " VerticalAlignment="Center" Width="Auto" Grid.Row="1"
/>
        <TextBlock FontSize="20" HorizontalAlignment="Right" Name=
"TextBlock3" Text=" 内 容 ： " VerticalAlignment="Center"   Width="Auto"
Grid.Row="2" />
        <TextBox Grid.Row="1" Grid.Column="1" HorizontalAlignment="Left"
Margin="5,5,0,0" Name="txbTitle" Text="" VerticalAlignment="Center" MinWidth=
"300" MinHeight="42" Height="60" Width="322" FontSize="20" InputScope="Url">
</TextBox>
        <TextBox Grid.Row="2" Grid.Column="1" HorizontalAlignment="Left"
Margin="5,0,0,0" Name="txbContent" Text="" VerticalAlignment="Top" MinWidth=
"300" MinHeight="42" Height="252" Grid.RowSpan="2" Width="322" AcceptsReturn=
"True" VerticalScrollBarVisibility="Visible" FontSize="20" TextWrapping=
```

```
"Wrap" />
            <Button    Content=" 发  布 "   Grid.Column="1"   Grid.Row="4"
HorizontalAlignment="Left" Margin="5,0,0,0" Name="Button1" VerticalAlignment=
"Top" Width="120" />
            <Button  Content="获取选中的内容" Grid.Column="1" Grid.Row="4"
HorizontalAlignment="Left" Margin="125,0,0,0" Name="Button2" VerticalAlignment=
"Top" Width="225" />
            <TextBlock   Grid.ColumnSpan="2"   HorizontalAlignment="Center"
Margin="47,25,37,26" Name="Result" Text="" VerticalAlignment="Top" Width="372"
Grid.Row="5" TextWrapping="Wrap" />
        </Grid>
```

程序代码如下。

VB.NET 代码：TextBox.xaml.vb

```vb
Private Sub Button1_Click(sender As System.Object, e As System.Windows.
RoutedEventArgs) Handles Button1.Click
      Dim ResultString As String = ""
      If Me.txbTitle.Text.Trim <> "" And Me.txbContent.Text.Trim <> "" Then
        ResultString = "您发布的信息如下："
        ResultString = vbNewLine & "标题：" & Me.txbTitle.Text.Trim
        ResultString = vbNewLine & "内容：" & Me.txbContent.Text.Trim
        Me.Result.Text = ResultString
      End If
    End Sub


    Private Sub Button2_Click(sender As System.Object, e As System.Windows.
RoutedEventArgs) Handles Button2.Click
      Dim SelectedStr As String = ""
      If Me.txbContent.SelectionLength > 0 Then
        MessageBox.Show("您选中的内容为：" & Me.txbContent.SelectedText &
vbNewLine & "选中起始点为：" & _
            Me.txbContent.SelectionStart.ToString & _
            vbNewLine & "选中文本长度为：" & Me.txbContent.SelectionLength,
"获取选中的内容", MessageBoxButton.OK)
```

```
        End If
    End Sub


    Private Sub PhoneApplicationPage_Loaded(sender As System.Object, e As
System.Windows.RoutedEventArgs) Handles MyBase.Loaded
        Me.txbContent.Text = "他们说，珀尔马特与施密特分别于 1988 年和 1994 年开始
领导各自团队从事超新星研究，里斯在施密特的团队中发挥了重要作用。这两支研究团队都以 Ia 型超新
星为观察对象，借助望远镜、新型数码感光设备、高性能计算机等，几乎同时确认宇宙正在加速膨胀。"
        Me.txbTitle.Text = "3 位科学家分享 2011 年诺贝尔物理学奖"
    End Sub
End Sub
```

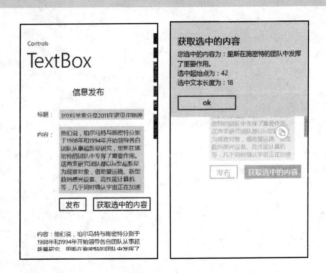

图 3-4　信息发布页面与 TextBox 文本内容选择演示

　　TextBox 控件还有一个非常重要的属性是 InputScope，此属性决定了当 TextBox 获得焦点时，手机系统的软件输入面板（Software Input Panel，SIP）的呈现方式。如当 InputScope 的取值为 Url 时，SIP 面板如图 3-5 所示。InputScope 的取值共有 62 种，SIP 面板呈现方式有 11 种，InputScope 值与 SIP 面板呈现方式的对应关系如表 3-1 所示。不同的 SIP 面板呈现方式中的按键不同，分别适合不同的输入场合，有利于提高输入数据的便捷性。

图 3-5　InputScope="Url"时，呈现的 SIP 面板

表 3-1　InputScope 值与 SIP 面板的对应关系

InputScope 取值	描　述	SIP 面板
Default、AlphanumericFullWidth、AlphanumericHalfWidth、Bopomofo、CurrencyChinese、EnumString、FileName、FullFilePath、Hanja、Hiragana、KatakanaFullWidth、KatakanaHalfWidth、LogOnName、NumberFullWidth、OneChar、Password、PhraseList、RegularExpression、Srgs、Yomi	默认方式，SIP 包含字母键和一个可以切换到数字、符号输入面板的"&123"键	
Number、Digits、AddressStreet、CurrencyAmount、CurrencyAmountAndSymbol、DateDay、DateMonth、DateYear、PostalAddress、PostalCode、Time、TimeHour、TimeMinorSec	由数字和符号键构成 SIP 面板，相当于从上图默认面板中单击"&123"键得到的面板	
TelephoneNumber、TelephoneAreaCode、TelephoneCountryCode、TelephoneLocalNumber	提供数字输入的 SIP 面板，类似于手机键盘，并提供回删、空格键等	
Url	与默认 SIP 面板相比，多了个.com 和显眼的确认键，方便输入网址，并确认	

InputScope 取值	描述	SIP 面板
EmailNameOrAddress 、 EmailSmtpAddress 、 EmailUserName	与 Url 类 SIP 面板相比,多了个 "@" 键,方便输入 E-mail 地址	
NameOrPhoneNumber	去除了 ".com" 键,替换为 ";" 键,并将 "&123" 替换为 "123",单击之后可以打开数字键,便于输入数字	
AddressCity 、 AddressCountryName 、 AddressCountryShortName 、 AddressStateOrProvince 、 Date 、 DateDayName 、 DateMonthName 、 PersonalFullName 、 PersonalGivenName 、 PersonalMiddleName 、 PersonalNamePrefix 、 PersonalNameSuffix 、 PersonalSurname	以大写字母键替代小写字母键,但输入首字母大写后,自动切换成小写字母键,便于输入首字母为大写的地址信息	
Text、Chat	与默认 SIP 面板类似,但多了输入文本提示栏和表情键。文本提示栏可以提示输入信息,表情键可以切换到表情面板	
Maps、ApplicationEnd	为适应地图应用(如 Bing)提供了输入提示栏和确认键	

InputScope 取值	描述	SIP 面板
Search	与默认 SIP 面板类似，但多了确认键，便于用户使用搜索程序	
Private	一种尚未使用的状态，类似于默认的 SIP 面板，但多了一个为空的输入提示栏	

3.3 — RichTextBox

RichTextBox 与 TextBox 类似，但功能比 TextBox 强大。除了同样可以显示多行文本内容之外，RichTextBox 还可以对文本内容进行多样化格式处理，如将文本内容设置成多种字体或颜色，也可以包含带超级链接的文本、图片内容等。因此，RichTextBox 非常类似于 Office 软件中的 Word 文档编辑器和某些网站中使用的 HTML 编辑器。

RichTextBox 控件这种可显示"富文本"的特性，使 Windows Phone 程序拥有了处理复杂图文混排数据的能力。但是，目前的 RichTextBox 控件还只能用于显示数据，尚不能用来编辑数据。

RichTextBox 的重要属性，如 TextWrapping、AcceptsReturn、HorizontalScrollBarVisibility、VerticalScrollBarVisibility、TextAlignment 的含义和使用方法与 TextBox 控件基本相同，可参照使用。

以下 XAML 代码演示了 RichTextBox 的使用方法，执行结果如图 3-6 所示。

XAML 代码：RichTextBox.xaml

```
    <RichTextBox Width="420" Height="380" Background="White" IsReadOnly=
"True" FontSize="30" VerticalContentAlignment="Top" Grid.Row="1">
        <Paragraph>
            <Run Foreground="Blue" FontStyle="Italic" Text="本行绿色"/>
        </Paragraph>
```

```
        <Paragraph Foreground="Red">
            <Run Text="红色"/>
            <Bold>粗体文本</Bold>
        </Paragraph>
        <Paragraph Foreground="Black">
            <Run Text="看新闻吗？"/>
            <Hyperlink NavigateUri="Http://www.sina.com.cn">点击访问 Sina
网</Hyperlink>
        </Paragraph>
        <Paragraph>
            <InlineUIContainer>
            <Image Source="/7_151418424_20090720091457.jpg" ></Image>
            </InlineUIContainer>
        </Paragraph>
    </RichTextBox>
```

图 3-6　RichTextBox 显示富文本

3.4　PasswordBox

　　PasswordBox 控件类似于单行 TextBox，不同的是 PasswordBox 用于输入密码，也就是说可以将密码的内容以隐藏的方式显示，这在一定程度上有助于提高安全性。PasswordBox 控件的主要属性有 Password 和 PasswordChar。

● Password。用于设置和获取 PasswordBox 控件的密码内容。

● PasswordChar。用于设置密码字符在 PasswordBox 文本框中显示的字符形式。如通常以 "*" 或 "." 来表示密码字符，因此，可以将 PasswordChar 设置为 "*" 或 "."。

PasswordBox 控件的使用方法如以下代码所示，执行结果如图 3-7 所示。

```
XAML 代码：PasswordBox.xaml
<Grid x:Name="ContentPanel" Grid.Row="1" Margin="12,0,12,0">
    <TextBlock Height="30" HorizontalAlignment="Left" Margin="74,133,0,0"
Name="TextBlock1" Text="请输入密码：" VerticalAlignment="Top" />
        <PasswordBox        Height="72"        HorizontalAlignment="Left"
Margin="57,169,0,0" Name="PasswordBox1" VerticalAlignment="Top" Width="360"
Password="" PasswordChar="*" />
    </Grid>
```

图 3-7　使用 PasswordBox 控件

3.5 Button

Button 控件是最常用的执行控件，提供的 Click 事件在用户单击时触发。因此，可以在页面中放置 Button，用于用户向服务器提交数据、业务处理等。Button 控件与 Windows Form 程序中的 Button 基本类似，所不同的是 Silverlght 中用于显示按钮标题或图标的是 Content 属性，这是一个内容类对象，可以包含其他对象，如图片、字符串、图形、面板等。

简单的以字符串作为 Button 标题时，标题字符串可以直接写在 Content 属性中，作为属性的内容，如以下代码所示：

```
<Button Content="Button" Name="Button1" Height="72" HorizontalAlignment=
"Left" Margin="99,88,0,0" VerticalAlignment="Top" Width="219" ClickMode=
"Hover" />
```

如果以其他对象作为按钮内容的，可以采用以下方式：

```
<Button  Name="Button2" Height="72" HorizontalAlignment="Left" Margin=
"99,194,0,0"  VerticalAlignment="Top" Width="219" ClickMode="Press" >
    <Rectangle Height="40" Width="40" Fill="Blue"/>
</Button>
```

上例中，蓝色矩形成为 Button2 显示的内容。

按钮内容中还可以包含布局面板，从而可以添加更多子元素。事实上，如果要在 Content 属性中显示多个元素，必须添加面板。然后，可以在面板中放置多个子元素。代码如下：

```
<Button Name="Button3" Height="72" HorizontalAlignment="Left" Margin=
"65,293,0,0"  VerticalAlignment="Top" Width="269" ClickMode="Release">
        <StackPanel Orientation="Horizontal" >
            <Image Source="/7_151418424_20090720091457.jpg" Width=
"50"></Image>

            <TextBlock>带图片的按钮</TextBlock>

        </StackPanel>

    </Button>
```

上述 3 段代码执行的效果，如图 3-8 所示。

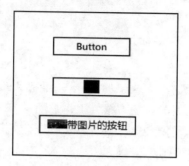

图 3-8　定义 Button 的内容

Button 控件的 ClickMode 属性，提供了 ClickMode.Hover、ClickMode.Release、ClickMode.Press 3 个枚举值。

- ClickMode.Hover 表示当手指（或触摸笔）触压屏幕不放，并移动到 Button 上时触发 Click 事件。
- ClickMode.Release 表示当手指（或触摸笔）触击按钮，并在松开手指（或触摸笔）时触发 Click 事件。
- ClickMode.Press 表示在 Button 获得焦点情况下，使用键盘击打空白键或回车键时触发 Click 事件。

关于 Button 的 Click 事件前述已有相应实例，后续还会使用，此处不再详述。

3.6　HyperlinkButton

HyperlinkButton 控件是带超链接的按钮，单击时可以跳转到指定的网页。HyperlinkButton 控件具有 Button 控件的特征，即可以响应单击事件；还具有相同的 ClickMode 属性，可以指定 Click 事件触发的方式；又具有相同的 Content 属性，可以采用简单文本、格式化文本、布局面板、图片等作为标题内容。此外，HyperlinkButton 控件具有超链接的特征，可以在 NavigateUri 属性中设置跳转的地址，在单击时会调用 Internet Explorer 浏览器显示网页内容。

因此，HyperlinkButton 控件可以代替 Button 控件用于需要跳转网页的场合，比 Button 控件更简单易用。

以下代码使用 HyperlinkButton 控件从本页面跳转新浪网，执行结果如图 3-9 所示。

```
<Grid x:Name="ContentPanel" Grid.Row="1" Margin="12,0,12,0">
    <HyperlinkButton NavigateUri="Http://www.sina.com.cn" Margin=
"0,-137,0,137" TargetName="_blank">点击访问 Sina 网</HyperlinkButton>
```

```
</Grid>
```

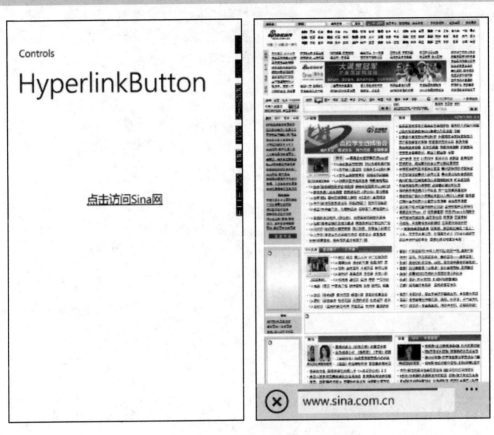

图 3-9　使用 HyperlinkButton 控件跳转网页

通过 TargetName 属性，如同网页设计中超级链接的 target 属性一样，可以指定网页跳转的框架。TargetName 的取值包括_blank、_media、_search、_parent、_self、_top 及""，但效果似乎都相同，都是在新页面中采用 Internet Explorer 浏览器显示指定地址的网页。

3.7　ChexkBox 和 RadioButton

CheckBox 和 RadioButton 都属于选择性控件，即允许用户从多种状态或选项中，选择一种。不同之处是，CheckBox 也被称为复选框控件，即可以从多个选项中选择多项。而 RadioButton 控件只能单选，即只能从多个选项中选择其中一个。

　　CheckBox 和 RadioButton 控件都继承自 ToggleButton，每一个 CheckBox 或 RadioButton 具有 3 种可选状态：选中、未选中和不确定，可以通过 IsChecked 属性值来设置选择情况。即 IsChecked=True 为选中，False 为未选中，为 Null 表示状态不确定。CheckBox 和 RadioButton 控件也具有命令按钮的特性，ClickMode 属性可以设置手指（或触摸笔）触击时事件响应的方式。除了具有 Click 事件外，CheckBox 或 RadioButton 控件还多了 Checked 事件，用于响应选中时执行的操作。

　　RadioButton 控件在使用时，通常由多个 RadioButton 控件构成一组选项。这一组内的 RadioButton 控件是互斥的，即选中其中一个，就会取消其他 RadioButton 控件的选中状态。在多个 RadioButton 控件需要分组时，可以通过 GroupName 属性来分组，GroupName 属性是一个字符串值，取值相同的 RadioButton 控件归为同一组。

　　CheckBox 和 RadioButton 控件的标题 Content 属性是一个 Content 类，与 Button 控件的 Content 属性一样，可以把简单的字符串、格式化文本、图片及面板等对象作为标题。

　　如下代码演示了 CheckBox 和 RadioButton 控件的使用方法，执行效果如图 3-10 所示。其中中间 4 个 RadioButton 控件是一组，另外两个是另一组，选择答案时，会给出正确提示。

XAML 代码：CheckBoxAndRadioButton.xaml

```xaml
<Grid x:Name="ContentPanel" Grid.Row="1" Margin="12,0,12,0">
        <CheckBox  Content="使用文字" Height="72" HorizontalAlignment="Left"
IsChecked="True"  Margin="73,110,0,0"  Name="CheckBox2"  VerticalAlignment="Top"
Width="278"/>

        <CheckBox Height="72" HorizontalAlignment="Left" Margin="73,167,0,0"
Name="CheckBox1" VerticalAlignment="Top" Width="278" IsChecked="True">
            <StackPanel Orientation="Horizontal" >
            <Image Source="/7_151418424_20090720091457.jpg" Width="50">
</Image>

                <TextBlock>使用图片</TextBlock>
            </StackPanel>
          </CheckBox>

        <RadioButton  Content="A"  Height="72"  HorizontalAlignment="Left"
Margin="64,304,0,0" Name="RadioButton1" VerticalAlignment="Top" GroupName="G1" />
        <RadioButton  Content="B"  Height="72"  HorizontalAlignment="Left"
Margin="136,304,0,0" Name="RadioButton2" VerticalAlignment="Top" GroupName="G1" />
        <RadioButton  Content="C"  Height="72"  HorizontalAlignment="Left"
Margin="209,304,0,0" Name="RadioButton3" VerticalAlignment="Top" GroupName="G1" />
```

```xml
        <RadioButton    Content="D"    Height="72"    HorizontalAlignment="Left"
Margin="285,303,0,0" Name="RadioButton4" VerticalAlignment="Top" GroupName="G1" />
        <RadioButton  Content=" 正确 "  Height="72"  HorizontalAlignment="Left"
Margin="65,418,0,0" Name="RadioButton5" VerticalAlignment="Top" GroupName="G2" />
        <RadioButton  Content=" 错误 "  Height="72"  HorizontalAlignment="Left"
Margin="210,418,0,0" Name="RadioButton6" VerticalAlignment="Top" GroupName="G2" />
        <TextBlock Height="30" HorizontalAlignment="Left" Margin="73,46,0,0"
Name="TextBlock2" Text="样式（可复选）：" VerticalAlignment="Top" />
        <TextBlock Height="30" HorizontalAlignment="Left" Margin="67,260,0,0"
Name="TextBlock1" Text="答案（单选）：" VerticalAlignment="Top" />
        <TextBlock Height="30" HorizontalAlignment="Left" Margin="64,382,0,0"
Name="TextBlock3" Text="结果（单选）：" VerticalAlignment="Top" />
    </Grid>
```

程序代码如下。

VB.NET 代码：CheckBoxAndRadioButton.xaml.vb

```vbnet
Partial Public Class CheckBoxAndRadioButton
    Inherits PhoneApplicationPage

    Public Sub New()
        InitializeComponent()
    End Sub


    Private   Sub   RadioButton1_Checked(sender   As   System.Object,   e   As
System.Windows.RoutedEventArgs) Handles RadioButton1.Checked, RadioButton2.
Checked, RadioButton3.Checked, RadioButton4.Checked
        Dim Result As String = "A"
        Dim CheckedRadiobutton As RadioButton = CType(sender, RadioButton)
        If Result = CheckedRadiobutton.Content.ToString.Trim Then
            MessageBox.Show("您选对了！", "答案提示", MessageBoxButton.OK)
        Else
            MessageBox.Show("太遗憾了，您选错了！请重试！", "答案提示",
MessageBoxButton.OK)
        End If
```

```
      End Sub
End Class
```

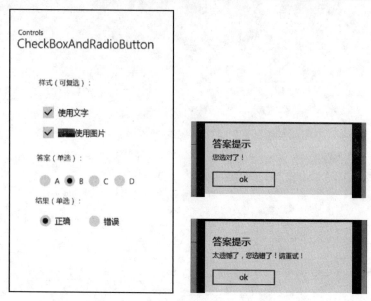

图 3-10　使用 CheckBox 和 RadioButton 控件

3.8　ListBox

　　ListBox 控件是 Winodws 应用程序设计中出现最早的控件之一，也是 Windows Phone 程序中使用最广泛的控件。如 Windows Phone 手机的开始页（Start）列表、应用程序列表、联系人列表等都是采用 ListBox 实现的。

　　ListBox 控件继承自 ItemsControl，可以包含多条项目，并以列表形式显示这些项目，用户可以从这些项目中选择一条或者多条。在项目较多时，ListBox 还提供了滚动条，允许用户拖动滚动条查看或选择后续的项目。

　　ListBox 最重要的属性是 Items，这是一个 ItemCollection 集合，集合中可以放置各种对象。因此，在 ListBox 的列表项中，除了可以是简单的文字或格式化的字符串之外，还可以包含其他复杂的对象，如面板、图像等。Items 集合，可以调用多个方法添加和删除子项目，如 Add 可以添加子项目，RemoveAt 可以删除子项目，Clear 可以清除所有子项目。如下代码显示了上述方法的使用：

```
ListBox1.Items.Add("新增项到列表框中")
Me.ListBox1.Items.Remove(listitem)　'listitem 为 ListBoxItem 类型的的列表项
Me.ListBox1.Items.RemoveAt(1)　　'删除第 2 项,编号从 0 开始
Me.ListBox1.Items.clear　'清空列表框
```

ListBox 的 SelectedItems 属性也是一个集合,用于保存用户在列表框中选中的项目,可以通过 SelectedItems 的 count 属性获取选中项数目,以及 SelectedItems(index) 获得由索引 index(整型量)指定的选中项。

如下实例,设计一个以简单字符串作为构成项的 ListBox 应用,执行结果如图 3-11 所示。

XAML 代码:ListBox1.xaml

```xaml
<Grid x:Name="ContentPanel" Grid.Row="1" Margin="12,0,12,0">
        <Grid.RowDefinitions>
            <RowDefinition Height="243*" />
            <RowDefinition Height="364*" />
        </Grid.RowDefinitions>
        <TextBlock Height="30" HorizontalAlignment="Left" Margin="44,40,0,0"
Name="TextBlock1" Text="项目内容: " VerticalAlignment="Top" />
        <TextBox Height="62" HorizontalAlignment="Left" Margin="132,26,0,0"
Name="TextBox1" Text="" VerticalAlignment="Top" Width="318" FontSize="20" />
        <Button Content=" 添 加 " Height="69" HorizontalAlignment="Left"
Margin="27,94,0,0" Name="Button1" VerticalAlignment="Top" Width="104" FontSize="20"
/>
        <Button Content="删除" FontSize="20" Height="69" HorizontalAlignment
="Left" Margin="111,94,0,0" Name="Button2" VerticalAlignment="Top" Width="96" />
        <Button Content="清空" FontSize="20" Height="69" HorizontalAlignment=
"Left" Margin="190,94,0,0" Name="Button3" VerticalAlignment="Top" Width="107" />
        <Button Content=" 显 示 选 中 项 " FontSize="20" Height="69"
Margin="282,94,24,0" Name="Button4" VerticalAlignment="Top"/>
        <CheckBox Content=" 允许多选 " Height="74" HorizontalAlignment="Left"
Margin="138,157,0,0" Name="CheckBox1" VerticalAlignment="Top" FontSize="20" />
        <ListBox Grid.Row="1" HorizontalAlignment="Stretch" Margin="12" Name=
"ListBox1" VerticalAlignment="Stretch" SelectionMode="Multiple" Background="Gray"
/>
    </Grid>
```

程序代码如下。

```vb
VB.NET 代码：ListBox1.xaml.vb
Partial Public Class ListBox1
    Inherits PhoneApplicationPage
    Public Sub New()
        InitializeComponent()
    End Sub
    '添加新项
    Private Sub Button1_Click(sender As System.Object, e As System.Windows.
RoutedEventArgs) Handles Button1.Click
        If Me.TextBox1.Text <> "" Then
            Me.ListBox1.Items.Add(Me.TextBox1.Text.Trim)
        End If
    End Sub
    '删除选中项
    Private Sub Button2_Click(sender As System.Object, e As System.Windows.
RoutedEventArgs) Handles Button2.Click
        If Me.ListBox1.SelectedItems.Count > 0 Then
            Dim icount As Integer = Me.ListBox1.SelectedItems.Count
            For i As Integer = 0 To icount - 1
                Me.ListBox1.Items.Remove(Me.ListBox1.SelectedItem)
                '或者使用 Me.ListBox1.Items.RemoveAt(Me.ListBox1.
SelectedIndex)
            Next
        End If
    End Sub
    '清空列表框项目
    Private Sub Button3_Click(sender As System.Object, e As System.Windows.
RoutedEventArgs) Handles Button3.Click
        Me.ListBox1.Items.Clear()
    End Sub
    '显示选中项信息
    Private Sub Button4_Click(sender As System.Object, e As System.Windows.
RoutedEventArgs) Handles Button4.Click
```

```
        If Me.ListBox1.SelectedItems.Count > 0 Then
            Dim icount As Integer = Me.ListBox1.SelectedItems.Count
            For i As Integer = 0 To icount - 1
                MessageBox.Show(Me.ListBox1.SelectedItem.ToString, "显示选中
项", MessageBoxButton.OK) '简单字符串选项可以直接显示
            Next
        End If
    End Sub
    '设置是否可以多选
    Private Sub CheckBox1_Click(sender As System.Object, e As System.Windows.
RoutedEventArgs) Handles CheckBox1.Click
        If Me.CheckBox1.IsChecked Then
            Me.ListBox1.SelectionMode = SelectionMode.Multiple
        Else
            Me.ListBox1.SelectionMode = SelectionMode.Single
        End If
    End Sub
End Class
```

图 3-11　使用 ListBox

　　ListBox 的 ItemTemplate 属性，是一个 DataTemplate 类型的对象，可以将一个 DataTemplate 模板添加到 ListBox 中，从而构成更加复杂的应用。一般情况下，在有关数据处理的应用程序

中，通常会使用 ListBox 的 ItemsSource 属性来绑定数据源，通过 DataTemplate 来显示格式化的
ListBoxItem 项数据。数据源可以是数据库中的数据、数据列表或者其他集合。

例如，以下实例演示了 ListBox 绑定数据列表的应用，执行的结果如图 3-12 所示。

XAML 代码：ListBox2.xaml

```xaml
<Grid Grid.Row="1">
        <ListBox Name="Listbox1" Width="420" Margin="0,5,0,10" >
        <ListBox.ItemsPanel>
            <ItemsPanelTemplate>
                <VirtualizingStackPanel
Orientation="Horizontal"></VirtualizingStackPanel>
            </ItemsPanelTemplate>
        </ListBox.ItemsPanel>
        <ListBox.ItemTemplate>
        <DataTemplate>
                <Border BorderThickness="1" BorderBrush="Blue" Margin=
"10" Padding="10" Width="300">
                <StackPanel Orientation="Horizontal" >
                    <Image    Source="{Binding  Imageurl}"  Width="80"
Height="80" />
                        <StackPanel Orientation="Vertical" Margin="5">
                            <TextBlock   Text="{Binding   ProductName}"
HorizontalAlignment="Left" TextWrapping="Wrap" />
                            <TextBlock Text="{Binding Price}"
   HorizontalAlignment="Left" />
                        </StackPanel>
                </StackPanel>
                </Border>
        </DataTemplate>
        </ListBox.ItemTemplate>
        </ListBox>
    </Grid>
```

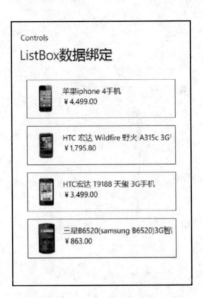

图 3-12　ListBox 绑定数据源

　　程序代码中包含产品类的定义、产品数据初始化及 ListBox 控件的数据源绑定等。详细代码如下。

VB.NET 产品类 Product 代码：Product.vb

```
Public Class Product
    Private _ProductName As String
    Private _Price As String
    Private _Imageurl As String

    Public Property ProductName() As String
        Get
            Return _ProductName
        End Get
        Set(ByVal value As String)
            _ProductName = value
        End Set
    End Property


    Public Property Price() As String
        Get
```

```vbnet
                Return _Price
        End Get
        Set(ByVal value As String)
            _Price = value
        End Set
    End Property


    Public Property Imageurl() As String
        Get
            Return _Imageurl
        End Get
        Set(ByVal value As String)
            _Imageurl = value
        End Set
    End Property


    Public Sub New(ByVal ProductName As String, ByVal Price As String, ByVal
Imageurl As String)
        Me.ProductName = ProductName
        Me.Price = Price
        Me.Imageurl = Imageurl
    End Sub
End Class
```

数据源初始化与 ListBox 数据绑定代码如下。

VB.NET 代码：ListBox2.xaml.vb

```vbnet
Imports System.ComponentModel
Partial Public Class ListBox2
    Inherits PhoneApplicationPage
    Public Sub New()
        InitializeComponent()
End Sub


    Private Sub PhoneApplicationPage_Loaded(sender As System.Object, e As
```

```
System.Windows.RoutedEventArgs) Handles MyBase.Loaded
        Dim Products As New List(Of Product)()
        Products.Add(New  Product(" 苹果  iphone  4  手机 ",  " ¥ 4,499.00",
"/Images/41y9pDGg5dL__SL120_.jpg"))
        Products.Add(New Product("HTC 宏达 Wildfire 野火 A315c 3G 手机", "
¥1,795.80", "/Images/41WX-tVOpbL__AA160_.jpg"))
        Products.Add(New Product("HTC 宏达 T9188 天玺 3G 手机", "¥3,499.00",
"/Images/51xabwSNa4L__AA160_.jpg"))
        Products.Add(New  Product(" 三星 B6520(samsung B6520)3G 智能手机", "
¥863.00 ", "/Images/51XnT+3hVdL__AA160_.jpg"))
        Me.Listbox1.ItemsSource = Products
    End Sub
End Class
```

　　实际上，ListBox 是使用 VirtualizingStackPanel 面板来排列 ListBoxItem 项的。默认的排列方式是垂直，可以通过调整 VirtualizingStackPanel 面板的排列方向，将 ListBox 中 ListBoxItem 项的排列方式改成水平。如将上例中的<ListBox>项的代码修改成以下代码，可以实现手机列表框中项目以水平方式排列，效果如图 3-13 所示。

XAML 代码：
```
<ListBox Name="Listbox1" Width="420" Margin="0,5,0,10" >
        <ListBox.ItemsPanel>
            <ItemsPanelTemplate>
                <VirtualizingStackPanel
Orientation="Horizontal"></VirtualizingStackPanel>
            </ItemsPanelTemplate>
        </ListBox.ItemsPanel>
        <ListBox.ItemTemplate>
            <DataTemplate>
                <Border BorderThickness="1" BorderBrush="Blue" Margin=
"10" Padding="10" Width="300">
                    <StackPanel Orientation="Horizontal" >
                        <Image    Source="{Binding  Imageurl}"  Width="80"
Height="80" />
                        <StackPanel Orientation="Vertical" Margin="5">
```

```
                              <TextBlock Text="{Binding ProductName}" Horizontal
Alignment="Left" TextWrapping="Wrap" />
                              <TextBlock Text="{Binding Price}"
    HorizontalAlignment="Left" />
                          </StackPanel>
                      </StackPanel>
                  </Border>
              </DataTemplate>
          </ListBox.ItemTemplate>
      </ListBox>
```

图 3-13　水平排列 ListBoxItem 项

3.9 — Slider

Slider 控件继承自 RangeBase 类，是一个类似标尺的图形化控件，它允许在一个连续的指定范围内选择数值。这个范围由 Minimum 属性和 Maximum 属性指定，Value 属性可以设置和获取选定的数值。

Slider 的 Orientation 属性，用于指定 Slider 的放置方向，设置为 Horizontal 表示水平放置，Vertical 表示垂直放置。IsDirectionReversed 属性用于指定当选择的数值增加或减少时，选择量在标尺上变动的方向，当 Slider 水平或垂直放置时，IsDirectionReversed 属性设置为 True，用于表示 Value 值增加时，选择量由左向右或由下向上增加。

Slider 以标尺方式呈现数据量的选择与变化，较为生动形象。因此，常用于需要直观显示数据值选择与变动的场合，如得票率的变动等。

以下实例，通过采用 Slider，实现对页面背景颜色值的选择，构造新的页面背景。执行效果如图 3-14 所示。

XAML 代码：Slider.xaml

```xml
<Grid x:Name="ContentPanel" Grid.Row="1" Margin="12,0,12,0">
        <Slider Height="426" HorizontalAlignment="Left" Margin="106,109,0,0"
Name="Slider1"    VerticalAlignment="Top"    Width="56"    Orientation="Vertical"
Maximum="255" Foreground="Red" Value="128" />
        <Slider Height="426" HorizontalAlignment="Left" Margin="191,109,0,0"
Name="Slider2"    Orientation="Vertical"    VerticalAlignment="Top"    Width="56"
Maximum="255" Foreground="Green" Value="128" />
        <Slider Height="426" HorizontalAlignment="Left" Margin="291,109,0,0"
Name="Slider3"    Orientation="Vertical"    VerticalAlignment="Top"    Width="56"
Maximum="255" Foreground="Blue" Value="128" />
        <TextBlock Height="30" HorizontalAlignment="Left" Margin="133,74,0,0"
Name="R" Text="" VerticalAlignment="Top" />
        <TextBlock Height="30" HorizontalAlignment="Left" Margin="114,541,0,0"
Name="TextBlock2" Text="红色" VerticalAlignment="Top" Foreground="Red" />
        <TextBlock Height="30" HorizontalAlignment="Left" Margin="198,541,0,0"
Name="TextBlock3" Text="绿色" VerticalAlignment="Top" Foreground="Green" />
        <TextBlock Height="30" HorizontalAlignment="Left" Margin="299,541,0,0"
Name="TextBlock4" Text="蓝色" VerticalAlignment="Top" Foreground="Blue" />
        <TextBlock Height="30" HorizontalAlignment="Left" Margin="219,73,0,0"
Name="G" Text="" VerticalAlignment="Top" />
        <TextBlock        Height="30"        HorizontalAlignment="Left"
Margin="318,73,0,0" Name="B" Text="" VerticalAlignment="Top" />
    </Grid>
```

程序代码如下。

VB.NET 代码：Slider.xaml.vb

```vbnet
Imports System.Math
Partial Public Class Slider
    Inherits PhoneApplicationPage
    Public Sub New()
        InitializeComponent()
```

```
    End Sub
    Private  Sub  Slider1_ValueChanged(sender  As  System.Object,  e  As
System.Windows.RoutedPropertyChangedEventArgs(Of  System.Double))  Handles
Slider1.ValueChanged, Slider2.ValueChanged, Slider3.ValueChanged
        Dim  clr  As  Color  =  Color.FromArgb(255, CByte(Slider1.Value),
CByte(Slider2.Value), CByte(Slider3.Value))
        Me.LayoutRoot.Background = New SolidColorBrush(clr)
        R.Text = clr.R.ToString("X2")
        G.Text = clr.G.ToString("X2")
        B.Text = clr.B.ToString("X2")
    End Sub
End Class
```

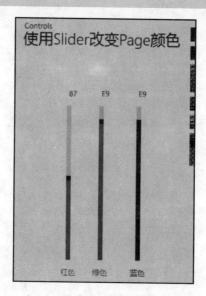

图 3-14　使用 Slider

3.10 ● ProgressBar 与 ProgressIndicator

　　与 Slider 相对应的，ProgressBar 也是继承自 RangeBase 类的控件，但 ProgressBar 的主要作用不是用于选择数值，而是用于显示进度。当一个操作过程费时比较长或者操作的数量比较多时，使用 ProgressBar 可以指示操作执行的进度，如 Windows Phone 应用程序从网上下载数据或者载入数据量较大时，可以使用 ProgressBar。

ProgressBar 提供 IsIndeterminate 属性，可以定制 ProgressBar 的外观。当设置为 True 时，ProgressBar 会以一段滚动圆点来显示进度，在具体进度时间不能确定时，宜采用这种方式。当设置为 False 时，将以数值的形式显示进度，这时候需要指定 Minimum、Maximum 和 Value 值，默认情况下，Minimum、Maximum 分别为 0 和 100。Vaule 值会在这两者之间显示所完成的进度。

以下代码演示了 ProgressBar 控件的使用方法。

XAML 代码：ProgressBar.xaml

```
<ProgressBar  Name="ProgressBar1"  Height="50"  IsIndeterminate="True"
Margin="-6,147,6,410" />
<ProgressBar  Name="ProgressBar2"  Height="50"  IsIndeterminate="False"
Margin="0,263,0,294" Value="65" Minimum="0" Maximum="200"/>
```

在 Windows Phone Mango 系统中还提供了 ProgressIndicator 控件，这是一个可以在系统状态栏（SystemTray）中显示进度的控件。如果需要在操作过程中显示 ProgressIndicator 型进度，可以采用以下代码来实现。

VB.NET 代码：ProgressBar.xaml.vb

```
Private  Sub  PhoneApplicationPage_Loaded(sender  As  System.Object,  e  As
System.Windows.RoutedEventArgs) Handles MyBase.Loaded
        '定义 ProgressIndicator 对象变量
        Dim prog As ProgressIndicator = New ProgressIndicator
        '显示 ProgressIndicator
        prog.IsVisible = True
        '以 IsIndeterminate 方式显示
        prog.IsIndeterminate = True
        '在系统状态栏中显示 ProgressIndicator
        SystemTray.SetProgressIndicator(Me, prog)
        '使系统状态栏可视
        SystemTray.SetIsVisible(Me, True)
        '设置系统状态栏的透明度为 0.5，即半透明状态
        SystemTray.SetOpacity(Me, 0.5)
    End Sub
```

上述代码执行的效果，如图 3-15 所示。

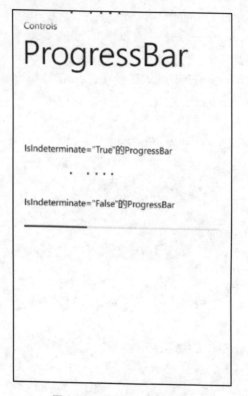

图 3-15　使用 ProgressBar

3.11 — Image 控件

图像是应用程序不可或缺的重要元素。在应用程序中加载适当的图片与图像，可以使应用程序更加生动形象，有助于美化界面，提高用户使用感受。在 Silverlight for Windows Phone 应用程序开发中，可以使用 Image 控件来加载图像。

Image 控件提供 Source 属性，允许用户设置图像文件的路径。图像可以是来源于本地的资源文件，也可以是网络上的某一 Uri 地址，但要求图片的格式为 PNG 或 JPEG。Height 和 Width 属性可以定制图像的高度和宽度，Stretch 可以设置图像的填充方式，Stretch 的取值与 ViewBox 控件的 FillMode 属性类似，也包括 None、Fill、Uniform、UniformToFill4 种。含义如下：

- None，不做设置，图像会以原始尺寸填充。如果图像原始尺寸大于 Image 控件，图像会被裁剪，如果图像原始尺寸小于 Image 控件，Image 控件会有空余。

● Fill，图像不考虑原始尺寸，直接按 Image 控件的高度与宽度填充，填满整个 Image 控件。有可能出现图像比例失真。

● Uniform，图像会保持原始的尺寸比例，但会根据 Image 控件大小进行填充，可能某一边会出现空白现象。

● UniformToFill，按图像原始尺寸比例填满整个 Image 控件，如果原始尺寸大于 Image 控件，部分内容可能超出 Image 控件范围，会被截除。

如图 3-16 所示为上述 4 种填充方式的实际效果，代码如下，可修改 Stretch 的取值。

XAML 代码：

```
<Grid x:Name="ContentPanel" Grid.Row="1" Margin="12,0,12,0">
        <Border BorderBrush="Black" BorderThickness="1"  Width="400"
Height="320">
            <Image Source="/Images/imagesCAJR4WNE.jpg" Stretch="Uniform"/>
        </Border>
    </Grid>
```

图 3-16　Image 的填充方式（左起：None、Fill、UniForm、UniformToFill）

如果需要载入网络上的图像资源，可以将 Image 控件的 Source 改为图像的网址，如以下代码所示。

XAML 代码：

```
<Image Source="https://www.windowsphone.com/images/mrktng_find.jpg" Stretch="Uniform" />
```

程序代码中，也可以加载图像。如图 3-17 所示演示了从网络加载指定图像文件到 Image 控件，实例的 XAML 代码和程序代码如下。

XAML 代码：

```
<Grid x:Name="ContentPanel" Grid.Row="1" Margin="12,0,12,0">
    <Border  BorderBrush="Black"  BorderThickness="1"     Width="400"
```

```
Height="320">
            <Image Stretch="Uniform" Name="ImageFromNet"/>
        </Border>
    </Grid>
```

VB.NET 程序代码：

```
Imports System.Windows.Media.Imaging
Partial Public Class Image2
    Inherits PhoneApplicationPage


    Public Sub New()
        InitializeComponent()
    End Sub


    Private Sub PhoneApplicationPage_Loaded(sender As System.Object, e As
System.Windows.RoutedEventArgs) Handles MyBase.Loaded
        Dim uristring As String = "https://www.windowsphone.com/images/
mrktng_find.jpg"
        Me.ImageFromNet.Stretch = Stretch.Uniform
        Me.ImageFromNet.Source  =  New  BitmapImage(New  Uri(uristring,
UriKind.RelativeOrAbsolute))
    End Sub
End Class
```

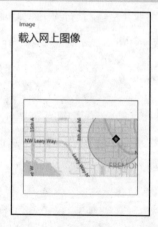

图 3-17　Image 控件载入网上资源

3.12 MediaElement 控件

截止到 Windows Phone 最新版 Mango 系统，其内置的 IE 浏览器尚不支持 Flash 播放。因此，众多在线提供视频播放的网站，在手机系统的 IE 中是无法播放视频的。要解决 Windows Phone 系统手机播放在线视频，只能通过客户端工具，如土豆、优酷、奇艺影视等都开发了客户端工具，提供用户播放网站的视频。在客户端工具播放视频就需要用到 MediaElement 控件。

MediaElement 控件是 Silverlight for Windows Phone 系统应用开发的媒体播放工具，可以播放多种格式的视频和音频文件，包括 MP3、ASF、MP4、3GP 和 3G2 等。支持的媒体格式还不是很多，但相信将来会有更多的媒体格式被支持。

MediaElement 控件可以播放的资源同样可以来源于本地资源文件，也可以是网上的媒体文件，可以通过 Source 属性指定待播放的媒体文件。载入媒体后，MediaElement 控件默认就会播放，可以设置 AutoPlay 属性为 False，取消默认的自动播放特性。

MediaElement 控件的简单应用代码如下。

XAML 代码：

```
<MediaElement Height="360" HorizontalAlignment="Left" Margin=
"24,90,0,0"    Name="MediaElement1"    VerticalAlignment="Top"    Width="413"
Source="The_Next_Release_of_Windows_Phone.mp4" AutoPlay="True" />
```

上述代码，执行的效果如图 3-18 所示。

图 3-18　使用 MediaElement 控件

MediaElement 控件提供了 Play、Pause、Stop 等方法，可以控制媒体的播放行为，如 Play 启动播放，Pause 暂停播放。CurrentState 可以获取当前播放的状态，共有 6 种可能的状态：Buffering、Closed、Opening、Paused、Playing 和 Stopped，分别表示缓冲中、已关闭、打开中、暂停、播放中和停止状态。

以下代码是使用 MediaElement 控件设计的一个简易媒体播放器的应用实例。执行结果，如图 3-19 所示。

XAML 代码：MediaElement2.xaml

```
<Grid x:Name="ContentPanel" Grid.Row="1" Margin="12,0,12,0">
        <MediaElement Height="409" HorizontalAlignment="Left" Margin=
"12,24,0,0" Name="MediaElement1" VerticalAlignment="Top" Width="438"/>
        <Button  Height="72" HorizontalAlignment="Left" Margin="117,488,0,0"
Name="Button1" VerticalAlignment="Top" Width="93" >
            <Image Source="/Images/appbar.transport.play.rest.png" Name="img"/>
        </Button>
        <Button  Height="72"  HorizontalAlignment="Left"  Margin="228,488,0,0"
Name="Button2" VerticalAlignment="Top" Width="89">
            <Imacge Source="/Images/appbar.transport.ff.rest.png"/>
        </Button>
        <TextBlock Height="30" HorizontalAlignment="Right" Margin="0,452,235,0"
Name="TextBlock1" VerticalAlignment="Top" />
    </Grid>
```

VB.NET 程序代码：MediaElement2.xaml.vb

```
Imports System.Windows.Media.Imaging
Partial Public Class MediaElement_2
    Inherits PhoneApplicationPage
    Public Sub New()
        InitializeComponent()
    End Sub
    Private  Sub  Button1_Click(sender  As  System.Object,  e  As
System.Windows.RoutedEventArgs) Handles Button1.Click
        If Me.TextBlock1.Text.Trim <> "播放中..." Then
            Dim mediastr As String = "The_Next_Release_of_Windows_Phone.mp4"
            Me.MediaElement1.Source = New Uri(mediastr, UriKind.Relative)
```

```
        Me.MediaElement1.Play()
        Me.img.Source = New BitmapImage(New Uri("/Images/appbar.
transport.pause.rest.png", UriKind.RelativeOrAbsolute))
      Else
        Me.MediaElement1.Pause()
        Me.img.Source = New BitmapImage(New Uri("/Images/appbar.
transport.play.rest.png", UriKind.RelativeOrAbsolute))
      End If
    End Sub


    Private Sub MediaElement1_CurrentStateChanged(sender As System.Object,
e As System.Windows.RoutedEventArgs) Handles MediaElement1.CurrentStateChanged
      Dim state As String = ""
      Select Case Me.MediaElement1.CurrentState
        Case MediaElementState.Buffering
          state = "缓冲中..."
        Case MediaElementState.Closed
          state = "已关闭"
        Case MediaElementState.Individualizing
          state = "初始化中..."
        Case MediaElementState.Opening
          state = "打开中..."
        Case MediaElementState.Paused
          state = "已暂停"
        Case MediaElementState.Playing
          state = "播放中..."
        Case MediaElementState.Stopped
          state = "已停止"
      End Select
      Me.TextBlock1.Text = state
    End Sub


    Private  Sub  Button2_Click(sender  As  System.Object,  e  As
```

```
System.Windows.RoutedEventArgs) Handles Button2.Click
        Me.img.Source = New BitmapImage(New Uri("/Images/appbar.transport.
play.rest.png", UriKind.RelativeOrAbsolute))
        Me.MediaElement1.Stop()
    End Sub


    Private Sub MediaElement1_MediaEnded(sender As System.Object, e As
System.Windows.RoutedEventArgs) Handles MediaElement1.MediaEnded
        Me.TextBlock1.Text = "停止"
        Me.img.Source = New BitmapImage(New Uri("/Images/appbar.transport.
play.rest.png", UriKind.RelativeOrAbsolute))
    End Sub


    Private  Sub  MediaElement1_MediaFailed(sender  As  Object,  e  As
System.Windows.ExceptionRoutedEventArgs) Handles MediaElement1.MediaFailed
        Me.TextBlock1.Text = "播放失败"
        Me.img.Source = New BitmapImage(New Uri("/Images/appbar.transport.
play.rest.png", UriKind.RelativeOrAbsolute))
    End Sub


    Private  Sub  MediaElement1_MediaOpened(sender  As  Object,  e  As
System.Windows.RoutedEventArgs) Handles MediaElement1.MediaOpened
        Me.TextBlock1.Text = "播放中..."
        Me.img.Source = New BitmapImage(New Uri("/Images/appbar.transport.
pause.rest.png", UriKind.RelativeOrAbsolute))
    End Sub
  End Class
```

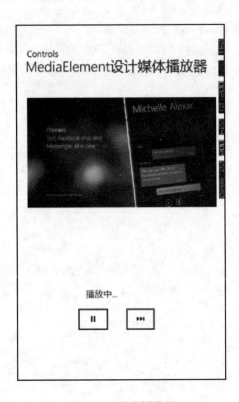

图 3-19　媒体播放器

3.13 ─● WebBrowser

WebBrowser 控件是一个网页浏览器控件，在应用程序中集成 WebBrowser 控件可以实现网页浏览功能。如在一些需要浏览网页实现详细信息下载的 RSS 阅读器、新闻浏览器等应用中，往往会采用 WebBrowser 控件。

在 Silverlight for Windows Phone 中，WebBrowser 控件提供 Navigate 方法来下载和打开指定的网页。网页可以是 Internet 上某一网站中的网页文件，也可以是来自本地独立存储空间中的网页文件。Source 属性可以指定待打开网页的地址或文件路径。

以下代码是简单使用 WebBrowser 打开指定网页的例子。

XAML 代码：

```
<phone:WebBrowser HorizontalAlignment="Stretch" Margin="9,6,0,0" Name=
"WebBrowser1" VerticalAlignment="Stretch" Source="http://www.sina.com.cn"/>
```

　　WebBrowser 控件的 Navigated 事件可以定义网页下载完成后，所需执行的任务；Navigating 事件可以定义网页下载或打开过程中需要执行的任务。WebBrowser 控件还不支持 Flash 播放，也不支持 ActiveX 控件。相比 Windows Forms 应用程序开发中的 WebBrowser 控件还存在很多的限制。

　　应用 WebBrowser 控件可以较为方便地设计网页浏览器。以下代码计了一个简单的网页浏览器。

XAML 代码：WebBrowser2.xaml

```xaml
<Grid x:Name="ContentPanel" Grid.Row="1" Margin="12,2,12,2">
        <Grid.RowDefinitions>
            <RowDefinition Height="642*" />
            <RowDefinition Height="54*" />
        </Grid.RowDefinitions>
            <phone:WebBrowser HorizontalAlignment="Stretch" Margin=
"2" Name="webBrowser1" VerticalAlignment="Stretch" />
        <Grid Grid.Row="1" HorizontalAlignment="Stretch"  VerticalAlignment=
"Center">
            <Grid.ColumnDefinitions>
                <ColumnDefinition Width="*"/>
                <ColumnDefinition Width="48"/>
            </Grid.ColumnDefinitions>
            <TextBox Name="txturl"  Grid.Column="0"  InputScope="Url"
FontSize="20"   Height="66"      VerticalAlignment="Center"    Text="http://"
HorizontalAlignment="Stretch" Background="#BFF8F5F5" />
            <Image        Source="/Images/appbar.transport.play.rest.png"
Grid.Column="1" Width="48" Height="48" MouseLeftButtonDown="Image_MouseLeft
ButtonDown" VerticalAlignment="Center" Name="NavigateImg"/>
        </Grid>
        <ProgressBar x:Name="pbarWebClient" Height="50" IsIndeterminate=
"True" Visibility="Collapsed" />
        </Grid>
```

其中，除了 WebBrowser 控件之外，还添加一个 ProgressBar 控件，用于指示网页下载或打开的进度。所需的程序代码如下，运行效果如图 3-20 的所示。

XAML 代码：WebBrowser2.xaml.vb

```vb
Imports System.Windows.Media.Imaging
Partial Public Class WebBrowser2
    Inherits PhoneApplicationPage
    Dim url As String = ""
    Public Sub New()
        InitializeComponent()
    End Sub
    Private Sub Image_MouseLeftButtonDown(sender As System.Object, e As
System.Windows.Input.MouseButtonEventArgs)
        url = Me.txturl.Text.ToString()
        Me.webBrowser1.Navigate(New Uri(url))
        pbarWebClient.Visibility = System.Windows.Visibility.Visible
    End Sub

    Private Sub webBrowser1_Navigated(sender As Object, e As
System.Windows.Navigation.NavigationEventArgs) Handles webBrowser1.Navigated
        pbarWebClient.Visibility = System.Windows.Visibility.Collapsed
    End Sub

    Private Sub webBrowser1_Navigating(sender As Object, e As
Microsoft.Phone.Controls.NavigatingEventArgs) Handles webBrowser1.Navigating
        pbarWebClient.Visibility = System.Windows.Visibility.Visible
    End Sub
End Class
```

图 3-20　WebBrowser 设计网页浏览器

3.14 ━●本章小结

　　本章介绍了来源于 System.Windows.Controls 和 Microsoft.Phone.Controls 名称空间常用的基本控件，包括 TextBlock、TextBox、PasswordBox、Button、ListBox、CheckBox、RadionButton、WebBrowser 等，并给出了详细的应用实例。

　　控件是可视化程序设计语言中应用最广泛的基本元素。基于控件开发应用程序，可以充分利用控件已打包好的各种特性，更好更快地开发出完善的应用程序。

04 Silverlight for Windows Phone Toolkit 控件

Silverlight for Windows Phone Toolkit 也提供了大量丰富有用的扩展控件

除了来自 System.Windows.Controls 和 Microsoft.Phone.Controls 名称空间的基本控件外，Silverlight for Windows Phone Toolkit 也提供了大量丰富有用的扩展控件。Silverlight for Windows Phone Toolkit 是一个免费的开源框架，其主旨是为 Windows Phone 应用程序开发者提供扩展控件，以便程序员开发出更多富（Rich）用户体验的 Windows Phone 应用程序。

Silverlight for Windows Phone Toolkit 扩展控件一方面弥补了基本控件的不足，另一方面也为 Windows Phone Mango 应用程序开发提供了更多的控件来源。Silverlight for Windows Phone Toolkit 的常用控件包括 AutoCompleteBox、ContextMenu、DatePicker、ListPicker、TimePicker 等，第 3 章中介绍的 WrapPanel 面板控件也是其中之一。

本章介绍 Silverlight for Windows Phone Toolkit 常用控件的特性与应用。

本章要点

- 了解 Silverlight for Windows Phone Toolkit 常用控件的特性。
- 掌握 Silverlight for Windows Phone Toolkit 常用控件的使用方法。

4.1 Windows Phone Toolkit 控件的使用方法

要使用 Silverlight for Windows Phone Toolkit 控件，首先需要下载并安装 Silverlight for Windows Phone Toolkit 的安装包。然后将控件集成到应用程序开发项目中，就可以像基本控件一样正常使用。

1．下载并安装 Silverlight for Windows Phone Toolkit

Silverlight for Windows Phone Toolkit 安装包的下载地址为 http://silverlight.codeplex.com/releases/view/71550。

下载后，双击安装文件，系统执行 Silverlight for Windows Phone Toolkit 安装，默认安装路径为 C:\Program Files (x86)\Microsoft SDKs\Windows Phone\v7.1\Toolkit\Aug11\Bin\ Microsoft.Phone.Controls.Toolkit.dll。

2．添加引用

在项目的解决方案管理器窗口中，展开项目节点。用鼠标右键单击 "References" 节点，在弹出的快捷菜单中选择 "Add Reference…" 命令，在 "Add Reference" 对话框中，选择 "Browser" 选项卡，找到 Microsoft.Phone.Controls.Toolkit.dll 所在的路径，将该程序集引用到应用程序的引用集中。

3．加载控件到 Toolbox

在 Visual Studio Express for Windows Phone 开发环境中，打开页面设计窗口和 Toolbox。用鼠标右键单击 Toolbox 空白区域，在弹出的快捷菜单中选择 "Choose Items…" 命令，在如图 4-1 所示的 "Choose Toolbox Items" 对话框中，找到并选中所需的 Silverlight for Windows Phone Toolkit 控件。然后就可以像基本控件一样拖动到页面设计窗口中，设置控件的属性。

当 Silverlight for Windows Phone Toolkit 控件被添加页面设计器窗口时，在页面的 XAML 代码中，会添加一行对 Silverlight for Windows Phone Toolkit 名称空间的引用代码：xmlns:toolkit="clr-namespace:Microsoft.Phone.Controls;assembly=Microsoft.Phone.Controls.Toolkit"。即在 XAML 代码编辑中，可以通过 toolkit 前缀来引用 Silverlight for Windows Phone Toolkit，控件对应的程序集为 Microsoft.Phone.Controls.Toolkit。

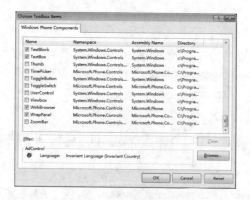

图 4-1　选择 Silverlight for Windows Phone Toolkit 控件到 Toolbox

4.2 ─●AutoCompleteBox 控件

AutoCompleteBox 控件提供了一种特别的输入机制。如同百度、谷歌等搜索引擎中的自动完成功能一样，当用户输入某些字符或字符串后，以这些已输入的字符或字符串开头的字符串列表会提示给用户，供用户选择。

这种根据用户输入自动提示后续内容的机制，可以减少用户输入的工作量，有助于提高用户使用应用程序的感受。如图 4-2 所示为百度搜索引擎中的类似功能。

Silverlight for Windows Phone Toolkit 提供的 AutoCompleteBox 控件可用于实现上述输入提示功能，此控件也因此被称为自动完成控件。

图 4-2 百度的输入提示

4.2.1 AutoCompleteBox 的特性

AutoCompleteBox 具有类似 TextBox 控件的特性，即可以输入数据。但与 TextBox 控件不同的是，AutoCompleteBox 还具有自动完成输入内容的功能。

AutoCompleteBox 控件实现的自动完成功能，实际是在事先定制的数据列表，以用户输入的字符或字符串为条件，进行查找过滤，然后把符合条件的数据以列表的形式提示给用户，从而实现自动完成功能的。

因此，首先必须定制 AutoCompleteBox 的数据列表。数据列表可以来源于以数据库为基础的数据源，也可以是数据集合对象。构建完成的数据列表，可以绑定到 AutoCompleteBox 控件的 ItemSource 属性。

AutoCompleteBox 控件的 FilterMode 属性可以设置数据过滤的方式，选项多达 14 种，其中常用选项主要有 StartsWith、StartsWithCaseSensitive、Contains、Equals、None，这些选项的具体含义如表 4-1 所示。FilterMode 属性的默认值为 StartsWith。

表 4-1　FilterMode 属性常用选项

选　　项	含　　义
StartsWith	将已输入字符或字符串作为过滤条件，数据列表中凡符合以已输入字符或字符串开头的会出现在列表中，但字符或字符串的大小写不做区分
StartsWithCaseSensitive	与 StartsWith 类似，但区分大小写
Contains	从数据列表中过滤包含已输入字符的数据，然后以提示列表的方式呈现给用户
Equals	从数据列表中过滤与已输入字符串相同的数据
None	不过滤，即数据列表中的所有数据都会出现在提示列表中

4.2.2　使用 AutoCompleteBox 控件

以下实例介绍 AutoCompleteBox 控件的使用过程。

参照 4.1 节 Silverlight for Windows Phone Toolkit 控件使用方法中介绍的步骤，将 Silverlight for Windows Phone Toolkit 程序集引用到项目中。然后，把 AutoCompleteBox 控件添加到 Toolbox 中，拖动 AutoCompleteBox 控件到模拟器预览窗口或 XAML 代码设计窗口中的合适位置。

修改程序页面的 XAML 代码如下。

XAML 代码：AutoCompleteBox.xaml

```
<phone:PhoneApplicationPage
xmlns:toolkit="clr-namespace:Microsoft.Phone.Controls;assembly=Microsoft.Phone.Controls.Toolkit"
    x:Class="WindowsPhoneToolkitControls.AutoCompleteBox"
    ...
    shell:SystemTray.IsVisible="True">
    ...
```

```
    <Grid x:Name="ContentPanel" Grid.Row="1" Margin="12,0,12,0"><toolkit:
AutoCompleteBox Height="60" FontSize="20" Width="420" Name="Autocompeletd1"
FilterMode="StartsWith" Margin="13,41,23,540" />
        </Grid>
    </Grid>
</phone:PhoneApplicationPage>
```

接着，添加程序代码。在后台程序代码中，构建数据列表，这是一个字符串列表。此数据
列表用于作为 AutoCompleteBox 控件提示用户输入的数据源，然后将数据列表绑定到
AutoCompleteBox 控件。绑定的方式是将 AutoCompleteBox 的 ItemsSource 属性值设置为数据列
表对象。

VB.NET 代码：AutoCompleteBox.xaml.vb

```
Partial Public Class AutoCompleteBox

    Inherits PhoneApplicationPage

    Public Sub New()

        InitializeComponent()

    End Sub

    Private Sub PhoneApplicationPage_Loaded(sender As System.Object, e As
System.Windows.RoutedEventArgs) Handles MyBase.Loaded

        Dim Mobilesystem As New List(Of String)()

        Mobilesystem.Add("Win")

        Mobilesystem.Add("Windows")

        Mobilesystem.Add("Windows Phone")

        Mobilesystem.Add("Windows Phone Mango")

        Mobilesystem.Add("Windows Phone Mango System")

        Me.Autocompeletd1.ItemsSource = Mobilesystem

    End Sub

End Class
```

程序运行的效果如图 4-3 所示。

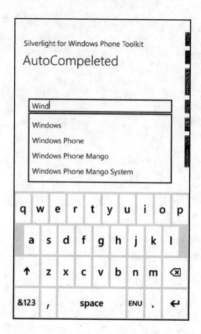

图 4-3　使用 AutoCompleteBox 控件

4.3　ContextMenu

在 Windows 系统中，右键快捷菜单是用户使用非常广泛的一种操作方式，通过右键快捷菜单可以丰富应用程序的执行方式。但是由于手机屏幕的特殊性，无法区分左右键。在 Windows Phone Mango 系统中，代替右键的操作方式是当用户触压屏幕某一点（或某一对象）并保持一定时间后，系统弹出上下文关联菜单，此上下文关联菜单可以看做是 Windows Phone Mango 系统的右键快捷菜单。在 Windows Phone Mango 系统的应用程序列表、联系人列表、短消息列表等程序中都用到了上下文关联菜单。

Silverlight for Windows Phone Toolkit 中 ContextMenu 控件可以实现上述功能。

4.3.1　ContextMenu 控件的简单使用

ContextMenu 控件的使用非常简单，只需要将 ContextMenu 项添加到相应对象中，作为对象的附加属性就可以使对象具有上下文关联菜单的特性。

例如，以下代码实现了在 Button 控件中添加上下文关联菜单，执行效果如图 4-4 所示。

XAML 代码：ConTextMenu2.xaml

```
<phone:PhoneApplicationPage xmlns:toolkit="clr-namespace:Microsoft.Phone.
Controls;assembly=Microsoft.Phone.Controls.Toolkit"
…
<Grid x:Name="ContentPanel" Grid.Row="1" Margin="12,0,12,0">
    <Button Content="触压并保持弹出 ContextMenu" Height="72"
HorizontalAlignment="Left" Margin="41,74,0,0" Name="Button1" VerticalAlignment=
"Top" Width="387">
        <toolkit:ContextMenuService.ContextMenu>
            <toolkit:ContextMenu>
              <toolkit:MenuItem Header="编写短消息" Click="MenuItemEditMessage_
Click"/>
              <toolkit:MenuItem Header="保存联系人" Click="MenuItemAddContactor_
Click"/>
            </toolkit:ContextMenu>
        </toolkit:ContextMenuService.ContextMenu>
    </Button>
    </Grid>
</Grid>
 </phone:PhoneApplicationPage>
```

从代码中可见，ContextMenu 控件的 MenuItem 对象可以添加菜单项，Header 用于设定菜单项显示的内容，Click 可以绑定菜单项单击时触发的事件代码。

图 4-4　使用 ContextMenu

4.3.2 ContextMenu 实现 ListBox 上下文关联菜单

在 Windows Phone 系统的应用程序中，ContextMenu 控件使用最多的是与 ListBox 控件结合，当用户触压并保持选中某一 ListBox 列表项达一定时间后，弹出上下文关联菜单，以便针对 ListBoxItem 项执行删除、修改等操作。

以下实例结合 3.8 节中 ListBox 控件应用的实例，将 ContextMenu 控件添加到 ListBox 控件中，实现 ListBox 选择项的上下文关联菜单应用。程序页面的 XAML 代码如下。

XAML 代码: ContextMenu1.xaml

```
<phone:PhoneApplicationPage xmlns:toolkit="clr-namespace:Microsoft.Phone.
Controls;assembly=Microsoft.Phone.Controls.Toolkit"

...

<Grid x:Name="ContentPanel" Grid.Row="1" Margin="12,0,12,0">
    <ListBox Name="Listbox1" Width="420" Margin="0,5,0,10">
        <ListBox.ItemTemplate>
          <DataTemplate>
            <Border  BorderThickness="1"  BorderBrush="Yellow"  Margin="10"
Padding="10" Width="360">
                    <StackPanel Orientation="Horizontal" >
                        <toolkit:ContextMenuService.ContextMenu>
                            <toolkit:ContextMenu>
                                <toolkit:MenuItem Header="Add"  Click=
"MenuItemAdd_Click"/>

                                <toolkit:MenuItem Header="Delete"  Click=
"MenuItemDelete_Click"/>

                            </toolkit:ContextMenu>
                        </toolkit:ContextMenuService.ContextMenu>
                        <Image Source="{Binding Imageurl}" Width="80"  Height=
"80" />

                        <StackPanel Orientation="Vertical" Margin="5">
                        <TextBlock Text="{Binding ProductName}" HorizontalAlignment=
"Left" TextWrapping="Wrap" Style="{StaticResource PhoneTextNormalStyle}"/>
                            <TextBlock Text="{Binding Price}" HorizontalAlignment=
"Left" Style="{StaticResource PhoneTextNormalStyle}"/>
```

```
                        </StackPanel>
                    </StackPanel>
                </Border>
            </DataTemplate>
        </ListBox.ItemTemplate>
    </ListBox>
  </Grid>
 </Grid>
</phone:PhoneApplicationPage>
```

ContextMenu 添加在 ListBox 的 DataTemplate 模板中。菜单项有 Add 和 Delete，两菜单项的 Click 事件分别对应程序代码中的 MenuItemAdd_Click 和 MenuItemDelete_Click 子过程，分别实现列表项的添加和删除。

程序运行结果如图 4-5 所示。

VB.NET 代码：ContextMenu1.xaml.vb

```
Imports System.Collections.ObjectModel
Partial Public Class ContextMenu
    Inherits PhoneApplicationPage
    '定义数据源集合
    Dim Products As New ObservableCollection(Of Product)
    Public Sub New()
        InitializeComponent()
    End Sub
    Private Sub PhoneApplicationPage_Loaded(sender As System.Object, e As
System.Windows.RoutedEventArgs) Handles MyBase.Loaded
        '填充数据源，并绑定到 ListBox 控件
        Products.Add(New Product(" 苹果 iphone 4 手机 ", " ￥4,499.00",
"/Images/41y9pDGg5dL_SL120_.jpg"))
        Products.Add(New Product("HTC 宏达 Wildfire 野火 A315c 3G 手机", "
￥1,795.80", "/Images/41WX-tVOpbL__AA160_.jpg"))
        Products.Add(New Product("HTC 宏达 T9188 天玺 3G 手机", "￥3,499.00",
"/Images/51xabwSNa4L__AA160_.jpg"))
        Products.Add(New Product("三星 B6520(samsung B6520)3G 智能手机", "
￥863.00 ", "/Images/51XnT+3hVdL__AA160_.jpg"))
        Me.Listbox1.ItemsSource = Products
    End Sub
    Private  Sub  MenuItemAdd_Click(sender  As  System.Object,  e  As
System.Windows.RoutedEventArgs)
        Products.Add(New Product("iphone 4S 手机 ", " ￥ 4,899.00",
"/Images/41y9pDGg5dL__SL120_.jpg"))
```

```
            Me.Listbox1.ItemsSource = Products
      End Sub
      Private  Sub  MenuItemDelete_Click(sender  As  System.Object,  e  As
System.Windows.RoutedEventArgs)
          '取得选中的列表项
          Dim selectedListBoxItem As ListBoxItem = TryCast(Me.Listbox1.
ItemContainerGenerator.ContainerFromItem(TryCast(sender,
MenuItem).DataContext), ListBoxItem)
          '取得选中列表项对应的 Product 实例
          Dim SeletedProduct As Product = TryCast(selectedListBoxItem.Content,
Product)
          '如果列表项不为空，删除列表项
          If SeletedProduct Is Nothing Then
              Return
          Else
              Products.Remove(SeletedProduct)
          End If
      End Sub
  End Class
```

图 4-5　使用 ContextMenu 实现上下文关联菜单

4.3.3　程序代码动态使用 ContextMenu

ContextMenu 控件还可以通过程序代码，动态地绑定到指定的控件上，并可以实现菜单项的动态添加。以下实例实现了通过应用程序代码在 TextBox 控件上绑定 ContextMenu 菜单的应用。

在页面的 XAML 代码中添加 ContextMenu 控件。

XAML 代码：ContextMenu2.xaml

```
<phone:PhoneApplicationPage
xmlns:toolkit="clr-namespace:Microsoft.Phone.Controls;assembly=Microsoft.Pho
ne.Controls.Toolkit"

…

    <Grid x:Name="ContentPanel" Grid.Row="1" Margin="12,0,12,0">
        <TextBox Height="72" HorizontalAlignment="Left" Margin="41,210,0,0"
Name="TextBox1" Text="触压并保持弹出 ContextMenu" VerticalAlignment="Top"
Width="387" />
        <toolkit:ContextMenuService.ContextMenu >
            <toolkit:ContextMenu x:Name="txtboxMenu">
                <toolkit:MenuItem Header="编写短消息" Click="MenuItemEditMessage_
Click"/>
                <toolkit:MenuItem Header="保存联系人" Click="MenuItemAddContactor_
Click"/>
            </toolkit:ContextMenu>
        </toolkit:ContextMenuService.ContextMenu>
    </Grid>
</Grid>
</phone:PhoneApplicationPage>
```

代码中使用 MenuItem 构建 ContextMenu 菜单的菜单项，添加到 ContextMenu 的 Items 集合中，并绑定每一菜单项的执行过程。应用 ContextMenuService 的 SetContextMenu 可以将 ContextMenu 动态地通过代码设定到目标对象中（此处是 TextBox），一个 ContextMenu 对象可以绑定到多个目标对象。编写程序代码如下。

VB.NET 代码：ContextMenu2.xaml.vb

```vb
Partial Public Class ConTextMenu2
    Inherits PhoneApplicationPage

    Public Sub New()
        InitializeComponent()
    End Sub
    Private Sub MenuItemEditMessage_Click(sender As System.Object, e As
System.Windows.RoutedEventArgs)
        MessageBox.Show("您单击的是编写短消息。")
    End Sub
    Private Sub MenuItemAddContactor_Click(sender As System.Object, e As
System.Windows.RoutedEventArgs)
        MessageBox.Show("您单击的是保存联系人。")
    End Sub
    Private Sub PhoneApplicationPage_Loaded(sender As System.Object, e As
System.Windows.RoutedEventArgs) Handles MyBase.Loaded
        '构造菜单项
        Dim menuItem1 As MenuItem = New MenuItem() With {.Header = "Copy", .Tag
= "Copy"}
        Dim menuItem2 As MenuItem = New MenuItem() With {.Header = "Cut", .Tag
= "Cut"}
        Dim menuItem3 As MenuItem = New MenuItem() With {.Header = "Post", .Tag
= "Post"}
        '  将菜单项添加菜单
        txtboxMenu.Items.Add(menuItem1)
        txtboxMenu.Items.Add(menuItem2)
        txtboxMenu.Items.Add(menuItem3)
        '绑定菜单项对应的处理事件
        AddHandler menuItem1.Click, AddressOf menuItem_Click
        AddHandler menuItem2.Click, AddressOf menuItem_Click
        AddHandler menuItem3.Click, AddressOf menuItem_Click
        '调用 ContextMenuService 将 ContextMenu 设置到目标控件
        ContextMenuService.SetContextMenu(Me.TextBox1, txtboxMenu)
    End Sub
```

```
    Private Sub menuItem_Click(sender As System.Object, e As System.Windows.
RoutedEventArgs)
        Dim header As String = TryCast(sender, MenuItem).Header.ToString
        MessageBox.Show("您单击的是" & header & "菜单项。")
    End Sub
End Class
```

程序执行的效果如图 4-6 所示。

图 4-6　动态使用 ContextMenu

4.4　DatePicker 与 TimePicker

日期与时间是一种格式比较特殊的数据类型。由于在应用程序中，日期与时间数据往往用来相互比较，如任务的执行时间与系统当前时间进行比较，或者比较两日期数据的大小，以判断时间上的先后关系等。因此，在输入日期与时间数据时，一般要求用户严格地遵循日期与时间的格式。为了避免用户输入日期与时间数据时格式的随意性，应用程序中往往通过让用户选择日期与时间来实现输入，这样可以确保格式的正确性。但是，这会对应用程序开发带来一定的复杂性。

在 Windows Phone Mango 系统中，提供了一项非常炫酷的日期和时间选择功能，可以全屏滑动的界面，动感十足。此项功能可以使用 Silverlight for Windows Phone Toolkit 提供的 DatePicker 和 TimePicker 控件来实现。

4.4.1　使用 DatePicker 和 TimePicker 控件

DatePicker 和 TimePicker 控件都继承自 DateTimePickerBase，除了日期和时间选择界面外，

还附带了一个文本框 TextBox 控件，用以接收用户选定的日期或时间值。DatePicker 和 TimePicker 控件两者非常类似，相同的全屏选择界面、滑动的特效等，除了 DatePicker 控件提供的是日期数据的选择，而 TimePicker 控件选择的是时间数据。

DatePicker 和 TimePicker 控件的 Value 属性可以设置和获取控件的日期或时间值，值的类型为 DateTime，ValueString 属性可以获取控件选中日期或时间值的字符串格式数据，ValueStringFormat 可以将控件选中的日期或时间值转化成为所要求的格式，默认的格式为{0:d}，是一种短日期格式。如以下代码，使用上述属性将日期格式转换成为长日期格式。

VB.NET 代码：

```
Dim DatePicker1 As DatePicker = New DatePicker With {.Value =
"10/12/2011", .ValueStringFormat = "0:D"}
    Me.ContentPanel.Children.Add(DatePicker1)
    Dim SelectdeDatetime As DateTime = DatePicker1.Value
    Dim SelectedTime As String = TimePicker1.ValueString
```

同样，使用 DatePicker 和 TimePicker 控件也需要将 DatePicker 控件和 TimePicker 控件添加到应用程序页面中，步骤可参照 4.1 节。

4.4.2　工作计划管理器

Windows Phone Mango 系统提供了日历管理器（Calendar）程序，用户可以设置每项工作任务的内容和执行时间。系统会根据任务设置的开始时间，在到期前预先提醒用户，是一项非常好用的工作计划管理工具。

本例应用 DatePicker 和 TimePicker 控件设计一个简单的工作计划管理器，可以将任务计划添加到 Calendar 中，系统同样会给予提醒。程序中用到了 SchedulerAction，此组件可以将设定的内容保存到 Calendar 中，是系统提供的应用程序接口。要使用 SchedulerAction，需要在代码中将 Microsoft.Phone.Scheduler 名称空间引入到程序代码中。

程序页面的 XMAL 代码如下。代码中添加了一个日期选取控件 DatePicker1、一个时间选取控件 TimePicker1，分别用于选取日期和时间以构成任务计划的开始时间，另一个文本框控件设置多行输入，用于输入工作计划的内容。

XAML 代码：DatePickerAndTimePicker.xaml

```
<phone:PhoneApplicationPage
xmlns:toolkit="clr-namespace:Microsoft.Phone.Controls;assembly=Microsoft.Pho
ne.Controls.Toolkit"
    x:Class="Controls.DatePickerAndTimePicker"
```

```
…
<Grid x:Name="ContentPanel" Grid.Row="1" Margin="12,0,12,0">
    <Grid.RowDefinitions>
        <RowDefinition Height="Auto" />
        <RowDefinition Height="Auto" />
        <RowDefinition Height="Auto" />
        <RowDefinition Height="Auto" />
        <RowDefinition Height="Auto" />
        <RowDefinition Height="Auto" />
        <RowDefinition Height="Auto" />
    </Grid.RowDefinitions>
    <TextBlock    Grid.Row="0"    Height="30"    HorizontalAlignment="Left"
Margin="20,10" Name="TextBlock1" Text="请选择日期: " VerticalAlignment="Top"
FontSize="24" />
    <toolkit:DatePicker  Name="DatePicker1" Grid.Row="1" Margin="5" />
    <TextBlock    Grid.Row="2"    Height="30"    HorizontalAlignment="Left"
Margin="20,10" Name="TextBlock2" Text="请选择时间: " VerticalAlignment="Top"
FontSize="24" />
    <toolkit:TimePicker Grid.Row="3" Name="TimePicker1" Margin="5" />
    <TextBlock    Grid.Row="4"    Height="30"    HorizontalAlignment="Left"
Margin="20,9,0,0"  Name="TextBlock3"  Text="任 务 : "  VerticalAlignment="Top"
FontSize="24" />
    <TextBox Grid.Row="5" Name="task" TextWrapping="Wrap" Height="220" />
    <Button Content="保存" Grid.Row="6" Height="72" HorizontalAlignment=
"Center" Margin="20,10" Name="Button1" VerticalAlignment="Top" Width="160" />
    </Grid>
    </Grid>
</phone:PhoneApplicationPage>
```

如下代码中将日期和时间组合成计划执行时间，通过 ScheduledAction 将计划执行的时间（BeginTime）和内容（Content）保存到系统 Calender 程序中，根据需要还可以给计划设置标题（Title）。

VB.NET 代码：DatePickerAndTimePicker.xaml.vb

```vb
Imports Microsoft.Phone.Scheduler
Partial Public Class DatePickerAndTimePicker
    Inherits PhoneApplicationPage


    Public Sub New()
        InitializeComponent()
    End Sub


    Private Sub Button1_Click(sender As System.Object, e As System.Windows.RoutedEventArgs) Handles Button1.Click
        Dim TaskDate As DateTime = DatePicker1.Value
        Dim TaskTime As TimeSpan = TimePicker1.Value.Value.TimeOfDay
        Dim SelectedTime As String = TimePicker1.ValueString
        TaskDate = TaskDate.Date + TaskTime
        Dim taskContent As String = task.Text
        If TaskDate < DateTime.Now Then
            MessageBox.Show("计划任务的设置时间必须大于系统当前时间。" & vbLf & "请重新设置!", "系统提醒", MessageBoxButton.OK)
        ElseIf String.IsNullOrEmpty(taskContent) Then
            MessageBox.Show("任务内容不能为空，请重新输入。", "系统提醒", MessageBoxButton.OK)
        Else
            Dim taskReminder As ScheduledAction = ScheduledActionService.Find("TodoReminder")
            If taskReminder IsNot Nothing Then
                ScheduledActionService.Remove(taskReminder.Name)
            End If
            Dim _Reminder As New Reminder("TodoReminder") With { _
             .BeginTime = TaskDate, _
             .Title = "任务提醒", _
```

```
        .Content = taskContent _

    }

    ScheduledActionService.Add(_Reminder)

    MessageBox.Show("保存完毕！")

  End If

 End Sub

End Class
```

程序执行效果如图 4-7 与图 4-8 所示。

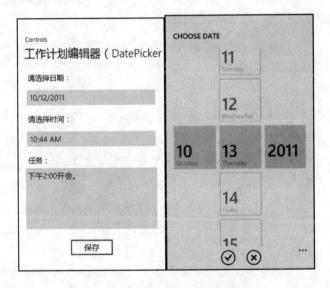

图 4-7　使用 DatePicker 和 TimePicker 控件设计工作计划管理器

图 4-8　任务提醒

> **提示：**
>
> 在日期与时间选择页面中，使用到了两个图片。为正确显示这两个图片，需要在应用程序中添加这两个图片文件。这两个图片文件需要分别命名为 ApplicationBar.Cancel.png 和 ApplicationBar.Check.png，放在文件夹 Toolkit.Content 中（如果应用程序管理器中没有这个文件夹，需要新增并以此命名新文件夹）；并且需要将图片文件属性中的 Build Action 设置为 Content。
>
> ApplicationBar.Check.png 显示在确认选取的按钮上，ApplicationBar.Cancel.png 显示在取消选取的按钮上。

4.5　HubTile 控件

使用过 Windows Phone Mango 系统的用户都会对 Metro 风格的开始页面留下深刻的印象，此开始页简捷流畅，且又极富动感。开始页由多个划分成两列的方块构成，这些方块被称为"Tile"，每一块 Tile 的大小固定，都为 173 像素×173 像素，其内容可以是一串文字或是各式图片，甚至还可集成动画、动态通知与消息。这是全新的界面，与 iPhone、Android 有本质的区别。

那么在应用程序中，如何实现上述效果呢？事实上，已有不少应用软件应用了类似的效果，如百度浏览器等。Silverlight for Windows Phone Toolkit 提供的 HubTile 控件可以帮助程序员方便地实现类似效果。

HubTile 控件可以看做是 Windows Phone Mango 系统开始页中的方块"Tile"，并且大小也是固定的，同样是 173 像素×173 像素。HubTile 控件的内容同样可以由文字或图片等构成，也能提供消息和通知，并且提供了两种模式的动画，分别为翻转和变形。

因此，采用 HubTile 控件来设计类似开始页的应用程序界面就显得方便易行。

4.5.1　HubTile 控件的特性

在 HubTile 控件中，用于获取和设置标题信息的是 Title 属性，标题信息显示在 HubTile 的底部；Message 属性用于设置和获取 HubTile 的消息，消息会在顶部以小字体显示；Source 用于设置和获取 HubTile 上显示的图片文件路径。图片可以来源于应用程序本地保存的图片文件，也可以来源于网络上的图片资源。

　　例如，以下代码构造了一个 HubTile，显示了文字、图片和消息。代码执行后，可能出现的效果如图 4-9 所示。Tile 可以出现翻转、显示图片面或者文字信息面。

XAML 代码：

```
<toolkit:HubTile Title="WPBlog" Message="来自 Windows Phone 的问候！"
Name="HubTile1" Source="/Images/Desert.jpg" />
```

图 4-9　使用 HubTile 控件

　　在 HubTile 控件中，还可以设置 Notification 和 DisplayNotification 属性用于设置是否显示通知信息。Notification 属性用于设置和获取通知的内容，DisplayNotification 用于确定是否显示通知信息。

　　例如，修改上述代码后，经翻转变形后，会出现通知信息。如图 4-10 所示。这些特性使 HubTile 控件可以实现与网络数据的实时互动，类似的效果在 Windows Phone 系统的开始页中也有使用。在开始页中，有些 Tile 可以接收网络通知信息，并将通知信息显示在 Tile 上，如 Marketplace 可以在 Tile 上显示当前可以更新的应用程序数，Message 可以在 Tile 上显示最新未读的消息数。

XAML 代码：

```
<toolkit:HubTile Title="WPBlog" Message="来自 Windows Phone 的问候！"
Name="HubTile1" Source="/Images/Desert.jpg" Notification="有 2 篇新的文章，请注
意查看。" DisplayNotification="True"/>
```

图 4-10 显示通知信息

在 HubTile 块较多的应用程序中，往往需要同时对多个 HubTile 进行设置，这时需要使用到 HubTile 分组。用于设置分组的属性是 GroupTag，这是一个字符串型的属性，当 GroupTag 设置值相同时，这些 HubTile 即属于同一组。如以下代码将前两个 HubTile 设置为同一组，将来可以在程序代码中通过使用 HubTileService.FreezeGroup("1") 来冻结或使用 HubTileService. UnfreezeGroup("1")来解冻组别为"1"的 HubTile。

XAML 代码：Hubtile1.xaml

```
<toolkit:WrapPanel Orientation="Horizontal" x:Name="ContentPanel" Grid.Row=
"1" Margin="12,0,12,0" >

    <toolkit:HubTile Title="WPH" Message="来自 Windows Phone 的问候！"
Name="HubTile1" Source="/Images/Chrysanthemum.jpg" Notification="有 2 篇新的文
章，请注意查看。" DisplayNotification="True" Margin="5" GroupTag="1" />

    <toolkit:HubTile Title="AND" Message="来自 Andriod 的问候！"
Name="HubTile2" Source="/Images/Hydrangeas.jpg" Notification="没新文章。"
DisplayNotification="True" Margin="5" GroupTag="1" />

    <toolkit:HubTile Title="IPH" Message="来自 iPhone 的问候！"
Name="HubTile3" Source="/Images/Jellyfish.jpgg" Notification="有 1 篇新文章，请
注意查看。" DisplayNotification="True" Margin="5" GroupTag="1" />

    <toolkit:HubTile Title="RIM" Message="来自 RIM 的问候！" Name="HubTile4"
Source="/Images/Koala.jpg" Notification="有 3 篇新文章，请注意查看。"
DisplayNotification="True" Margin="5"/>

    <toolkit:HubTile Title="NOK" Message="来自 Nokia 的问候！" Name="HubTile5"
Source="/Images/Desert.jpg" Notification="有 4 篇新文章，请注意查看。"
DisplayNotification="True" Margin="5"/>

</toolkit:WrapPanel>
```

4.5.2　Metro 风格的商品列表

在前述例子中，曾使用 ListBox 设计了一个手机商品信息的列表。本例中，采用 HubTile 控件改造上述例子，构建了一个类似于 Metro 风格的手机商品信息列表的应用程序。

XAML 代码如下，代码中设置 ListBox 的 ItemsPanel（即项集合模板）采用 WrapPanel 面板来排列 ListBoxItem 项，并将 ItemTemplate（即项模板）修改为 HubTile。采用数据绑定方式，分别绑定项模板中 HubTile 对象的 Title、Msessage 和 Source 属性到数据源中数据对象的对应属性。

```
XAML 代码：HubTile2.xaml
<phone:PhoneApplicationPage
xmlns:toolkit="clr-namespace:Microsoft.Phone.Controls;assembly=Microsoft.Phone.Controls.Toolkit"
    …

<Grid x:Name="ContentPanel" Grid.Row="1" Margin="12,0,12,0">
    <ListBox Grid.Row="0" x:Name="Listbox1">
        <ListBox.ItemsPanel>
            <ItemsPanelTemplate>
                <toolkit:WrapPanel Orientation="Horizontal" />
            </ItemsPanelTemplate>
        </ListBox.ItemsPanel>
        <ListBox.ItemTemplate>
            <DataTemplate>
                <toolkit:HubTile Title="{Binding ProductName}" Margin="3"
Message="{Binding Price}" Source="{Binding Imageurl}">
                </toolkit:HubTile>
            </DataTemplate>
        </ListBox.ItemTemplate>
    </ListBox>
</Grid>
</Grid>
</phone:PhoneApplicationPage>
```

程序代码如下，代码构建数据列表 Products，列表项的类型为 Product，Product 的定义见前述相关内容。然后，将数据列表 Products 绑定到 Listbox1。

VB.NET 代码：HubTile2.xaml.vb

```vbnet
Partial Public Class HubTile2
    Inherits PhoneApplicationPage
    Public Sub New()
        InitializeComponent()
    End Sub


    Private Sub PhoneApplicationPage_Loaded(sender As System.Object, e As
System.Windows.RoutedEventArgs) Handles MyBase.Loaded
        Dim Products As New List(Of Product)()
        Products.Add(New Product("苹果 iphone 4 手机", "￥4,499.00",
"/Images/41y9pDGg5dL__SL120_.jpg"))
        Products.Add(New Product("HTC 宏达 Wildfire 野火 A315c 3G 手机", "
￥1,795.80", "/Images/41WX-tVOpbL__AA160_.jpg"))
        Products.Add(New Product("HTC 宏达 T9188 天玺 3G 手机", "￥3,499.00",
"/Images/51xabwSNa4L__AA160_.jpg"))
        Products.Add(New Product("三星 B6520(samsung B6520)3G 智能手机", "
￥863.00 ", "/Images/51XnT+3hVdL__AA160_.jpg"))
        Me.Listbox1.ItemsSource = Products
    End Sub
End Class
```

程序执行效果如图 4-11 所示。

图 4-11　Metro 风格的商品列表

4.6 ─ ToggleSwitch 控件

在第 3 章基本控件中，介绍了 RadioButton 和 CheckBox 控件，可用于设置某些选项的选中与未选中状态，这是两个比较中规中矩的控件。但在 Windows Phone Mango 系统中，同样的应用场合却使用一种效果更佳的控件，允许通过拖动滑块实现选中或者取消选中，如系统设置（setting）的 Cellular 中的 Data Connection 与 3G Connection 等。

在 Silverlight for Windows Phone Toolkit 中提供的 ToggleSwitch 控件可以实现上述功能。但与 RadioButton 和 CheckBox 控件不同，ToggleSwitch 控件的状态只有 On 或 Off 两种，即选中或未选中。

与 CheckBox 控件类似，ToggleSwitch 控件的状态可以通过 IsChecked 属性来获取或设定，Header 属性可以设定 ToggleSwitch 控件的标题，并且可以通过 HeaderTemplate 来设定标题的显示模板。Content 属性可以设置或获取 ToggleSwitch 控件显示的内容，并可以通过 ContentTemplate 设定内容的模板。

例如，以下代码构造了一个 ToggleSwitch 控件，内容为 On，头信息为 Data Connection。

XAML 代码：
```
<toolkit:ToggleSwitch  x:Name="DataConn"  Content="On"  IsChecked="True"
Header="Data Connection"/>
```

执行效果如图 4-12 所示。

图 4-12　ToggleSwitch 控件

在程序代码中，要获取 ToggleSwitch 状态的值，可以采用如下代码。

VB.NET 代码：
```
Dim dataconnstate As Boolean = Me.DataConn.IsChecked
```

为了让 ToggleSwitch 控件显示的内容能够动态反映选取值，可以通过使用 ToggleSwitch 控件的两个事件 Checked 和 UnChecked 事件来实现。以下是页面的 XAML 代码。

XAML 代码：
```
<phone:PhoneApplicationPage
```

```
xmlns:toolkit="clr-namespace:Microsoft.Phone.Controls;assembly=Microsoft.Pho
ne.Controls.Toolkit"
    …
    <toolkit:ToggleSwitch x:Name="DataConn" Content=" 数据连接状态：已连接"
IsChecked="True" Header="Data Connection"/>
    …..
    </phone:PhoneApplicationPage>
```

程序代码如下。即当选中时，ToggleSwitch 控件会触发 DataConn_Checked 事件，此例中会将内容修改为"数据连接状态：已连接"；取消选中时，会触发 DataConn_Unchecked 事件，此例内容会修改为"数据连接状态：未连接"。

VB.NET 代码：

```
    Private Sub DataConn_Checked(sender As Object, e As System.Windows.
RoutedEventArgs) Handles DataConn.Checked
        Me.DataConn.Content = "数据连接状态：已连接"
        Me.DataConn.IsChecked = True
    End Sub

    Private Sub DataConn_Unchecked(sender As Object, e As System.Windows.
RoutedEventArgs) Handles DataConn.Unchecked
        Me.DataConn.Content = "数据连接状态：未连接"
        Me.DataConn.IsChecked = False
    End Sub
```

执行效果如图 4-13 与图 4-14 所示。

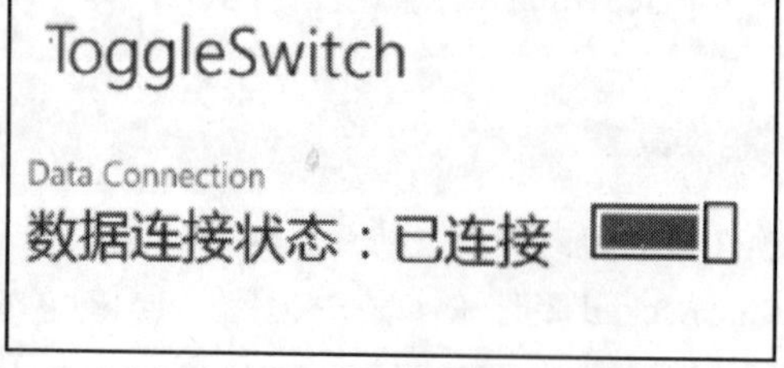

Silverlight for Windows Phone Toolkit

ToggleSwitch

Data Connection

数据连接状态：已连接

图 4-13　选中状态

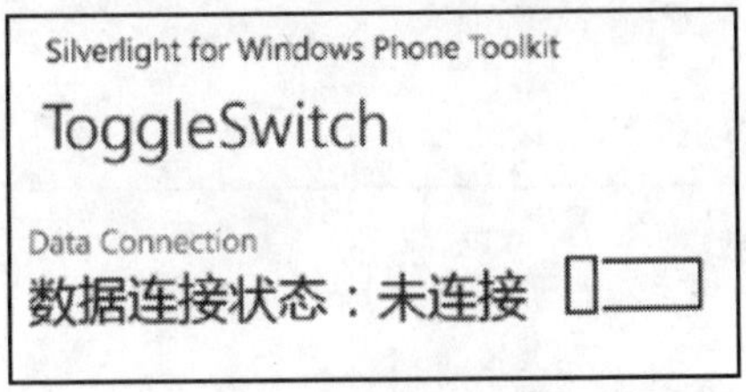

Silverlight for Windows Phone Toolkit

ToggleSwitch

Data Connection
数据连接状态：未连接 ☐▭

图 4-14   未选中状态

以下代码给出了对 HeaderTemplate 和 ContentTemplate 模板进行定制的应用实例。

页面的 XAML 代码如下。

```xaml
XAML 代码：ToggleSwitch.xaml
<Grid x:Name="ContentPanel" Grid.Row="1" >
    <toolkit:ToggleSwitch Header="5:45 AM" Margin="12,128,12,128">
        <toolkit:ToggleSwitch.HeaderTemplate>
            <DataTemplate>
             <ContentControl Foreground="{StaticResource PhoneForegroundBrush}"
Content="{Binding}"/>
            </DataTemplate>
        </toolkit:ToggleSwitch.HeaderTemplate>
        <toolkit:ToggleSwitch.ContentTemplate>
            <DataTemplate>
                <StackPanel>
                    <StackPanel Orientation="Horizontal">
                        <TextBlock  Text="Alarm: "  FontSize="{StaticResource
PhoneFontSizeSmall}"/>
                        <ContentControl HorizontalAlignment="Left" FontSize=
"{StaticResource PhoneFontSizeSmall}" Content="{Binding}"/>
                    </StackPanel>
                    <TextBlock Text="every schoolday" FontSize="{StaticResource
PhoneFontSizeSmall}" Foreground="{StaticResource PhoneSubtleBrush}"/>
                </StackPanel>
            </DataTemplate>
        </toolkit:ToggleSwitch.ContentTemplate>
    </toolkit:ToggleSwitch>
```

```
</Grid>
```

执行结果如图 4-15 所示。

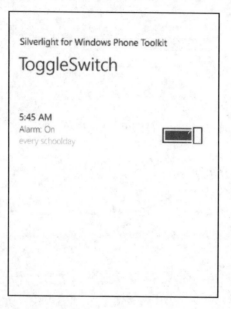

图 4-15　定制 HeaderTemplate 和 ContentTemplate 模板

4.7 ──●ExpanderView 控件

在 Windows Forms 应用程序设计中，Treeview 控件是一种树形的用于显示层次化结构对象的控件。Treeview 控件树上每个节点可以对应一个对象，某一节点下的子节点可以看做是此节点对象的子对象。节点可以根据需要展开和折叠，因此，也是一种可以在狭小空间显示较多数据的控件。Treeview 控件在 Windows 资源管理器等软件中应用非常广泛，在 Windows Mobile 系统的应用程序开发中也有此类的应用。但是 Silverlight for Windows Phone 并不支持 Treeview 控件，这对开发类似树形结构的应用程序界面带来了很多不便。

在 Silverlight for Windows Phone Toolkit 中提供了 ExpanderView 控件可以实现类似于 TreeView 控件的层次结构。例如，以下代码实现了一个简单的 ExpanderView 控件应用，执行效果如图 4-16 所示。单击头部（Header）"手机信息列表"可以展开和折叠详细列表。

XAML 代码：ExpanderView1.xaml

```
<phone:PhoneApplicationPage xmlns:toolkit="clr-namespace:Microsoft.Phone.
```

```
Controls;assembly=Microsoft.Phone.Controls.Toolkit"
    …

    <Grid x:Name="ContentPanel" Grid.Row="1" Margin="12,0,12,0">
        <toolkit:ExpanderView  Header="手机信息列表"  x:Name="expander"
Margin="20">
            <toolkit:ExpanderView.Items>
                <TextBlock FontSize="20" Text="诺基亚 C5-03"/>
                <TextBlock FontSize="20" Text="诺基亚 N8"/>
                <TextBlock FontSize="20" Text="三星 i9100"/>
                <TextBlock FontSize="20" Text="HTC Sensation"/>
            </toolkit:ExpanderView.Items>
        </toolkit:ExpanderView>
        </Grid>
    </Grid>
</phone:PhoneApplicationPage>
```

图 4-16　ExpanderView 示例（左图节点为展开状态，右图为折叠状态）

从示例中可以看出，ExpanderView 控件的 Header 属性用于设置或获取头信息，Items 属性是一个对象集合，用于包含子节点列表项。列表项可以是各种对象，如此例中的 TextBlock。HasItems 属性可以获取是否包含列表项，有列表项此属性返回 True，否则返回 False。

ExpanderView 控件的 Items 还可以来源于数据源，即支持数据绑定，可以设定 ItemTemplate 模板格式化数据的显示方式。以下示例演示了采用 ExpanderView 控件实现商品信息树形列表展示的应用。

程序页面的 XAML 代码如下。

XAML 代码：ExpanderView2.xaml

```xml
<phone:PhoneApplicationPage
xmlns:toolkit="clr-namespace:Microsoft.Phone.Controls;assembly=Microsoft.Phone.Controls.Toolkit"
    x:Class="WindowsPhoneToolkitControls.ExpanderView2"
 …
    shell:SystemTray.IsVisible="True">

    <Grid x:Name="LayoutRoot" Background="Transparent">
        <Grid.RowDefinitions>
            <RowDefinition Height="Auto"/>
            <RowDefinition Height="*"/>
        </Grid.RowDefinitions>
 …
        <Grid x:Name="ContentPanel" Grid.Row="1" Margin="12,0,12,0">
        <ListBox Grid.Row="0" x:Name="listBox" Margin="20">
            <ListBox.ItemContainerStyle>
                <Style TargetType="ListBoxItem">
                    <Setter Property="HorizontalContentAlignment" Value="Stretch"/>
                </Style>
            </ListBox.ItemContainerStyle>
            <ListBox.ItemsPanel>
                <ItemsPanelTemplate>
                    <StackPanel/>
                </ItemsPanelTemplate>
            </ListBox.ItemsPanel>
            <ListBox.ItemTemplate>
            <DataTemplate>
             <toolkit:ExpanderView Header="{Binding}" ItemsSource="{Binding Products}" Expander="{Binding}">
                    <toolkit:ExpanderView.HeaderTemplate>
                        <DataTemplate >
                            <TextBlock     Text="{Binding     Brandname}"
```

```
FontFamily="{StaticResource PhoneFontFamilySemiLight}" FontSize="24" />
                    </DataTemplate >
                </toolkit:ExpanderView.HeaderTemplate>
                    <toolkit:ExpanderView.ItemTemplate>
                <DataTemplate >
                    <StackPanel Orientation="Horizontal">
                        <Image   Source="{Binding   Imageurl}"
Stretch="Fill" Width="60" Height="60"/>
                            <StackPanel Orientation="Vertical" >
                        <TextBlock Text="{Binding ProductName}"
FontSize="{StaticResource  PhoneFontSizeNormal}" VerticalAlignment="Center"
TextWrapping="Wrap" Width="290">
                        </TextBlock>
                        <TextBlock  Text="{Binding  Price}"
FontSize="{StaticResource PhoneFontSizeNormal}" VerticalAlignment="Center">
                        </TextBlock>
                    </StackPanel>
                    </StackPanel>
                </DataTemplate>
                </toolkit:ExpanderView.ItemTemplate>
            <toolkit:ExpanderView.ExpanderTemplate>
                <DataTemplate >
                    <StackPanel Orientation="Horizontal">
                        <TextBlock Text="{Binding BrandDescription}"
 FontSize="{StaticResource  PhoneFontSizeNormal}" VerticalAlignment="Center"
TextWrapping="Wrap" Width="280" Foreground="Red">
                        </TextBlock>
                    </StackPanel>
                </DataTemplate>
                </toolkit:ExpanderView.ExpanderTemplate>
            </toolkit:ExpanderView>
            </DataTemplate>
        </ListBox.ItemTemplate>
        </ListBox>
```

```
        </Grid>
    </Grid>
</phone:PhoneApplicationPage>
```

在此页面中，ExpanderView 控件被置于 ListBox 控件内，作为 ListBox 的 ItemTemplate 模板的格式化对象，用于显示 ListBoxItem 项。ExpanderView 控件本身也通过 HeaderTemplate 模板、ItemTemplate 模板、ExpanderTemplate 模板设置了头部（Header）、列表项（Item）和展开项（Expander）等格式。显示的内容通过数据绑定，绑定到程序代码中的数据对象。

用来与 ListBox 控件绑定的数据源定义在后台程序代码中。程序代码包括 3 部分，分别是页面的后台代码、BrandCategory 类定义和 Product 类定义。

（1）第一部分：页面文件对应的程序代码。代码创建了 BrandCategorys 列表集对象，集合中的每项都是一个 BrandCategory 类的实例。集合中添加了部分数据，并作为数据源绑定到 ListBox 的 ItemsSource 属性。

```
VB.NET 代码：  ExpanderView2.xaml.vb
Partial Public Class ExpanderView2
    Inherits PhoneApplicationPage


    Public Sub New()
        InitializeComponent()
    End Sub


    Private Sub PhoneApplicationPage_Loaded(sender As System.Object, e As
System.Windows.RoutedEventArgs) Handles MyBase.Loaded
        Dim Brandcategorys As List(Of BrandCategory)
        Brandcategorys = New List(Of BrandCategory) From
            {New BrandCategory With { _
            .Brandname = "苹果手机", .BrandDescription = "美国苹果公司推出的 iOS
平台的智能手机", .Products = New List(Of Product) From { _
                    New Product(" 苹 果 iphone 4 手 机 ", " ￥ 4,499.00",
"/Images/41y9pDGg5dL__SL120_.jpg")}
                            },
        New BrandCategory With { _
            .Brandname = "HTC 手机", .BrandDescription = "台湾宏达电推出的各式智
能手机", .Products = New List(Of Product) From { _
```

```
                   New Product("HTC 宏达 Wildfire 野火 A315c 3G 手机", "
¥1,795.80", "/Images/41WX-tVOpbL__AA160_.jpg"),
            New Product("HTC 宏达 T9188 天玺 3G 手机", "¥3,499.00",
"/Images/51xabwSNa4L__AA160_.jpg")}
                 },
        New BrandCategory With { _
            .Brandname = "三星手机", .BrandDescription = "韩国三星电子的各款手机
", .Products = New List(Of Product) From { _
                    New Product("三星 B6520(samsung B6520)3G 智能手机", "
¥863.00 ", "/Images/51XnT+3hVdL__AA160_.jpg")}
                }
            }
        Me.listBox.ItemsSource = Brandcategorys
    End Sub
End Class
```

（2）第二部分：定义 BrandCategory 类。BrandCategory 是显示于 ExpanderView 控件中第一层节点的对象，在此例中代表的是手机的品牌。BrandCategory 类对象的属性包括 Brandname，品牌的名称；BrandDescription，品牌描述。其中还定义了一个产品列表集对象 Products，此集合的每一个项目是一个 Product 类的实例，此例中对应的是手机信息，即 ExpanderView 控件第一层节点下的子节点。

VB.NET 代码：Category.vb
```
Public Class BrandCategory
    Private _Brandname As String
    Public Property Brandname() As String
        Get
            Return _Brandname
        End Get
        Set(ByVal value As String)
            _Brandname = value
        End Set
    End Property
    Private _BrandDescription As String
    Public Property BrandDescription() As String
```

```
    Get
        Return _BrandDescription
    End Get
    Set(ByVal value As String)
        _BrandDescription = value
    End Set
End Property
Private _Products As IList(Of Product)
Public Property Products() As IList(Of Product)
    Get
        Return _Products
    End Get
    Set(ByVal value As IList(Of Product))
        _Products = value
    End Set
End Property
End Class
```

（3）第三部分：定义 Product 类。Product 类在本例中代表手机对象，类中各属性用于描述手机的信息，包括产品名称（ProductName）、产品价格（Price）和图片文件地址（Imageurl）。

VB.NET 代码：Product.vb

```
Public Class Product
    Private _ProductName As String
    Private _Price As String
    Private _Imageurl As String

    Public Property ProductName() As String
        Get
            Return _ProductName
        End Get

        Set(ByVal value As String)
            _ProductName = value
        End Set
```

```
    End Property

    Public Property Price() As String
        Get
            Return _Price
        End Get

        Set(ByVal value As String)
            _Price = value
        End Set
    End Property

    Public Property Imageurl() As String
        Get
            Return _Imageurl
        End Get

        Set(ByVal value As String)
            _Imageurl = value
        End Set
    End Property

    Public Sub New(ByVal ProductName As String, ByVal Price As String, ByVal
Imageurl As String)
        Me.ProductName = ProductName
        Me.Price = Price
        Me.Imageurl = Imageurl
    End Sub
End Class
```

程序执行效果如图 4-17 所示。

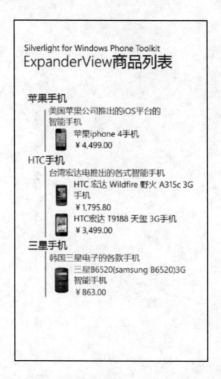

图 4-17　ExpanderView 实现类似 TreeView 结构的商品列表

4.8 　本章小结

　　本章介绍了 Silverlight for Windows Phone Toolkit 控件的特性与应用，着重介绍了 AutoCompleteBox、ContextMenu、DatePicker、TimePicker、HubTile、ToggleSwitch、ExpanderView 等常用控件的特性与使用方法，并给出应用实例。

　　熟练掌握 Silverlight for Windows Phone Toolkit 控件的使用方法，一方面可以丰富应用程序的页面效果，另一方面也可提高应用程序开发的效率，具有事半功倍的效果。

05 资源、样式与模板

资源、样式与模板的特性与使用方法

在 Windows Phone 应用程序开发中，程序员编写代码实现各种业务逻辑和功能。但是很多代码，尤其是用于表现可视化对象外观的 XAML 代码，在整个应用程序中具有通用性，即很多地方可能重复用到这些代码；也有不少文件，如图片文件等都具有可重用性。因此，管理好这些代码和文件对于提高应用程序开发的效率和可维护性具有很重要的意义。

在 Silverlight for Windows Phone 中用于解决上述问题的机制是资源，表现对象外观的是样式。除此二者之外，模板也是非常重要的概念，主要用于设置元素如何呈现外观或者显示数据。模板的应用丰富了应用程序表现的手法。

本章介绍 Silverlight for Windows Phone 中资源、样式与模板的特性，以及在实际应用开发中的使用方法。

本章要点

- 资源、样式与模板的特性。
- 资源、样式与模板的使用方法。

5.1 资源

在 MSDN 中，资源被定义为在逻辑上由应用程序部署的任何非可执行数据。在 Windows Phone 应用程序中可用的资源可以分为两大类：文件资源和逻辑资源。

其中文件资源也被称为二进制资源，如图片文件、视频/音频文件和字体文件等。这些文件在应用程序被编译后，通常会被嵌入到应用程序的 DLL 或者以松散文件的形式存在于应用程序编译后的 XAP 文件中。

逻辑资源，也被称为 XAML 资源或者对象资源，原因是这些资源通常在 XAML 代码中定义，并且用于定义对象的特性。

5.1.1 文件资源

在 Windows phone 应用程序中，文件资源是指以文件形式存在于应用程序中的资源，如图片、视频/音频和字体文件等。这些资源文件在应用程序中，很好地补充了程序代码在功能实现与管理方面的不足，为应用程序呈现更丰富的界面效果和便捷管理提供了帮助。

在前面的章节中，有很多示例用到了图片文件。从中不难发现，要把图片文件作为资源添加到应用程序中，以供应用程序使用，一方面要求在项目中引入这些文件，另一方面需要设置这些文件在应用程序中的构造（Build Action）方式。不同的构造方式会影响应用程序对这些文件资源的引用方式，也会影响最终生成的可执行文件的构成结构。

1．部署文件资源

Silverlight for Windows Phone 支持的文件资源构造方式主要有 None、Resource 和 Content 3 种。这 3 种方式的含义如下：

- Resource。选择 Resource 构造方式，在应用程序编译生成后，文件资源会被嵌入到该应用程序的程序集（DLL）中，在应用程序生成的 XAP 文件无法看到这个文件。
- Content。选择 Content 构造方式，应用程序编译生成后，文件资源会被嵌入到 XAP 文件中。事实上 XAP 本身就是一个压缩文件，如果把扩展名 XAP 改为 Zip 或 RAR，然后用解压缩软件，如 WinZip 或 WinRAR 打开这个文件，就可以看到被嵌入到 XAP 文件的文件资源。
- None。None 方式，表示不对文件资源做处理。这样当应用程序编译生成后，无论在应用程序集（DLL）或 XAP 文件中都没有这个文件资源。这种方式一般针对文件资源是体积较大的视频或音频文件，因为选择 Resource 或 Content 方式，都有可能造成应用程序文件过大。

上述 3 种方式，在 Silverlight for Windows Phone 应用开发中，可以通过以下步骤进行设置。在 Visual Studio 2010 Express for Windows Phone 开发环境中，打开项目，在解决方案管理器窗口中，选择已添加的文件资源。在打开的属性窗口中，可以对 Build Action 属性进行设置，如图 5-1 所示。

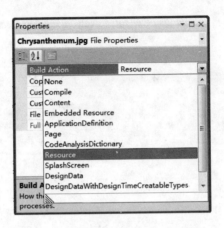

图 5-1　设置资源文件的 Build Action

与之对应的，在上述 3 种方式中，采用 Resource 和 Content 构造方式的文件资源会随应用程序部署，即应用程序可以找到这些文件。而 None 方式，则不会将文件资源部署到应用程序中，这可能导致应用程序因找不到这些文件资源而出错。这时候需要手工部署这些文件资源或者通过对 Copy to Out Directory 属性进行设置，设置方式参照 Build Action 属性的设置方式。

Copy to Out Directory 属性的可用选项有 Do not copy、Copy always、Copy if newer。这 3 个选项的含义如下：

- Do not copy。不备份文件资源，即应用程序编译生成时，不会把文件资源备份到应用程序集或 XAP 文件的对应位置。
- Copy always。每次生成时都备份文件资源。
- Copy if newer。只在文件资源是新的（或更新时）才会备份。

因此，结合 Build Action 属性，在选择 Build Action 属性为 None 时，可以将 Copy to Out Directory 属性设置为 Copy always 或 Copy if newer，这样可以避免手工部署文件资源。而对于 Build Action 属性为 Resource 或 Content 项时，可以选择 Copy to Out Directory 属性为 Do not Copy，这样可以节约生成调试的时间。

以下实例演示这三者区别。在项目的 Images 文件夹中，添加 3 个图片文件，分别为 Chrysanthemum.jpg、Desert.jpg、Hydrangeas.jpg，设置 Build Action 属性分别为 Resource、Content 和 None；Copy to Out Directory 属性分别为：Do not copy、Do not copy 和 Copy if newer。执行程序后，查看应用程序所在目录的 Bin/Debug/ 文件夹，找到 XAP 文件（本例为 ResourceStyleTemplate.xap），修改 XAP 文件的扩展名为 RAR（即为 ResourceStyleTemplate.RAR），使用解压软件 WinRAR 打开这一压缩文件，会得到如图 5-2 所示的文件列表。

可以发现其中含有 Images 文件夹，其下有 Hydrangeas.jpg，如图 5-3 所示。这是因为该文件资源的 Copy to Out Directory 属性被设置为 Copy if newer，所以在程序生成时复制到了对应文件夹。还有 Desert.jpg 文件，因为该文件的 Build Action 属性为 Content，因此，被嵌入在 XAP 文件中。

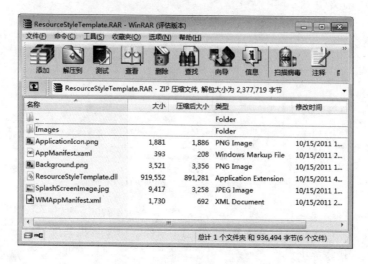

图 5-2   XAP 文件中的文件列表

那么 Chrysanthemum.jpg 呢？

该文件的 Build Action 属性被设置为 Resource，应该被嵌入到应用程序集，本例的应用程序集为 ResourceStyleTemplate.dll，可以从图 5-2 文件列表中看到此应用程序集文件。

要查看 DLL 文件中的资源，需要使用 DLL 查看或反编译工具，本例采用.NET Reflector 6。如图 5-4 所示，采用该软件打开 ResourceStyleTemplate.dll 文件，在 Resources 文件夹下，可以看到 Images/ Chrysanthemum.jpg，即该文件被嵌入到了应用程序集中，并保持了原有的路径。

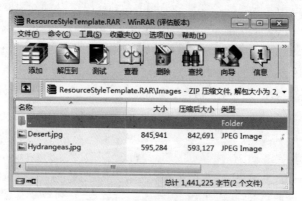

图 5-3   Images 文件夹下的文件

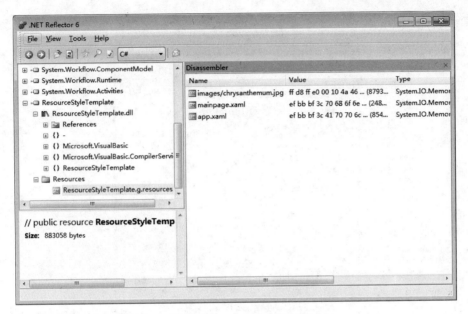

图 5-4　Reflector 查看应用程序集 DLL

2．访问资源文件

在 Silverlight for Windows Phone 中文件资源是通过统一资源标识符 URI（Universal Resource Identifier）来进行访问，可以通过 XAML 代码或者程序代码进行访问。URI 可以分为相对 URI、绝对 URI 两大类。

- 相对 URI，是指被访问的文件资源的 URI 与访问者（如某 XAML 文件）之间，采用相对路径进行访问，这是一种比较常用的 URI 方式。
- 绝对 URI，是指以绝对路径来构造被访问文件资源的 URI。如某网上文件资源，可以采用网络地址 URI 进行访问。例如 https://www.windowsphone.com/images/mrktng_find.jpg，这是一种绝对 URI 的访问方式。

不同部署方式对访问方式有一定的影响，也大致可以分为 3 种。

1）Resource 方式文件资源的访问

Resource 方式部署的文件资源紧密嵌入在应用程序集（DLL）文件中，可以采用相对于当前 XAML 文件路径的方式进行访问。如图 5-5 所示，图片文件 Chrysanthemum.jpg 和 Jellyfish.jpg 都以 Resource 方式部署在应用程序中，如果 MainPage.xaml 文件需要访问，可以分别采用以下方式进行访问。

XAML 代码：

```
<Image  Source="Images/Chrysanthemum.jpg"/>
```

```
<Image  Source="Jellyfish.jpg"/>
```

图 5-5　文件资源与访问文件的相对位置

Resource 方式部署的文件资源还可以采用基于程序集的相对 URI 方式进行访问，访问格式为 "/{assemblyShortName};component/Resource.jpg"，参数{assemblyShortName}为应用程序集名称，Resource.jpg 为文件资源名称，可以处于相对文件夹中，component 为关键词，表示为组件。例如，对 Chrysanthemum.jpg 文件，可以通过以下方式进行访问。

XAML 代码：

```
<Image  Source="/ResourceStyleTemplate;component/Images/Chrysanthemum.jpg"/>
```

2）Content 方式文件资源的访问

以 Content 方式部署的文件资源会嵌入到 XAP 文件中。对于此类文件资源的访问，需要采用相对应用程序文件 XAP 的路径或采用相对 URI 方式进行访问。如图 5-5 中，Desert.jpg 和 Koala.jpg 文件都是以 Content 方式部署，这两个文件都会被打包到 XAP 文件中，不同的是 Koala.jpg 在 XAP 文件（压缩包）中的根目录，而 Desert.jpg 在 XAP 文件（压缩包）中根目录下的 Images 文件夹中。因此，可以分别采用如下方式进行访问。

XAML 代码：

```
<Image  Source="/Images/Desert.jpg"/>
```

```
<Image  Source="/Koala.jpg"/>
```

3）None 方式文件资源的访问

None 方式部署的文件资源不会被嵌入到 XAP 文件或应用程序集（DLL）文件中。因此，在实际使用时，需要同时将文件资源部署到对应位置才能访问。最简捷的方式是将文件资源的 Copy to Out Directory 属性设置为 Copy always 或 Copy if newer，这样文件资源也会被部署到对应位置，此时可以采用相对 URI 方式进行访问。如图 5-5 中的 Tulips.jpg 文件的部署方式为 None，Copy to Out Directory 属性被设置为 Copy if newer，可以采用如下访问方式。

XAML 代码：

```
<Image    Source="/Images/Tulips.jpg"/>
```

另外，可供使用的访问方式还有绝对路径直接访问。这种方式一般应用于访问网络文件资源，如在第 3 章的 Image 控件中，介绍了通过程序代码下载和访问网络资源的应用。此项应用也可以改用 XAML 代码，采用绝对路径也能实现，如 <Image Source="https://www.windowsphone.com/images/mrktng_find.jpg"/>。

在应用程序代码中访问文件资源，需要指定 URI 的类型。例如，以下应用程序代码访问图 5-5 中的 Chrysanthemum.jpg 文件，由于 Chrysanthemum.jpg 文件采用 Resource 方式部署，因此需要采用相对 URI 的方式进行访问。

VB.NET 代码：

```
Imports System.Windows.Media.Imaging
Partial Public Class MainPage
    Inherits PhoneApplicationPage
    Public Sub New()
        InitializeComponent()
    End Sub
    Private Sub PhoneApplicationPage_Loaded(sender As System.Object, e As
System.Windows.RoutedEventArgs) Handles MyBase.Loaded
        Dim uristring As String = "Images/Chrysanthemum.jpg"
        Me.image1.Stretch = Stretch.Uniform
        Me.image1.Source = New BitmapImage(New Uri(uristring,
UriKind.Relative))
    End Sub
```

代码中 New Uri(uristring, UriKind.Relative)构造了一个新文件资源 URI，UriKind 参数指定了 URI 的类型。这是一个 UriKind 类型的枚举值，可用选项包括 Relative、Absolute 和

RelativeOrAbsolute。分别表示相对、绝对、相对或绝对 3 种方式。因此，本例访问 Chrysanthemum.jpg 文件可以选择 Relative 或 RelativeOrAbsolute。

对于访问网络文件资源，如以下代码，则需要使用 Absolute 或 RelativeOrAbsolute。因为网络资源可以看做是以绝对路径的方式提供的。

```vb
VB.NET 代码：
Imports System.Windows.Media.Imaging
Partial Public Class MainPage
    Inherits PhoneApplicationPage
    Public Sub New()
        InitializeComponent()
    End Sub
    Private Sub PhoneApplicationPage_Loaded(sender As System.Object, e As System.Windows.RoutedEventArgs) Handles MyBase.Loaded
        Dim uristring As String = "https://www.windowsphone.com/images/mrktng_find.jpg"
        Me.image1.Stretch = Stretch.Uniform
        Me.image1.Source = New BitmapImage(New Uri(uristring, UriKind.Absolute))
    End Sub
End Class
```

5.1.2 逻辑资源

逻辑资源，是一种定义在 XAML 代码或应用程序代码中，可以为多个对象共用的资源。这些资源一般定义在元素的 Resources 属性中，由于 Application、FrameworkElement 和 FrameworkContentElement 基类都有 Resources 属性，因此，Silverlight for Windows Phone 中的大多数对象都可以通过 Resources 属性定义逻辑资源。这些逻辑资源可以供对象自己使用，也可供对象下的子元素使用。如定义在面板的 Resources 属性中的逻辑资源可以供面板内的其他元素使用。

由于 Resources 是一个 System.Windows.ResourceDictionary 类型的属性，因此逻辑资源也被称为资源字典。逻辑资源是一个键控对象字典，以键值不同来区分对象，也就是说 ResourceDictionary 对象内的每个项目都具有一个 key，用来识别该对象，在需要使用该逻辑资源时，可以使用此 key 来引用该对象。

1. 定义与引用逻辑资源

在 Silverlight for Windows Phone 中，逻辑资源可以是各种对象，包括数字、画刷、字体或者复杂对象，如样式、模板等。将对象定义为逻辑资源，可以使对象成为共享资源，允许在多个地方被共享使用。

例如，以下示例中，多个 TextBlock 控件的前景色为"Red"，多个 Button 控件的前景色为"Blue"。在没有使用逻辑资源的情况下，每个控件都需要单独设定前景色，如果需要调整时，每个控件都需要重新设置，非常不方便。

XAML 代码：

```xaml
<Grid x:Name="ContentPanel" Grid.Row="1" Margin="12,0,12,0">
    <TextBlock Name="Textblock1" Text="TextBlock1" Height="60"
VerticalAlignment="Top" Margin="45,85,254,0" FontSize="26" Foreground="Red" />
    <TextBlock FontSize="26" Height="60" Margin="45,151,254,396" Name=
"TextBlock2" Text="TextBlock2" VerticalAlignment="Stretch" Foreground="Red" />
    <TextBlock FontSize="26" Height="60" Margin="45,220,254,327" Name=
"TextBlock3" Text="TextBlock3" VerticalAlignment="Stretch" Foreground="Red" />
    <TextBlock FontSize="26" Height="60" Margin="45,286,254,261" Name=
"TextBlock4" Text="TextBlock4" VerticalAlignment="Stretch" Foreground="Red" />
    <TextBlock FontSize="26" Foreground="Red" Height="60" Margin=
"50,367,249,0" Name="TextBlock5" Text="TextBlock5" VerticalAlignment="Top" />
    <TextBlock FontSize="26" Foreground="Red" Height="60" Margin=
"50,447,249,100" Name="TextBlock6" Text="TextBlock6" VerticalAlignment="Stretch"
/>
    <Button Content="Button1" Margin="234,64,44,463" Foreground="Blue"/>
    <Button Content="Button2" Margin="234,131,45,396" Foreground="Blue" />
    <Button Content="Button3" Margin="233,203,45,324" Foreground="Blue" />
    <Button Content="Button4" Foreground="Blue" Margin="234,275,44,252" />
    <Button Content="Button5" Foreground="Blue" Margin="233,353,45,174" />
    <Button Content="Button6" Foreground="Blue" Margin="233,431,45,96" />
</Grid>
```

此时，可以将前景色定义为逻辑资源，然后让控件调用逻辑资源即可。资源定义的方式如下所示。此例中定义了两个 SolidColorBrush 对象，x:Key 分别为 TextBlockForeground 和 ButtonForeground，值是字符串量 Red 和 Blue，会被转换成为与颜色对应的画刷。

XAML 代码：Resource1.xaml

```
<Grid.Resources>
    <SolidColorBrush x:Key="TextBlockForeground">Red</SolidColorBrush>
    <SolidColorBrush x:Key="ButtonForeground">Blue</SolidColorBrush>
</Grid.Resources>
```

逻辑资源，可以通过 XAML 扩展标记 StaticResource 来引用，如以下代码引用了上例定义的逻辑资源，应用到 TextBlock 控件和 Button 控件。

XAML 代码：Resource1.xaml

```
<Grid x:Name="ContentPanel" Grid.Row="1" Margin="12,0,12,0">
        <Grid.Resources>
          <SolidColorBrush x:Key="TextBlockForeground">Red</SolidColorBrush>
          <SolidColorBrush x:Key="ButtonForeground">Blue</SolidColorBrush>
        </Grid.Resources>
        <TextBlock Name="Textblock1" Text="TextBlock1" Height="60" VerticalA
lignment="Top" Margin="45,85,254,0" FontSize="26" Foreground="{StaticResource Te
xtBlockForeground}" />
        <TextBlock FontSize="26" Height="60" Margin="45,151,254,396" Name="T
extBlock2" Text="TextBlock2" VerticalAlignment="Stretch" Foreground="{StaticResou
rce TextBlockForeground}" />
        <TextBlock  FontSize="26" Height="60" Margin="45,220,254,327" Name="
TextBlock3" Text="TextBlock3" VerticalAlignment="Stretch" Foreground="{StaticReso
urce TextBlockForeground}" />
        <TextBlock  FontSize="26" Height="60" Margin="45,286,254,261" Name="
TextBlock4" Text="TextBlock4" VerticalAlignment="Stretch" Foreground="{StaticReso
urce TextBlockForeground}" />
        <TextBlock FontSize="26" Foreground="{StaticResource TextBlockForeg
round}" Height="60" Margin="50,367,249,0" Name="TextBlock5" Text="TextBlock5" Ver
ticalAlignment="Top" />
        <TextBlock FontSize="26" Foreground="{StaticResource TextBlockForegr
ound}" Height="60" Margin="50,447,249,100" Name="TextBlock6" Text="TextBlock6" Ve
rticalAlignment="Stretch" />
        <Button Name="Button1" Content="Button1" Margin="234,64,44,463"  For
eground="{StaticResource ButtonForeground}"/>
```

```
        <Button Content="Button2" Margin="234,131,45,396" Foreground="{Stati
cResource ButtonForeground}" />
        <Button Content="Button3" Margin="233,203,45,324" Foreground="{Stati
cResource ButtonForeground}" />
        <Button Content="Button4" Foreground="{StaticResource ButtonForegrou
nd}" Margin="234,275,44,252" />
        <Button Content="Button5" Foreground="{StaticResource ButtonForegrou
nd}" Margin="233,353,45,174" />
        <Button Content="Button6" Foreground="{StaticResource ButtonForegrou
nd}" Margin="233,431,45,96" />
    </Grid>
```

由上例可知，资源被定义在面板 Grid 中，面板下的各元素可以引用这些资源。这样，如果需要修改各元素的前景色时，只需要修改资源的定义就可以了，各元素都会自动应用这些修改。

在应用程序代码中，也同样可以定义资源。例如，以下代码在面板 Grid 的 Resources 属性中定义了两个逻辑资源，Key 值为"TxtblkForeground"和"BtnForeground"，并将资源应用到了 Textblock1 和 Button1 对象上。效果与在 XAML 中定义和引用逻辑资源是相同的。

VB.NET 代码：
```
Private Sub PhoneApplicationPage_Loaded(sender As System.Object, e As
System.Windows.RoutedEventArgs) Handles MyBase.Loaded
    Me.ContentPanel.Resources.Add("TxtblkForeground", New
SolidColorBrush(Colors.Green))
    Me.ContentPanel.Resources.Add("BtnForeground", New
SolidColorBrush(Colors.Yellow))
    Me.Textblock1.Foreground =
CType(Me.ContentPanel.Resources.Item("TxtblkForeground"), SolidColorBrush)
    Me.Button1.Foreground =
CType(Me.ContentPanel.Resources.Item("BtnForeground"), SolidColorBrush)
    End Sub
```

定义和引用逻辑资源需要注意以下要求：

● 在引用逻辑资源前，要求逻辑资源必须是已经定义好的，即逻辑资源必须定义在引用代码之前。

● 逻辑资源定义在 Application 或 FrameworkElement 对象的 Resources 属性中，在同一个

155

Resources 中定义的资源，其 Key 值不能重复。但是在不同 Resources 中可以出现 Key 值重复。

● 将逻辑资源应用到元素是一次性的动作，即只在元件载入时会应用逻辑资源。如果此后修改了逻辑资源的定义，如通过后台程序代码进行了修改，修改后的资源不会自动应用到元素上，需要重新载入元素（如重新执行应用程序）才能应用新的逻辑资源定义。

2．逻辑资源的类型与引用范围

在 Silverlight for Windows Phone 中，逻辑资源根据定义的位置不同，可以划分为元素资源、页面资源和应用程序资源。

（1）元素资源，是指定义在元素（Element）的 Resources 属性中，并为元素及其子元素使用的资源。如以下代码在 Button1 中定义了一个渐变画刷资源，并被 Button1 引用。资源引用需要使用 StaticResource ResourceKey 的 XAML 扩展代码，ResourceKey 参数用于指定资源的关键词。而 Button2 非 Button1 的子元素，因此无法引用此元素资源。执行结果如图 5-6 所示。

```
XAML 代码：Resource2.xaml
<Grid x:Name="ContentPanel" Grid.Row="1" Margin="12,0,12,0">
        <Grid.RowDefinitions>
            <RowDefinition Height="158*" />
            <RowDefinition Height="155*" />
            <RowDefinition Height="318*" />
        </Grid.RowDefinitions>
        <Button Height="120" Margin="12" Grid.Row="0" Name="Button1">
        <Button.Resources>
        <LinearGradientBrush x:Key="Elementinnerresource" StartPoint=
"0,0" EndPoint="1,1">
                <LinearGradientBrush.GradientStops>
                    <GradientStop Offset="0" Color="Blue"/>
                    <GradientStop Offset="1" Color="Green"/>
                </LinearGradientBrush.GradientStops>
            </LinearGradientBrush>
        </Button.Resources>
        <Button.Content>Button1</Button.Content>
        <Button.Background>
            <StaticResource
```

```
ResourceKey="Elementinnerresource"></StaticResource>
            </Button.Background>
        </Button>
        <Button Name="Button2" Grid.Row="1" Height="120"  Margin=
"12">Button2</Button>
    </Grid>
```

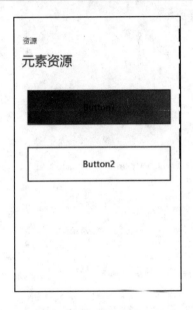

图 5-6　元素资源的定义与引用

以下示例在面板 StackPanel 中定义了一个元素资源，StackPanel 面板中的子元素 Button1 和 TextBox1 都可以引用此资源，而 StackPanel 外的 Button2 无法引用此资源。

XAML 代码：Resource4.xaml

```
<Grid x:Name="ContentPanel" Grid.Row="1" Margin="12,0,12,0">
        <Grid.RowDefinitions>
            <RowDefinition Height="144*" />
            <RowDefinition Height="487*" />
        </Grid.RowDefinitions>
        <StackPanel Grid.Row="0">
            <StackPanel.Resources>
            <LinearGradientBrush  x:Key="Elementresource"  StartPoint="0,0"
EndPoint="1,1">
```

```
                    <LinearGradientBrush.GradientStops>
                        <GradientStop Offset="0" Color="Blue"/>
                        <GradientStop Offset="1" Color="Green"/>
                    </LinearGradientBrush.GradientStops>
                </LinearGradientBrush>
            </StackPanel.Resources>
        <Button Content="Button1" Name="Button1" Background="{StaticResource
Elementresource}"/>
            <TextBox Name="TextBox1" Background="{StaticResource Elementresource }
" Text="TextBox1"/>
            </StackPanel>
        <Button Content="Button2" Name="Button2" Height="80" Grid.Row="1"  />
    </Grid>
```

（2）页面资源，是指定义在页面（PhoneApplicationPage）的 Resources 中的资源，此类资源可供页面内的所有元素使用。

如将上例的 Elementinnerresource 资源定义到 PhoneApplicationPage 中，即可将资源应用到页面内的所有元素，如以下代码所示。执行结果如图 5-7 所示。

XAML 代码：Resource3.xaml

```
<phone:PhoneApplicationPage x:Class="ResourceStyleTemplate.Resource3"
…
    <phone:PhoneApplicationPage.Resources>
    <LinearGradientBrush x:Key="Pageresource" StartPoint="0,0" EndPoint="1,1">
        <LinearGradientBrush.GradientStops>
            <GradientStop Offset="0" Color="Blue"/>
            <GradientStop Offset="1" Color="Green"/>
        </LinearGradientBrush.GradientStops>
    </LinearGradientBrush>
    </phone:PhoneApplicationPage.Resources>
    <Grid x:Name="LayoutRoot" Background="Transparent">
    <Grid.RowDefinitions>
        <RowDefinition Height="Auto"/>
        <RowDefinition Height="*"/>
    </Grid.RowDefinitions>
```

```
...
    <Grid x:Name="ContentPanel" Grid.Row="1" Margin="12,0,12,0">
        <Grid.RowDefinitions>
            <RowDefinition Height="158*" />
            <RowDefinition Height="155*" />
            <RowDefinition Height="318*" />
        </Grid.RowDefinitions>
        <Button Height="120" Margin="12" Grid.Row="0" Name="Button1"
Background="{StaticResource Pageresource}">Button1</Button>
        <Button Name="Button2" Grid.Row="1" Height="120" Margin="12"
Background="{StaticResource Pageresource}">Button2</Button>
    </Grid>
  </Grid>
</phone:PhoneApplicationPage>
```

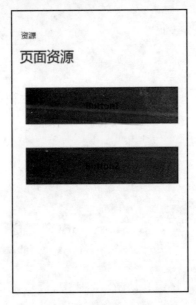

图 5-7　页面资源的定义与引用

（3）应用程序资源，是指定义在 App.XAML 文件的 <Application.Resources></Application.Resources>内的资源。此项资源在整个应用程序范围内有效，可以为应用程序内所有页面及页面内的所有元素使用。因此，一般会把一些需要全局共享使用的资源置于其中。如以下代码定义了一个字符串型和 Thickness 型的应用程序资源。

XAML 代码：App.xaml

```xml
<Application
    x:Class="ResourceStyleTemplate.App"
    xmlns="http://schemas.microsoft.com/winfx/2006/xaml/presentation"
    xmlns:x="http://schemas.microsoft.com/winfx/2006/xaml"
    xmlns:phone="clr-namespace:Microsoft.Phone.Controls;assembly=
Microsoft.Phone"

xmlns:shell="clr-namespace:Microsoft.Phone.Shell;assembly=Microsoft.Phone"
    xmlns:s="clr-namespace:System;assembly=mscorlib">

    <!--Application Resources-->
    <Application.Resources>
        <s:String x:Key="AppName">资源、样式与模板</s:String>
        <Thickness x:Key="AppMargin">12,12,12,12</Thickness>
    </Application.Resources>
    …
</Application>
```

此应用程序资源可以在应用程序范围内被引用，如以下代码显示资源在页面的程序标题"ApplicationTitle"和页面标题"PageTitle"上得到了引用。

XAML 代码：Resource5.xaml

```xml
<phone:PhoneApplicationPage
    x:Class="ResourceStyleTemplate.Resource5"
    …
    <!--LayoutRoot is the root grid where all page content is placed-->
    <Grid x:Name="LayoutRoot" Background="Transparent">
        <Grid.RowDefinitions>
            <RowDefinition Height="Auto"/>
            <RowDefinition Height="*"/>
        </Grid.RowDefinitions>

        <!--TitlePanel contains the name of the application and page title-->
        <StackPanel x:Name="TitlePanel" Grid.Row="0" Margin="12,17,0,28">
```

```
        <TextBlock    x:Name="ApplicationTitle"    Text="{StaticResource
AppName}" Style="{StaticResource PhoneTextNormalStyle}"/>
        <TextBlock x:Name="PageTitle" Text="应用程序资源"
Margin="{StaticResource AppMargin}" Style="{StaticResource
PhoneTextTitle1Style}" FontSize="40" />
        </StackPanel>
        …
</phone:PhoneApplicationPage>
```

　　从上述分析中不难看出，Silverlight for Windows Phone 中的资源具有层次关系。处于最外层的应用程序级资源可以为整个应用程序内的所有元素引用，页面资源可以为页面内的所有元素引用，元素资源可以为元素及元素内所有子元素引用。这种不同资源的应用范围可以用图 5-8 来表示。

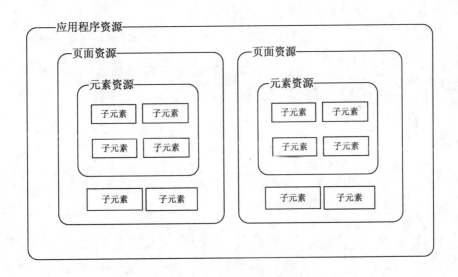

图 5-8　逻辑资源的使用范围

　　前文讲到引用逻辑资源是通过 Key 值来区分的，并且同一 Resources 中定义的资源 Key 值不能出现重复，但在不同 Resources 中定义的资源 Key 值可以出现重复。因此，有可能存在元素资源、页面资源和应用程序资源这 3 类资源中，出现资源 Key 值同名的情况，这时系统会依据就近原则来确定有效的资源。

　　也就是说，在引用资源时，会先从最近的 Resources 字典中开始查找，即从元素自身的资源字典中查找，如果没有查到匹配 Key 值的资源，会继续查找上层父级资源字典，一直查找到页面资源字典，最后到应用程序（App）的资源字典。

例如，以下代码定义了页面资源、StackPanel 面板的元素资源和上例中的应用程序资源，Key 值都为"AppName"，在页面标题"ApplicationTitle"引用资源时，使用的是最近的 StackPanel 面板的元素资源。执行结果如图 5-9 所示。

XAML 代码：Resource6.xaml

```xml
<phone:PhoneApplicationPage
    x:Class="ResourceStyleTemplate.Resource6"
    …
    shell:SystemTray.IsVisible="True">
<phone:PhoneApplicationPage.Resources>
    <s:String x:Key="AppName">资源、样式与模板--页面</s:String>
</phone:PhoneApplicationPage.Resources>

<Grid x:Name="LayoutRoot" Background="Transparent">
    <Grid.RowDefinitions>
        <RowDefinition Height="Auto"/>
        <RowDefinition Height="*"/>
    </Grid.RowDefinitions>
    <StackPanel x:Name="TitlePanel" Grid.Row="0" Margin="12,17,0,28">
        <StackPanel.Resources>
            <s:String x:Key="AppName">资源、样式与模板--元素</s:String>
        </StackPanel.Resources>
        <TextBlock    x:Name="ApplicationTitle"    Text="{StaticResource
AppName}" Style="{StaticResource PhoneTextNormalStyle}"/>
        <TextBlock x:Name="PageTitle" Text="page name" Margin="9,-7,0,0"
Style="{StaticResource PhoneTextTitle1Style}"/>
    </StackPanel>
    …
</phone:PhoneApplicationPage>
```

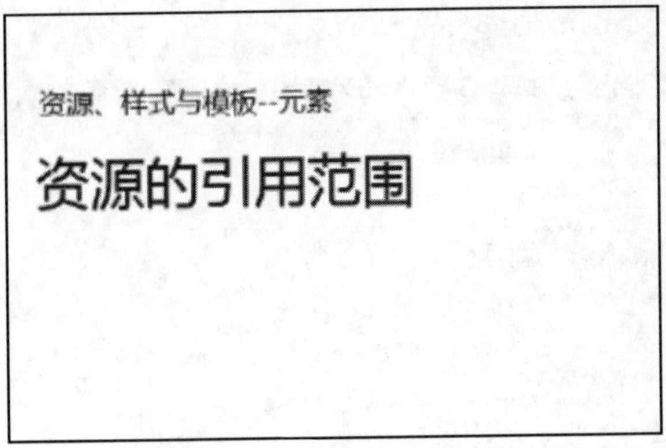

资源、样式与模板--元素

资源的引用范围

图 5-9　资源引用的就近原则

3．系统资源

在 Silverlight for Windows Phone 中提供了很多系统预定义的资源，如前述示例中用到的 PhoneForegroundBrush、PhoneBackgroundBrush 等。这些系统资源有助于用户快速设计符合 Windows Phone 运行环境特点与要求的应用程序界面。

系统资源被定义在 ThemeResource.xaml 文件中，文件的路径为%program files（x86）%\Microsoft SDKs\Windows Phone\V7.1\Design，该文件中定义了众多系统可用的颜色、画刷、常数和复杂样式等资源，如图 5-10 所示。这些资源会在系统启动后，自动被添加到应用程序中，因此，在应用程序范围内可以引用这些资源。

这种被定义在独立文件中的资源字典，也被称为独立文件资源字典。当有多个独立文件资源字典时，这些资源字典文件可以通过代码合并引用到应用程序中，应用程序会将这些资源作为一个资源字典文件来使用，如果出现资源的 Key 值重复时，同样会依据最近原则来进行取用。

资源字典文件要求代码由<ResourceDictionary>开始，</ResourceDictionary>结束，文件中可以保存多项资源定义。如以下代码是一个用户自定义的资源字典文件。

XAML 代码：ResourceDictionary.xaml

```xml
<ResourceDictionary
xmlns="http://schemas.microsoft.com/winfx/2006/xaml/presentation"
xmlns:x="http://schemas.microsoft.com/winfx/2006/xaml">
    <SolidColorBrush x:Key="brush" Color="Blue" />
    <Color x:Key="PhoneBackgroundColor">#FF000000</Color>
    <Thickness x:Key="PhoneHorizontalMargin">12,0</Thickness>
    <Thickness x:Key="PhoneVerticalMargin">0,12</Thickness>
    <Thickness x:Key="PhoneMargin">12</Thickness>
```

```
</ResourceDictionary>
```

图 5-10　系统资源文件

单个或多个独立资源文件可以合并引用到应用程序资源、页面资源和元素资源。合并引用独立资源字典文件的属性为 ResourceDictionary.MergedDictionaries，如以下代码实现将 Resources1.XAML 和 Resources2.xaml 合并到当前页面的资源字典中。

XAML 代码：

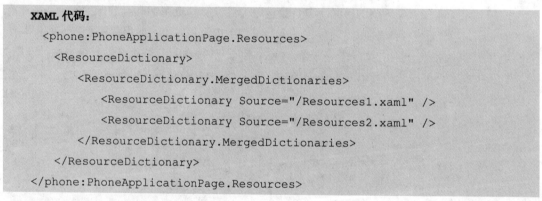

```
<phone:PhoneApplicationPage.Resources>
  <ResourceDictionary>
    <ResourceDictionary.MergedDictionaries>
      <ResourceDictionary Source="/Resources1.xaml" />
      <ResourceDictionary Source="/Resources2.xaml" />
    </ResourceDictionary.MergedDictionaries>
  </ResourceDictionary>
</phone:PhoneApplicationPage.Resources>
```

5.2 样式

在 Silverlight for Windows Phone 中，资源提供了一种多位置多对象共享使用的机制。样式是资源中应用最广泛的一种对象。Silverlight for Windows Phone 中的样式如同 HTML 设计中的层叠样式表（CSS）一样，提供了一种将多个属性及属性值集中起来，以便应用于多个对象或多个页面的机制。这种机制有助于提高代码的可重用性和可控性。

例如，在一个页面中有多个元素的属性设置相同，如果没有采用样式方式的设置，必须对其中的每个元素重复设置相同的属性，增加了工作量；而且不利于修改调整，因为修改时需要将所有相关元素的属性都要修改。设置样式后，将样式引用到各元素，只需要修改样式即可以让各元素应用修改后的属性值。

以下代码是一个简单样式的实例。

XAML 代码：

```xaml
<Style x:Key="TextBlockStyle" TargetType="TextBlock">
  <Setter Property="Foreground" Value="Blue"></Setter>
  <Setter Property="Margin" Value="12,0,12,0"></Setter>
</Style>
```

从上述代码中可见，样式定义在一个 Style 类的对象中，一个样式（Style）可以包含对多个属性及值的设置，每一对属性与值定义在 Setter 对象中。Setter 是一个继承自 SetterBase 类的对象。多个 Setter 对象定义构成的集合被称为 Setters，这是一个类型为 SetterBaseCollection 的集合对象。每个样式 Style 需要指定 x:Key 值和 TargetType 值，x:Key 值与资源中的含义相同，用于区分和引用样式，TargetType 属性用于指定样式可被引用的对象或元素的类型，此属性的设置也确定了 Setter 中可用 Property 的范围，也就是说 Property 必须是 TargetType 指定对象所具有的属性。

5.2.1　样式的定义与引用

样式的定义有两种方式：一种是定义在元素或对象的 Style 属性中，另一种是作为资源，定义在元素或对象的 Resources 属性中。

定义在元素（或对象）中的 Style 属性，可以看做是局部的样式，可以被该元素（或对象）本身，以及内部的子元素引用。如以下代码将样式定义在 TextBlock 的 TextBlock.Style 属性中，因此，可以被 TextBlock1 对象使用。

XAML 代码：Style1.xaml

```xaml
<TextBlock Name="Textblock1" Height="120" VerticalAlignment="Top" >
        <TextBlock.Style>
         <Style TargetType="TextBlock">
             <Setter Property="Margin" Value="12,0,12,0"></Setter>
```

```
        <Setter Property="Foreground" Value="Blue"></Setter>
    </Style>
    </TextBlock.Style>
    <TextBlock.Text >Textblock1</TextBlock.Text>
</TextBlock>
```

这种方式与直接设置元素（或对象）的属性值效果类似，代码的可重用性较差。

将样式定义在元素（或对象）的 Resources 属性中，是最常用的样式定义方式。与资源的应用范围相类似，当样式定义在应用程序资源中，样式就可以供应用程序内的所有元素和对象使用；定义在页面资源中，可以为页面范围内的元素或对象使用；定义在元素资源中，可以为元素及元素内的子元素使用。

下例中在页面资源中定义了两个样式，x:Key 分别为"ButtonStyle1"和"ButtonStyle2"，TargetType 为"Button"。页面中 Button1 和 Button2 引用"ButtonStyle1"，Button3 引用"ButtonStyl2"。

样式引用方式与资源引用方式类似，都采用 StaticResource 扩展代码，不同的是样式引用是通过元素或对象的 Style 属性来引用的。代码执行结果如图 5-11 所示。

XAML 代码：Style2.xaml

```
<phone:PhoneApplicationPage
    x:Class="ResourceStyleTemplate.Style2"
    …
    <phone:PhoneApplicationPage.Resources>
    <Style x:Key="ButtonStyle1" TargetType="Button" >
        <Setter Property="FontSize" Value="24"></Setter>
        <Setter Property="Foreground" Value="Red"></Setter>
        <Setter Property="HorizontalAlignment" Value="Center"></Setter>
        <Setter Property="Margin" Value="12,0,12,0"></Setter>
        <Setter Property="Height" Value="80"></Setter>
        <Setter Property="Width" Value="220"></Setter>
    </Style>
    <Style x:Key="ButtonStyle2" TargetType="Button" >
        <Setter Property="FontSize" Value="32"></Setter>
        <Setter Property="Foreground" Value="Blue"></Setter>
        <Setter Property="HorizontalAlignment" Value="Center"></Setter>
        <Setter Property="Margin" Value="12,0,12,0"></Setter>
```

```
        <Setter Property="Height" Value="80"></Setter>
        <Setter  Property="Width" Value="300"></Setter>
    </Style>

    </phone:PhoneApplicationPage.Resources>
    <Grid x:Name="LayoutRoot" Background="Transparent">
        <Grid.RowDefinitions>
            <RowDefinition Height="Auto"/>
            <RowDefinition Height="*"/>
        </Grid.RowDefinitions>
        <StackPanel x:Name="TitlePanel" Grid.Row="0" Margin="20">
            <TextBlock x:Name="ApplicationTitle" Text="样式"
Style="{StaticResource PhoneTextNormalStyle}"/>
            <TextBlock x:Name="PageTitle" Text="页面共享样式"
Style="{StaticResource PhoneTextTitle1Style}" FontSize="36" />
        </StackPanel>

        <Grid x:Name="ContentPanel" Grid.Row="1" Margin="12,0,12,0">
          <Button Style="{StaticResource ButtonStyle1}" Margin="118,76,118,497">
Button1</Button>
            <Button Style="{StaticResource ButtonStyle1}" Margin="118,160,118,414">
Button2</Button>
            <Button Style="{StaticResource ButtonStyle2}" Margin="118,246,118,327">
Button3</Button>
        </Grid>
    </Grid>
    </phone:PhoneApplicationPage>
```

图 5-11　页面样式

从上例中，还可以发现一个问题：样式中定义了 Margin 属性的值，而引用样式的 Button 中也定义了 Margin 属性，这时，样式中定义的 Margin 属性不会起作用。这反映了样式作用的优先级，一般应用程序资源中定义的样式优先级小于页面资源中定义的样式，元素中定义的样式优先级最高，但都低于元素属性的设置值。

5.2.2　系统样式与主题

Silverlight for Windows Phone 中除了定义了大量的资源外，还提供了很多系统样式。如在前述实例中，用到的 PhoneTextSubtleStyle、PhoneTextTitle1Style、PhoneTextNormalStyle 等都是系统样式。与系统资源一样，这些系统样式让开发者可以更好更方便地开发出适应 Windows Phone 系统环境的应用程序界面。

与系统资源一样，系统样式也保存在%Program Files%\Microsoft SDKs\Windows Phone\v7.0\Design 文件夹中，不一样的是这些系统样式都与系统主题色/强调色的组合构成了完整的样式体系。Windows Phone 中的主题有深色主题（Dark）和浅色主题（Light）两种，强调色有 10 种，分别是 magenta、purple、teal、lime、brown、pink、orange、 blue、red 和 green。这两种主题色与 10 种强调色构成 20 种系统样式体系，都定义在上述文件夹下的 20 个子文件夹的 ThemeResources.xaml 文件中。用户可以在 Windows Phone 系统的 Settings→System→Theme 中进行设置，如图 5-12 所示。

图 5-12　系统主题和强调色

很明显，系统主题色对用户界面的影响非常大。如果开发者采用以黑色作为背景，浅色作为前景色（比如文字颜色），就有可能出现当用户选择浅色主题色时，文字无法清楚显示的问题。如以下示例，对比了浅色与深色主题切换时出现的问题，如图 5-13 所示。

XAML 代码：Style3.xaml

```
<Grid x:Name="ContentPanel" Grid.Row="1" Margin="12,0,12,0" >
    <TextBlock Text="本报讯（记者 冯尧）昨日，国资委发布了《央企 2010 年度分户国有资
产运营情况表》，亮出了 2010 年央企的成绩单。国资委此次披露的 120 家央企中 102 家央企经营情况
显示，中国石油天然气集团以净利润 1241.8 亿元成为最赚钱央企，中移动、中海油、中石化的净利润
则紧随其后。国资委此次披露的数据显示，102 家央企去年资产总额达到 244274.6 亿元，净利润总额
则为 8522.7 亿元，此外，央企去年上交税金总额为 14840.4 亿元，比上年增长 31.7%。"
TextWrapping="Wrap" FontSize="24" Foreground="#FFF5EFEF" />
    </Grid>
```

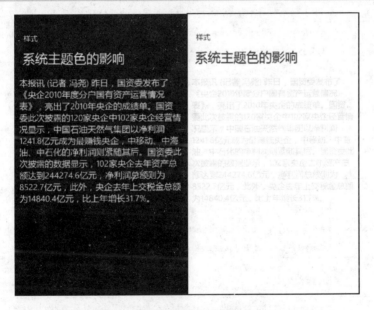

图 5-13　系统主题色对界面的影响

因此，必须非常注意系统主题色对界面的影响。最好是对两种可能的主题色及 10 种强调色的使用分别做测试，以检验所采用的界面颜色是否能够正常显示。

另外，还可以采用以下两种方法来解决上述问题。

1. 采用系统样式

系统样式给出了适合系统使用的颜色组合，具备了依据主题色与强调色的选用进行自动适

应的特点。一般，在取系统背景色作为应用程序的背景颜色时，可以选用系统强调色作为前景色，反之，当取系统强调色作为背景色时，可以使用系统背景色作为前景色。系统样式的设置值如表 5-1 所示。

表 5-1　系统样式

系　统　样　式	设　置　值
PhoneTextNormalStyle	FontFamily=PhoneFontFamilyNormal(Segoe WP) FontSize=PhoneFontSizeNormal(20px) Foreground=PhoneForegroundBrush Margin=PhoneHorizontalMargin(12,0)
PhoneTextSubtleStyle	FontFamily=PhoneFontFamilyNormal(Segoe WP) FontSize=PhoneFontSizeNormal(20px) Foreground=PhoneSubtleBrush Margin=PhoneHorizontalMargin(12,0)
PhoneTextTitle1Style	FontFamily=PhoneFontFamilySemiLight(Segoe WP SemiLight) FontSize=PhoneFontSizeExtraExtraLarge(72px) Foreground=PhoneForegroundBrush Margin=PhoneHorizontalMargin(12,0)
PhoneTextTitle2Style	FontFamily=PhoneFontFamilySemiLight(Segoe WP SemiLight) FontSize=PhoneFontSizeLarge(32px) Foreground=PhoneForegroundBrush Margin=PhoneHorizontalMargin(12,0)
PhoneTextTitle3Style	FontFamily=PhoneFontFamilySemiLight(Segoe WP SemiLight) FontSize=PhoneFontSizeMedium(22.667px) Foreground=PhoneForegroundBrush Margin=PhoneHorizontalMargin(12,0)
PhoneTextExtraLargeStyle	FontFamily=PhoneFontFamilySemiLight(Segoe WP SemiLight) FontSize=PhoneFontSizeExtraLarge(42.667px) Foreground=PhoneForegroundBrush Margin=PhoneHorizontalMargin(12,0)
PhoneTextGroupHeaderStyle	FontFamily=PhoneFontFamilySemiLight(Segoe WP SemiLight) FontSize=PhoneFontSizeLarge(32px) Foreground=PhoneSubtleBrush Margin=PhoneHorizontalMargin(12,0)
PhoneTextLargeStyle	FontFamily=PhoneFontFamilySemiLight(Segoe WP SemiLight) FontSize=PhoneFontSizeLarge(32px) Foreground=PhoneForegroundBrush Margin=PhoneHorizontalMargin(12,0)
PhoneTextSmallStyle	FontFamily=PhoneFontFamilyNormal(Segoe WP) FontSize=PhoneFontSizeSmall(18.667px) Foreground=PhoneSubtleBrush Margin=PhoneHorizontalMargin(12,0)
PhoneTextGroupHeaderStyle	FontFamily=PhoneFontFamilySemiLight(Segoe WP SemiLight) FontSize=PhoneFontSizeLarge(32px) Foreground=PhoneSubtleBrush Margin=PhoneHorizontalMargin(12,0)
PhoneTextLargeStyle	FontFamily=PhoneFontFamilySemiLight(Segoe WP SemiLight) FontSize=PhoneFontSizeLarge(32px) Foreground=PhoneForegroundBrush Margin=PhoneHorizontalMargin(12,0)
PhoneFontSizeHuge	FontFamily=PhoneFontFamilySemiLight(Segoe WP SemiLight) FontSize=PhoneFontSizeHuge(186.667px) Foreground=PhoneForegroundBrush Margin=PhoneHorizontalMargin(12,0)

系统背景色可以通过系统资源 PhoneBackgroundColor 来获取，系统强调色可以通过系统资源 PhoneAccentColor 来获取。

2．通过程序代码检测系统主题

Silverlight for Windows Phone 提供了 PhoneDarkThemeVisibility 和 PhoneLightTheme

Visibility 用于检测系统主题色。当 PhoneDarkThemeVisibility 的取值为 Visibility.Visible 时，表明当前系统主题色为深色，或者当 PhoneLightThemeVisibility 取值为 Visibility.Visible 表示当前系统主题色为浅色。另外，PhoneDarkThemeOpacity 和 PhoneLightThemeOpacity 可分别获取当前系统深浅色主题的透明度，取值在 0~1 之间。

以下代码实现当系统主题色为深色时，TextBlock 的文字前景色为白色（或其他浅色），否则显示为黑色（或其他深色）。

VB.NET 代码：Style3.xaml.vb

```vbnet
Private Sub PhoneApplicationPage_Loaded(sender As System.Object, e As System.Windows.RoutedEventArgs) Handles MyBase.Loaded
        If CType(Resources("PhoneLightThemeVisibility"), Visibility) = Visibility.Visible Then
            textblock1.Foreground = New SolidColorBrush(Colors.Black)
        Else
            textblock1.Foreground = New SolidColorBrush(Colors.White)
        End If
    End Sub
```

5.2.3　BasedOn 现有样式

Silverlight for Windows Phone 在样式定义中，还提供 BasesOn 关键词可用于将已定义的样式作为基础，来定义新的样式。这在一定程度上，又提高了代码的可用性和维护的便利性。如以下代码定义两个样式，分别应用到页面中的两个按钮，第 2 个样式采用 BaseOn 引用到了第一个样式的定义，如图 5-14 所示。通过 3 个按钮的对比，不难发现第 3 个按钮的样式综合了两个样式的定义。

XAML 代码：Style4.xaml

```xml
<phone:PhoneApplicationPage
  x:Class="ResourceStyleTemplate.Style4"
  …
  shell:SystemTray.IsVisible="True">
  <phone:PhoneApplicationPage.Resources>
    <Style x:Key="BigFontButtonStyle" TargetType="Button">
        <Setter Property="FontFamily" Value="Times New Roman" />
        <Setter Property="FontSize" Value="38" />
```

```
            <Setter Property="FontWeight" Value="Bold" />
        </Style>
        <Style x:Key="InheritBigFontButtonStyle" TargetType="Button"
BasedOn="{StaticResource BigFontButtonStyle}">
            <Setter Property="Foreground" Value="White" />
            <Setter Property="Background" Value="DarkBlue" />
        </Style>
    </phone:PhoneApplicationPage.Resources>
    <Grid x:Name="LayoutRoot" Background="Transparent">
        <Grid.RowDefinitions>
            <RowDefinition Height="Auto"/>
            <RowDefinition Height="*"/>
        </Grid.RowDefinitions>
        <StackPanel x:Name="TitlePanel" Grid.Row="0" Margin="12,17,0,28">
            <TextBlock x:Name="ApplicationTitle" Text="样式" Style=
"{StaticResource PhoneTextNormalStyle}"/>
            <TextBlock x:Name="PageTitle" Text="样式继承" Margin="9,17,0,0"
Style="{StaticResource PhoneTextTitle1Style}" FontSize="36" />
        </StackPanel>
        <StackPanel Margin="5" Grid.Row="1">
            <Button Padding="5" Margin="5" Style="{StaticResource BigFont
ButtonStyle}">大字体样式</Button>
            <Button Padding="5" Margin="5">默认样式</Button>
            <Button Padding="5" Margin="5" Style="{StaticResource InheritBig
FontButtonStyle}">继承大字体样式</Button>
        </StackPanel>
    </Grid>
</phone:PhoneApplicationPage>
```

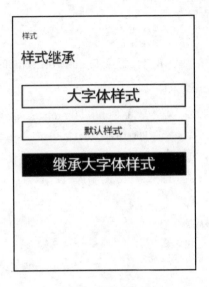

图 5-14　样式继承

5.3 模板

在 Windows Forms 应用程序设计中，丰富且简单易用的控件为开发者快速开发应用程序提供了极大的方便，但是枯燥和千篇一律的呈现方式，也限制了更多的想像力。在 Silverlight for Windows Phone 中，控件不再是不可更改的。事实上，很多控件都具有十分灵活的机制，允许用户修改控件外观和内容呈现方式，从而为开发者开发出更多独特的界面效果和应用程序提供了可能。

在 Silverlight for Windows Phone 中，用于实现上述要求的是模板（Template）。模板允许开发者通过 XAML 代码或者程序代码来定制控件，并且模板还可以作为资源，供整个应用范围内的多个页面或页面内的多个控件使用。

在第 2 章介绍 ListBox 控件数据绑定的应用时，已经使用了 DataTemplate，即数据模板，这是 Silverlight for Windows Phone 两种类型的模板之一。另一种模板是 ControlTemplate，即控件模板。一般，控件模板（ControlTemplate）用于呈现控件的外观，Silverlight for Windows Phone 所有的控件所呈现的外观就是系统默认设置的控件模板呈现出的外观，对控件修改或设置新的控件模板不会更改控件的功能；数据模板（DataTemplate）可用于控制控件的内容与列表条目的呈现形式。

173

5.3.1　控件模板

控件模板（ControlTemplate）继承自抽象类 FrameWorkTemplate。

1．定义到控件 Template 属性的模板

控件一般都有 Template 属性，其类型为 ControlTemplate。因此，自定义的控件模板可以赋值给控件的 Template 属性，实现对控件外观的定制。

如以下代码定制了 Button 的外观，在按钮中添加 Border 控件设置按钮的边框，按钮内左侧为一图片（采用 Image 控件来显示图片），右侧添加 TextBlock 显示按钮文字，这两者包含在 StackPanel 面板中。

```xaml
XAML 代码: Template1.xaml
<Grid x:Name="ContentPanel" Grid.Row="1" Margin="12,0,12,0">
        <Button HorizontalAlignment="Center" VerticalAlignment="Top"
        FontSize="48" Padding="20" Margin="20">带图片的按钮
        <Button.Template>
            <ControlTemplate>
                <Border Name="border" BorderThickness="3" BorderBrush=
"Red">
                <StackPanel Orientation="Horizontal">
                    <Image Source="/Images/Hydrangeas.jpg" Height="60"
Width="60" Margin="12"></Image>
                    <TextBlock    Name="txtblk"      FontStyle="Italic"
Text="{TemplateBinding  ContentControl.Content}"  Margin="{TemplateBinding
Control.Padding}" />
                </StackPanel>
                </Border>
            </ControlTemplate>
        </Button.Template>
        </Button>
    </Grid>
```

代码中还需要注意的是，TextBlock 控件的 Text 属性使用 TemplateBinding 扩展标记与 Button 控件的 Content 属性进行了绑定，Margin 属性与 Button 控件的 Padding 属性绑定。这样 TextBlock 控件会显示 Button 控件上设置的 Content 值，其外部间距为 Button 控件内的内容与边框间的间距。

174

执行效果如图 5-15 所示。

2．资源中的模板

虽然控件模板可以直接定义在控件的 Template 属性中,但这样的模板只能供控件本身引用,无法为其他控件共享。因此,在多数场合,控件模板会被定义在资源中。如果将控件模板定义在资源中,需要像 Style 一样设定 x:Key 和 TargetType 属性的值。

图 5-15　添加模板到控件 Template 属性

如以下代码在页面资源中定义了控件模板,并且被页面内两个按钮引用,引用的方式与 Style 的引用方式相同,不同的是设置在控件的 Template 属性上。这种定义在资源中的控件模板,事实上是将模板作为资源被控件使用的。

程序执行效果如图 5-16 所示。

XAML 代码: Template2.xaml

```
<phone:PhoneApplicationPage
  x:Class="ResourceStyleTemplate.Template2"
  …
  <phone:PhoneApplicationPage.Resources>
  <ControlTemplate x:Key="btnTemplate" TargetType="Button">
    <Border Name="border" BorderThickness="3" BorderBrush="Red">
      <StackPanel Orientation="Horizontal">
        <Image Source="/Images/Hydrangeas.jpg" Height="60" Width=
"60" Margin="12"></Image>
        <TextBlock Name="txtblk" FontStyle="Italic" Text=
"{TemplateBinding    ContentControl.Content}"    Margin="{TemplateBinding
Control.Padding}" />
```

```xml
                </StackPanel>
            </Border>
        </ControlTemplate>
    </phone:PhoneApplicationPage.Resources>

    <Grid x:Name="LayoutRoot" Background="Transparent">
        <Grid.RowDefinitions>
            <RowDefinition Height="Auto"/>
            <RowDefinition Height="*"/>
        </Grid.RowDefinitions>

        <StackPanel x:Name="TitlePanel" Grid.Row="0" Margin="12,17,0,28">
            <TextBlock x:Name="ApplicationTitle" Text="模板"
Style="{StaticResource PhoneTextNormalStyle}"/>
            <TextBlock x:Name="PageTitle" Text="资源中的模板" Margin="9,17,0,0"
Style="{StaticResource PhoneTextTitle1Style}" FontSize="40" />
        </StackPanel>
        <Grid x:Name="ContentPanel" Grid.Row="1" Margin="12,0,12,0">
          <StackPanel>
              <Button Template="{StaticResource btnTemplate}"
              HorizontalAlignment="Center" Margin="24" FontSize="24" Padding=
"20" >

                  Button1
              </Button>
              <Button Template="{StaticResource btnTemplate}"
              HorizontalAlignment="Center" Margin="24" FontSize="24" Padding=
"20" >

                  Button2
              </Button>
          </StackPanel>
        </Grid>
    </Grid>
</phone:PhoneApplicationPage>
```

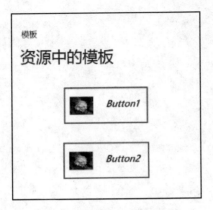

图 5-16　资源中共享的模板

3．样式中的模板

模板可以与样式结合，作为样式的一部分。当样式绑定到控件后，控件同样具有模板的特性。以下代码，在页面资源中定义了一个样式，样式中包含了模板，模板成为样式的一个属性。页面中的 Button 按钮引用了此样式，如图 5-17 所示。

图 5-17　样式与模板结合

```
XAML 代码：Template3.xaml
<phone:PhoneApplicationPage

  x:Class="ResourceStyleTemplate.Template3"

  …

  <phone:PhoneApplicationPage.Resources>

  <Style TargetType="Button" x:Key="btnStyleAndTemplate">
```

```xml
            <Setter Property="BorderBrush" Value="{StaticResource PhoneAccentBrush}"
/>
            <Setter Property="BorderThickness" Value="2" />
            <Setter Property="Padding" Value="20" />
            <Setter Property="Template">
                <Setter.Value>
                    <ControlTemplate TargetType="Button">
                        <Border BorderBrush="{TemplateBinding BorderBrush}"
BorderThickness="{TemplateBinding BorderThickness}">
                            <TextBlock Text="{TemplateBinding Content}" Margin=
"{TemplateBinding Padding}" />
                        </Border>
                    </ControlTemplate>
                </Setter.Value>
            </Setter>
        </Style>
    </phone:PhoneApplicationPage.Resources>
    <Grid x:Name="LayoutRoot" Background="Transparent">
        <Grid.RowDefinitions>
            <RowDefinition Height="Auto"/>
            <RowDefinition Height="*"/>
        </Grid.RowDefinitions>
        …
        <Grid x:Name="ContentPanel" Grid.Row="1" Margin="12,0,12,0">
            <Button Style="{StaticResource btnStyleAndTemplate}" Content="样
式与模板结合的按钮" HorizontalAlignment="Center" VerticalAlignment="Center" />
        </Grid>
    </Grid>
</phone:PhoneApplicationPage>
```

4．VisualStateManager

在前述例子中，虽然对控件实现了定制的模板，并且控件还保持了原有功能，如 Button 控件依然可以附加 Click 事件代码，并响应 Click 事件。但是，添加了模板的 Button 却失去了原有的响应用户 Click（Pressed）时的视觉变化，也无法对 Disabled 状态做出视觉上的调整（一般处于 Disabled 状态的按钮呈现灰色)。要解决上述问题，需要使用 VisualStateManager。

　　VisualStateManager 可以帮助开发者处理控件属性或其他状态的变化，使控件的视觉状态做相应的变化。如对添加了模板的 Button 来说，需要使用模板响应 Button 的 IsPressed 和 IsEnabled 属性的变化，前者表示用户是否单击按钮，后者表示 Button 是否可用。

　　以下示例演示使用 VisualStateManager 控制 Button 控件对属性状态变化的视觉响应。其中，Button 按钮的 Normal 和 MouseOver 状态未做处理，前者是因为状态未变化，不需要改变现有视觉状态；后者是因为 Windows Phone 没有 MouseOver 的操作。因此，只对 Pressed 和 Disabled 进行了处理。对 Pressed 的响应是采用动画改变 Button 模板中 Border 的背景色和 TextBlock 的前景色，对 Disabled 的处理是将模板中矩形 Rectangle 的透明度 Opacity 属性设置为 0。

XAML 代码：Template4.xaml

```
<phone:PhoneApplicationPage
  x:Class="ResourceStyleTemplate.Template4"
  …
  <phone:PhoneApplicationPage.Resources>
  <ControlTemplate x:Key="buttonTemplate" TargetType="Button">
     <Grid>
         <VisualStateManager.VisualStateGroups>
             <VisualStateGroup x:Name="CommonStates">
                 <VisualState x:Name="Normal" />
                 <VisualState x:Name="MouseOver" />
                 <VisualState x:Name="Pressed">
                     <Storyboard>
                         <ObjectAnimationUsingKeyFrames
Storyboard.TargetName="border" Storyboard.TargetProperty="Background">
                             <DiscreteObjectKeyFrame KeyTime="0:0:0" Value=
"{StaticResource PhoneForegroundBrush}" />
                         </ObjectAnimationUsingKeyFrames>
                         <ObjectAnimationUsingKeyFrames
Storyboard.TargetName="txtblk" Storyboard.TargetProperty="Foreground">
                             <DiscreteObjectKeyFrame KeyTime="0:0:0" Value=
"{StaticResource PhoneBackgroundBrush}" />
                         </ObjectAnimationUsingKeyFrames>
                     </Storyboard>
```

```xml
                        </VisualState>
                        <VisualState x:Name="Disabled">
                            <Storyboard>
                                <DoubleAnimation
Storyboard.TargetName="disableRect" Storyboard.TargetProperty="Opacity"
To="0.6" Duration="0:0:0" />
                            </Storyboard>
                        </VisualState>
                    </VisualStateGroup>
                </VisualStateManager.VisualStateGroups>
                <Border Name="border" BorderThickness="3" BorderBrush="Red">
                    <StackPanel Orientation="Horizontal" >
                        <Image Source="/Images/Hydrangeas.jpg" Height="60" Width=
"60" Margin="12"></Image>
                        <TextBlock Name="txtblk"  FontStyle="Italic" Text=
"{TemplateBinding      ContentControl.Content}"      Margin="{TemplateBinding
Control.Padding}" VerticalAlignment="Center"/>
                    </StackPanel>
                </Border>
                <Rectangle Name="disableRect" Fill="{StaticResource PhoneBackgroundBrush}"
Opacity="0" />
            </Grid>
        </ControlTemplate>
        <Style x:Key="buttonStyle" TargetType="Button">
            <Setter Property="BorderBrush" Value="{StaticResource PhoneAccentBrush}" />
            <Setter Property="BorderThickness" Value="6" />
            <Setter Property="Background" Value="{StaticResource PhoneChromeBrush}" />
            <Setter Property="Template" Value="{StaticResource buttonTemplate}" />
        </Style>
    </phone:PhoneApplicationPage.Resources>
    <Grid x:Name="LayoutRoot" Background="Transparent">
        <Grid.RowDefinitions>
            <RowDefinition Height="Auto"/>
            <RowDefinition Height="*"/>
```

```
        </Grid.RowDefinitions>
        <StackPanel x:Name="TitlePanel" Grid.Row="0" Margin="12,17,0,28">
            <TextBlock x:Name="ApplicationTitle" Text="控件模板"
Style="{StaticResource PhoneTextNormalStyle}"/>
            <TextBlock x:Name="PageTitle" Text="VisualStateManager 的使用"
Margin="9,7,0,0" Style="{StaticResource PhoneTextTitle1Style}" FontSize="36" />
        </StackPanel>
        <Grid x:Name="ContentPanel" Grid.Row="1" Margin="12,0,12,0">
            <Button Grid.Row="0" Content="Click me!" Style="{StaticResource
buttonStyle}" HorizontalAlignment="Center" VerticalAlignment="Top" Margin=
"20" IsEnabled="False"/>
        </Grid>
    </Grid>
</phone:PhoneApplicationPage>
```

程序执行效果如图 5-18 所示。

图 5-18　使用 VisualStateManager（图中 Button 处于禁用状态）

5.3.2　数据模板

数据模板用于控件的内容（或数据）在控件中的呈现方式。在 Silverlight for Windows Phone 中，有两种控件支持使用数据模板：

- 内容控件（ContentControl）。内容控件可以通过 ContentTemplate 属性绑定数据模板，以控制数据的显示方式。ContentTemplate 可以显示内容（Content）中的各种数据。

- 列表控件（ListControls）。列表控件继承自 ItemsControl，支持通过 ItemTemplate 属性绑定数据模板。ItemTemplate 通常用于显示数据源中的各条数据。

1. 应用到 ContentTemplate 的数据模板

与控件模板（ControlTemplate）不同，数据模板（DataTemplate）允许用户定制控件的内容（或数据）的显示方式，与之相对应的数据模板会设置到控件的 ContentTemplate 属性。数据模板可以直接定义到控件的 ContentTemplate 属性，也可以定义在资源中，然后绑定到控件的 ContentTemplate 属性。

例如，在 Button 控件的 XAML 定义<Button>与</Button>之间，可以设置 Button 控件所需显示的内容，通常是字符串，应用数据模板，可以在 Button 控件的内容中显示更多的内容，包括其他元素。如以下代码，在 Button 的 ContentTemplate 属性中定义了 DataTemplate，用于显示图片和文字，执行结果如图 5-19 所示。初看与控件模板中的例子非常相似，但确实存在很大不同，此例中改变的是内容，未对 Button 控件本身做修改。因此，不会出现影响 Button 控件自身特性的问题，如单击此按钮，按钮的视觉响应依旧存在，不需要通过 VisualStateManager 进行设置。

```xaml
XAML 代码：Template5.xaml
    <Grid x:Name="ContentPanel" Grid.Row="1" Margin="12,0,12,0">
            <Button Name="Button1" HorizontalAlignment="Center"
VerticalAlignment="Top" Margin="20" >
                <Button.ContentTemplate>
                    <DataTemplate>
                        <StackPanel Orientation="Horizontal" >
                          <Image Source="/Images/Hydrangeas.jpg" Height="80"  />
                            <TextBlock Name="Hour" VerticalAlignment=
"Center">18:</TextBlock>

                            <TextBlock Name="Minute" VerticalAlignment=
"Center">20:</TextBlock>

                            <TextBlock Name="Second" VerticalAlignment=
"Center">01</TextBlock>

                        </StackPanel>
                    </DataTemplate>
                </Button.ContentTemplate>
            </Button>
    </Grid>
```

图 5-19 应用到 ContentTemplate 的数据模板

2. 应用到 ItemTemplate 的数据模板

数据模板最常见的一种应用是在 ListBox 中，用于显示 ListBox 绑定的数据源中每一条具体的数据。这时数据模板会绑定在 ListBox 控件的 ItemTemplate 属性上。

以下实例是一个图片浏览器，图片的名称、文件路径保存在数据源中，ListBox 引用了定义在页面资源中的 DataTemplate。模板包括一个 Image 控件，用于显示图片，另一个 TextBlock 控件用于显示文件名称，如图 5-20 所示。

XAML 代码：ImagesBrowser.xaml

```xaml
<phone:PhoneApplicationPage
 x:Class="ResourceStyleTemplate.ImagesBrowser"
 …
<phone:PhoneApplicationPage.Resources>
<DataTemplate x:Key="imglist">
    <StackPanel>
        <Image Source="{Binding imageFilepath}" HorizontalAlignment=
"Center" ></Image>
        <TextBlock Text="{Binding imageName}" HorizontalAlignment=
"Center"></TextBlock>
    </StackPanel>
</DataTemplate>
</phone:PhoneApplicationPage.Resources>
```

```
    <Grid x:Name="LayoutRoot" Background="Transparent">
        <Grid.RowDefinitions>
            <RowDefinition Height="Auto"/>
            <RowDefinition Height="*"/>
        </Grid.RowDefinitions>
        <StackPanel x:Name="TitlePanel" Grid.Row="0" Margin="12,17,0,28">
            <TextBlock x:Name="ApplicationTitle" Text="数据模板"
Style="{StaticResource PhoneTextNormalStyle}"/>
            <TextBlock x:Name="PageTitle" Text="应用到 ItemTemplate 的数据模板"
Margin="9,7,0,0" Style="{StaticResource PhoneTextTitle1Style}" FontSize="36" />
        </StackPanel>
        <Grid x:Name="ContentPanel" Grid.Row="1" Margin="12,0,12,0">
            <ListBox Grid.Row="0" x:Name="Listbox1" ItemTemplate=
"{StaticResource imglist}" ></ListBox>
        </Grid>
    </Grid>
</phone:PhoneApplicationPage>
```

图 5-20　图片浏览器

　　程序代码包括两部分，一是 Img 类的定义代码，二是绑定 ListBox 的数据源代码。

VB.NET 代码：Img.vb

```vbnet
Public Class Img
    Private _imageFilepath As String
    Public Property imageFilepath() As String
        Get
            Return _imageFilepath
        End Get
        Set(ByVal value As String)
            _imageFilepath = value
        End Set
    End Property
    Private _imageName As String
    Public Property imageName() As String
        Get
            Return _imageName
        End Get
        Set(ByVal value As String)
            _imageName = value
        End Set
    End Property
    Public Sub New(ByVal imgName As String, ByVal Imageurl As String)
        Me.imageName = imgName
        Me.imageFilepath = Imageurl
    End Sub
End Class
```

VB.NET 代码（绑定 ListBox 数据源定义）：ImagesBrowser.xaml.vb

```vbnet
Partial Public Class ImagesBrowser
    Inherits PhoneApplicationPage

    Public Sub New()
        InitializeComponent()
    End Sub
```

```
        Private Sub PhoneApplicationPage_Loaded(sender As System.Object, e As
System.Windows.RoutedEventArgs) Handles MyBase.Loaded
        Dim Images As New List(Of Img)()
        Images.Add(New Img("苹果iphone 4手机",
"/Images/41y9pDGg5dL__SL120_.jpg"))
        Images.Add(New Img("HTC 宏达 Wildfire 野火 A315c 3G手机",
"/Images/41WX-tVOpbL__AA160_.jpg"))
        Images.Add(New Img("HTC 宏达 T9188 天玺 3G手机",
"/Images/51xabwSNa4L__AA160_.jpg"))
        Images.Add(New Img("三星B6520(samsung B6520)3G智能手机",
"/Images/51XnT+3hVdL__AA160_.jpg"))
        Me.Listbox1.ItemsSource = Images
    End Sub
    End Class
```

5.4 ●本章小结

　　本章介绍 Silverlight for Windows Phone 中非常重要的 3 个特性：资源、样式和模板。包括文件资源、资源字典、系统样式、系统主题、用户自定义样式、控件模板和数据模板等的创建与引用。

　　这三者都是应用程序不可或缺的组成部分，资源提供了代码可重用的机制；样式为丰富应用程序的界面效果提供了实现的方法，模板为控件外观与内容的个性化呈现提供了定制的办法。

　　掌握这三者的应用，是实现应用程序快速开发、定制开发和完美效果的重要内容。

06 图形、画刷、变换和动画

掌握图形、画刷、变换和动画，同样是 Windows Phone 应用程序开发中非常有用的技能

图形、画刷、变换和动画是应用程序开发中非常重要的组成部分。一方面图形、画刷、变换和动画可以丰富应用程序呈现的效果，增强用户体验，尤其是在很多娱乐或游戏程序设计中，动画效果往往不必可少；另一方面，有很多应用程序本身就是图形绘制的应用，如绘图软件、图形图像处理软件等，毫无疑问需要应用图形处理功能。因此，掌握图形、画刷、变换和动画，同样是 Windows Phone 应用程序开发中非常有用的技能。

Silverlight for Windows Phone 提供了很多图形、画刷、变换和动画的类和对象，其中图形包括 Rectangle、Ellipse、Line、 Polyline、Polygon、Path 等，可以绘制矩形、椭圆、直线、多边形、多线形和路径等；动画包括时间线动画、关键帧动画等，可以实现各种复杂的动画效果。

本章介绍上述图形绘制和动画工具的使用方法。

本章要点

- 各种图形对象的使用。
- 画刷的类型及应用。
- 变换的类型与应用。
- 动画的类型及应用。

6.1 图形

在 Silverlight for Windows Phone 中，各种图形绘制对象，如 Rectangle、Ellipse、Line、Polyline、Polygon、Path 等都是 Shape 类的子类，都定义在 System.Windows.Shapes 名称空间内。

Shape 类继承自 FrameworkElement 类，因此，上述绘图对象都具有接收触击输入、可以参与布局，并且可以变换转换等特性。

但是，这 6 个图形对象本身也存在差别。Rectangle、Ellipse 与其他 4 个对象不同，这两者没有坐标定位，需要通过附加属性 Canvas.SetLeft 和 Canvas.SetTop 或者设置 Margin、Padding 等属性实现定位；而 Line、Polyline、Polygon、Path 这 4 个对象具有坐标定位，可以通过输入坐标值实现定位。

Silverlight for Windows Phone 为上述 6 个图形对象定义多个共有的属性。这些属性的含义如下：

- Fill，使用某种画刷填充图形的内部。
- Stroke，使用画刷绘制图形的外部轮廓。
- StrokeThickness，采用浮点数定义外部轮廓线的宽度。
- StrokeStartLineCap 和 StrokeEndLineCap，用于定义绘制线的起始端与尾端的形状，取值为 PenLineType 型的枚举值。
- StrokeLineJoin，用于定义两线相交点的形状，取值为 PenLineJoin 型的枚举值。
- StrokeMiterLimit，用于定义两线相交时，相交线延伸的长度。如果 StrokeThickness 的设置值较大，而 StrokeMiterLimit 设置值较小时，会对交线尾端的外部轮廓产生影响，此项默认值为 10。
- StrokeDashArray，用于定义外部轮廓线的线段集，即定义 StrokeDashArray 可以将外部轮廓 Stroke 由连续线修改为离散线段。
- StrokeDashCap，用于定义当 Stroke 设置为离散线段时，每线段端点的形状，其取值与 StrokeStartLineCap 相同，也是 PenLineType 型的枚举值。
- StrokeDashOffset，此项也与离散线段有关，设置此项可以使首线段值不同于其他线段，即此项设置了首线段的偏移位置。
- Stretch，此项与图形中的 Strech 相同，用于设置图形放大的方式，可取值包括 None、Fill、Uniform 和 UniformToFill，默认取值为 None。

虽然 Rectangle、Ellipse、Line、Polyline、Polygon、Path 等绘图对象基本都具有上述属性，但也有一定差别。如 Line 对象由于线型没有内部区域，因此，虽然也具有 Fill 属性，但此项属性是无效的。图形一般可以绘制在 Canvas 面板中，因为 Canvas 面板可以实现灵活定位，但也可以绘制在 Grid 等其他面板中。但 Rectangle、Ellipse 最好采用 Canvas 面板，否则定位需要使用 Margin、VerticalAlignment 和 HorizontalAlignment 等属性，会相对复杂一些。

6.1.1 Line

Line 用于绘制直线，可以通过设定起点与终点的坐标来绘制直线，这个起止点坐标一方面确定了直线在屏幕中的位置，另一方面也确定了直线的长度。

如以下代码绘制了一条简单直线，起点坐标为（150,100），终点坐标为（300,250），X、Y 值分别表示 X 轴和 Y 轴的坐标值。坐标原点位于直线所在面板控件的左上顶点，X 轴的方向为沿屏幕宽度（即 Width 方向），从左向右，Y 轴沿屏幕高度（即 Height 方向）从上向下。Stroke 属性指定了线的颜色，StrokeThickness 指定了线宽，程序执行结果如图 6-1 所示。

```xaml
XAML 代码：Line1.xaml
<Grid x:Name="ContentPanel" Grid.Row="1" Margin="12,0,12,0">
    <Line X1="150" Y1="100" X2="300" Y2="250" Stroke="Blue" />
</Grid>
```

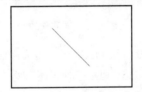

图 6-1　简单直线

以下代码绘制了两条直线。其中一条由离散线段作为外部轮廓的直线，离散线段间的间距由 StrokeDashArray 定义，其中"1 2"表示线段采用长度为 1 个 StrokeThickness，间距为 2 个 StrokeThickness。同时此示例中还定义了线段端点的形状 StrokeStartLineCap 和 StrokeEndLineCap 属性，取值为 Round，表示端点形状为圆弧形，圆弧的半径为 StrokeThickness 值的一半，尾端取值为 Flat 表示为平坦形状。另一条是黑色的简单直线，用做对比。

```xaml
XAML 代码：Line2.xaml
<Grid x:Name="ContentPanel" Grid.Row="1" Margin="12,0,12,0">
    <Line X1="100" Y1="100" X2="350" Y2="350" Stroke="Blue"
        StrokeThickness="25"
            StrokeStartLineCap="Round"
            StrokeEndLineCap="Flat"
            StrokeDashArray="1 2"/>
    <Line X1="100" Y1="100" X2="350" Y2="350" Stroke="Black"></Line>
</Grid>
```

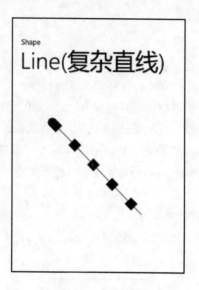

图 6-2　复杂直线

　　属性 StrokeStartLineCap、StrokeEndLineCap 、StrokeDashCap 的取值都是 PenLineType 型的枚举值，除了可以取上例中的 Round、Flat 之外，还有两个取值为 Square 和 Triangle，分别表示端点为正方形和三角形。似乎 Flat 和 Square 很相似，很难区别，这可以通过图 6-3 来区分。图中上面起始端为 Flat、末端为 Square，可以清楚地发现设置为 Flat 时，平坦形状切在直线终点上，而 Square 又从终点外延伸出了半个 StrokeThickness 的距离。

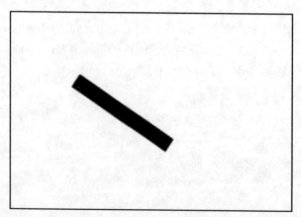

图 6-3　Flat 与 Square 的区别

　　当两条直线在同一平面相交时，相交部分会出现重叠，默认情况下在代码中定义在后面的直线会叠加在上面，先定义的会出现在底下。但这种叠加情况可以通过 Canvas.Zindex 附加属性进行修改，Canvas.Zindex 属性可取整数值，数值大的叠加在上面。如以下代码中，第一条直线 Canvas.Zindex 值大于第二条直线，因此叠加在上面，如图 6-4 中的左图所示。如果不设置 Canvas.Zindex 的值，即默认情况时，第二条直线后定义会叠加在上面，如图 6-4 中的右图所示。

XAML 代码：Line4.xaml

```xaml
<Grid x:Name="ContentPanel" Grid.Row="1" Margin="12,0,12,0">
        <Line Canvas.ZIndex="1"
            X1="150" Y1="150" X2="200" Y2="300"
            Stroke="Blue" StrokeThickness="3" />
        <Line Canvas.ZIndex="0"
            X1="50" Y1="200" X2="350" Y2="200"
            Stroke="Black" StrokeThickness="30" />
</Grid>
```

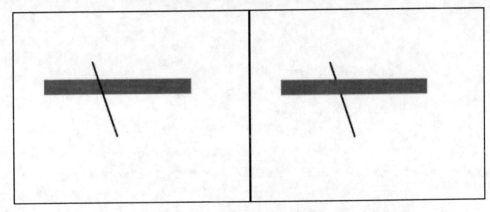

图 6-4　使用 Canvas.Zindex 设置叠加

6.1.2　Rectangle

Rectangle 用于绘制矩形。矩形的大小可以通过 Width 和 Height 属性进行设置，当 Width 值与 Height 值相同时，绘制的是正方形。矩形外边框线同样可以通过 Stroke 设置颜色，边框线的粗细度可以通过 StrokeThickness 进行设置，矩形内部的填充颜色可以通过 Fill 设置。

但是矩形没有设置坐标位置的属性，而必须使用附加属性 Canvas.Left 和 Canvas.Top，或者通过 Margin 属性等方式进行定位，在定位时需要注意以下事项：

- 使用 Canvas.Left 和 Canvas.Top 时，最好将矩形置于 Canvas 面板中，在 Grid 面板中，这两项不会起作用。

191

- 在 Grid 面板中可以使用 Margin 属性进行相对定位。
- 矩形的定位还会受到 VerticalAlignment、HorizontalAlignment 的影响。当在 Grid 面板中使用 Margin 属性定位矩形时，VerticalAlignment、HorizontalAlignment 的影响会非常大。

以下示例展示两个矩形，矩形边框线为红色，内容填充为黄色。第一个矩形置于 Canvas 面板中，附加属性 Canvas.Left 和 Canvas.Top 的设置值确定矩形的位置，VerticalAlignment、HorizontalAlignment 对其未发生影响。第二个矩形置于 Grid 面板中，Canvas.Left 和 Canvas.Top 的设置值未对定位产生作用，起主要作用的是 VerticalAlignment 和 HorizontalAlignment，然后再根据 Margin 的设置进行相应调整。

程序的 XAML 代码如下，矩形显示效果如图 6-5 所示。

```
XAML 代码: Rectangle1.xaml
   <Grid x:Name="ContentPanel" Grid.Row="1" Margin="12,0,12,0"
ShowGridLines="True">
           <Grid.RowDefinitions>
               <RowDefinition Height="240*" />
               <RowDefinition Height="367*" />
           </Grid.RowDefinitions>
           <Canvas Grid.RowSpan="2">
               <Rectangle Width="200" Height="100" Canvas.Left="100"
Canvas.Top="100" Fill="Yellow" Stroke="Red" StrokeThickness="3"
VerticalAlignment="Center" HorizontalAlignment="Center"></Rectangle>
           </Canvas>
           <Grid Grid.Row="1">
               <Rectangle Width="200" Height="200" Canvas.Left="400"
Canvas.Top="300" Fill="Yellow" Stroke="Red" StrokeThickness="3"
VerticalAlignment="Center" HorizontalAlignment="Center" Margin="150,120,20,0"
></Rectangle>
           </Grid>
       </Grid>
```

Rectangle 还具有 RadiusX 和 RadiusY 属性，可用于设置圆角的大小。这使矩形不仅可以呈现直角的形状，使还可以使边角呈圆弧状过渡。

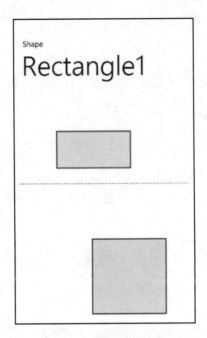

图 6-5　矩形绘制与定位

如图 6-6 所示为应用了 RadiusX 和 RadiusY 的矩形，相应代码如下。其中第一个矩形的圆角明显与其他两个矩形不同，后两个矩形虽然 RadiusX 和 RadiusY 的设置值不同，但呈现的效果一样。这其中涉及 RadiusX 和 RadiusY 的最大设置值问题，其中 RadiusX 的最大设置值不能超过 Width 的一半，RadiusY 的设置值最大不能超过 Height 的一半。超过一半，只以一半值计。

XAML 代码: Rectangle2.xaml

```
<Grid x:Name="ContentPanel" Grid.Row="1" Margin="12,0,12,0">
        <Rectangle Width="200" Height="100" Fill="Yellow" Stroke="Red"
StrokeThickness="3" VerticalAlignment="Center" HorizontalAlignment="Center"
Margin="100,72,156,435" RadiusX="30" RadiusY="30"></Rectangle>
        <Rectangle Width="200" Height="100" Fill="Yellow" Stroke="Red"
StrokeThickness="3" VerticalAlignment="Center" HorizontalAlignment="Center"
Margin="100,178,156,329" RadiusX="20" RadiusY="50"></Rectangle>
        <Rectangle Width="200" Height="100" Fill="Yellow" Stroke="Red"
StrokeThickness="3" VerticalAlignment="Center" HorizontalAlignment="Center"
Margin="100,284,156,223" RadiusX="20" RadiusY="80"></Rectangle>
    </Grid>
```

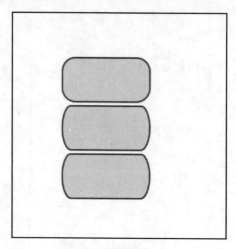

图 6-6　带圆角的矩形

6.1.3　Ellipse

Ellipse 用于绘制椭圆。与 Retangle 类似，Ellipse 可以通过 Width 和 Height 设置椭圆的长边和短边，当 Width 与 Height 相等时，绘制的是特殊的椭圆，即圆。Ellipse 的定位也需要通过 Canvas.Left 和 Canvas.Top，以及 Margin、VerticalAlignment、HorizontalAlignment 实现。Ellipse 也需要指定 Fill 或 Strock 的颜色，才能显示出椭圆图形。

以下示例绘制了两个椭圆。第一个椭圆是一个普通椭圆，设定了长边与短边，并通过 margin 属性进行定位。第二个椭圆设置了 StrokeDashArray 和 StrokeDashCap，使椭圆的轮廓线由离散线段构成。

程序的 XAML 代码如下。

```
XAML 代码：Ellipse1.xaml
    <Grid x:Name="ContentPanel" Grid.Row="1" Margin="12,0,12,0">
            <Ellipse Width="160" Height="90" Fill="Yellow" Stroke="Red"
StrokeThickness="2" Margin="145,28,151,489"></Ellipse>
            <Ellipse Width="160" Height="160" Fill="Yellow" Stroke="Red"
StrokeThickness="6" Margin="145,142,151,254" StrokeDashArray="1 1"
StrokeDashCap="Round" ></Ellipse>
    </Grid>
```

程序执行效果如图 6-7 所示。

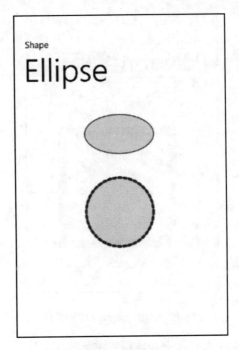

图 6-7　绘制椭圆

6.1.4　Polygon

Polygon 用于绘制多边线。Polygon 可以绘制由一系列直线构成的、封闭的多边形，多边形的边数与形状取决于给出的顶点个数与坐标位置。因此，Polygon 可以代替 Retangle、Ellipse 等绘制出矩形和椭圆。

Polygon 的 Points 属性是一个 PointCollection 型的集合，用于设置多边形的多个顶点。这些点属于 Point 类对象，可以通过 X 和 Y 属性设置点的位置。同样，Fill 和 Stroke 属性可以设置多边形内填充的颜色和外轮廓线的颜色。

以下示例，采用 Polygon 绘制了一个矩形，代码如下，绘制效果如图 6-8 所示。

XAML 代码：Polygon1.xaml

```
<Grid x:Name="ContentPanel" Grid.Row="1" Margin="12,0,12,0">
        <Polygon Points="100 100, 380 100, 380 380, 100 380" Stroke="Red"
StrokeThickness="20" Fill="Yellow"  />
    </Grid>
  </Grid>
```

图 6-8　使用 Polygon 绘制矩形

　　值得注意的是，在 Points 点集合中，只需要矩形的 4 个顶点，Polygon 会自动绘制出一个闭合的矩形，而不需要在点集合中末尾加入起始点。并且 Polygon 会在其中填充 Fill 指定的的颜色。

　　同样，使用 Polygon 也可以绘制椭圆或圆，以下代码演示了使用 Polygon 绘制圆形的过程。由于 Polygon 绘制圆形是通过连接多个点间的线段，最终组合成一个完整的图形，为了使圆形显示更加顺滑，需要尽可能多取点。因此，本例采用 VB.NET 程序代码实现取点过程，程序代码如下。程序执行结果如图 6-9 所示。

VB.NET 代码：Polygon2.xaml

```vb
    Private Sub Button1_Click(sender As System.Object, e As
System.Windows.RoutedEventArgs) Handles Button1.Click
        '定义多边形
        Dim Polygon As Polygon = New Polygon
        Polygon.Stroke = New SolidColorBrush(Colors.Red)
        Polygon.StrokeThickness = 5
        Polygon.Fill = New SolidColorBrush(Colors.Yellow)
        '定义圆的中心点,中心点为ContentPanel面板实际宽度与可用高度的一半
        Dim centerpoint As Point = New Point(ContentPanel.ActualWidth / 2,
ContentPanel.ActualHeight / 2 - 100)
```

```
                '定义圆的半径,取中心点到两边沿的最小值
    Dim radius As Double = Math.Min(centerpoint.X - 1, centerpoint.Y - 1)
    Dim angle As Double = 0
                '取点，绘制圆
    For angle = 0 To 360
        Dim radians As Double = Math.PI * angle / 180
        Dim x As Double = centerpoint.X + radius * Math.Cos(radians)
        Dim y As Double = centerpoint.Y + radius * Math.Sin(radians)
        Polygon.Points.Add(New Point(x, y))
        angle = angle + 0.2
    Next
    Me.ContentPanel.Children.Add(Polygon)
End Sub
```

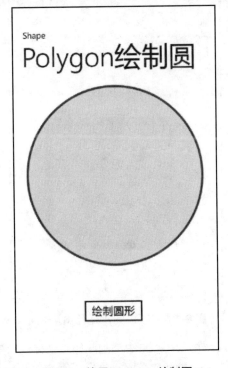

图 6-9　使用 Polygon 绘制圆

6.1.5 Polyline

Polyline 用于绘制多边线。Polyline 与 Polygon 非常相似，也可以通过设定顶点绘制出一系列直线，但不同的是 Polyline 绘制的只是直线，而不会封闭。

以下与 Polygon 类似的代码绘制出了一个未封闭的矩形。虽然，矩形未封闭，但还是可以在其中填充 Fill 指定的颜色。代码执行效果如图 6-10 所示。

XAML 代码：Polyline1.xaml

```
<Grid x:Name="ContentPanel" Grid.Row="1" Margin="12,0,12,0">
    <Polyline Points="100 100, 380 100, 380 380, 100 380" Stroke="Red"
StrokeThickness="20" Fill="Yellow" />
    </Grid>
</Grid>
```

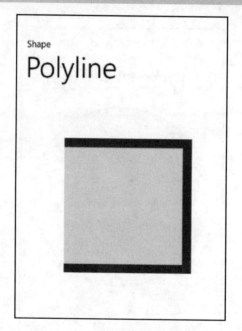

图 6-10　使用 Polyline 绘制多边线

如果需要将上述矩形封闭，可以在点集中添加起始点坐标，只是值得注意的是最后添加的点与起始点并不完全相同，其 Y 轴坐标值会比原起始点的 Y 轴坐标小半个线宽。如上例代码可修改如下：

```
<Polyline Points="100 100, 380 100, 380 380, 100 380,100 90" Stroke="Red"
```

```
StrokeThickness="20" Fill="Yellow" />
```

虽然，Polyline 与 Polygon 没有 Retangle 的 RadiusX 和 RadiusY 属性，无法通过设置这两个属性的值来设置边角的圆弧形状。但是可以通过 StrokeLineJoin 和 StrokeMiterLimit 属性的值来设置交点边角的形状。

如前文所述，StrokeLineJoin 用于设置边角的形状，其取值是 PenLineJoin 型的枚举值，可取值包括 Bevel、Miter、Round，分别表示边角形状为斜切面、斜接和圆角等。但在使用 Miter 时，会有一个比较特殊的问题，当两交线形成的边角非常小的时候，尖角会延伸很长，这时可以通过设置 StrokeMiterLimit 属性的值来限制尖角的长度，StrokeMiterLimit 的默认值为线宽的 1/2。

如以下示例演示了 Polyline 中 StrokeLineJoin 和 StrokeMiterLimit 属性的使用方法。第一对直线相交时，由于 StrokeMiterLimit 的默认值为 15，因此超过部分被截断。第二对直线相交，由于 StrokeMiterLimit 较大，交线形状被延长到设定值 30。如果不希望交线延伸太长，可以设置相对较小的值。

程序执行结果如图 6-11 所示。

XAML 代码：Polyline2.xaml

```xml
<Grid x:Name="ContentPanel" Grid.Row="1" Margin="12,0,12,53">
        <Polyline    Points="50   230,   240   240,50   250"   Stroke="HotPink"
StrokeThickness="30"    StrokeStartLineCap="Round"    StrokeEndLineCap="Round"
StrokeLineJoin="Miter" Grid.RowSpan="2" />
        <Polyline Points="50 230, 240 240, 50 250" Stroke="Black"
Grid.RowSpan="2" />


        <Polyline Points="50 230, 240 240,50 250" Stroke="HotPink"
StrokeThickness="30" StrokeStartLineCap="Round" StrokeEndLineCap="Round"
StrokeLineJoin="Miter" StrokeMiterLimit="30" Margin="0,76,0,-76" />
        <Polyline Points="50 230, 240 240, 50 250" Stroke="Black"
Margin="0,76,0,-76" />
    </Grid>
```

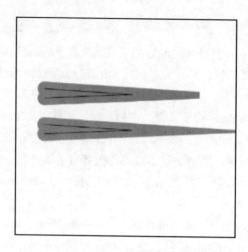

图 6-11　Polyline 使用 StrokeLineJoin 和 StrokeMiterLimit 属性

6.1.6　Path

Path 用于绘制路径图形，即可以根据设定点绘制出图形。Path 可以看做是一个兼具直线和曲线功能的绘图工具。因此，Path 是一个功能非常强大的绘图工具，几乎其他绘图对象所能绘制的图形，都可以通过 Path 来实现。

Path 最重要的属性是 Data，这是一个 Geometry（几何）类型的对象。Geometry 与 Shape 非常相似，两者可以绘制二维图形，Linegeomtry、Retanglegeomtry、Ellipsegeomtry 与 Line、Retangle、Ellipse 类似，都可以绘制直线、矩形和椭圆。但不一样的是，Shape 类的子类本身都是可视化对象，因此自身可以生成图形，并且具有 Opacity，OpacityMask 等多种 Geometry 不具有的属性；Geometry 不是可视化对象，生成图形时需要依赖其他对象，比如作为 Path 对象的 Data 属性的内容。因此，相比而言，Shape 对象绘制图形较为简单易用，比 Geometry 使用方便。而另一方面 Geometry 类对象更加灵活，既可以绘制简单图形（如直线、圆、矩形等），也可以绘制由多种图形组合形成的复杂图形，如 PathGeometry 可以绘制弧线和曲线。

Geometry 也是一个抽象类，有 6 个派生的子类，分别是 Linegeomtry、Retanglegeomtry、Ellipsegeomtry、GeometryGroup、CombinedGeometry、PathGeometry、StreamGeometry。其含义分别如下：

- Linegeomtry，可以绘制由 StartPoint 和 Endpoint 指定的两点间的直线。
- Retanglegeomtry，可以绘制由 Rect 属性指定的矩形，同样具有 RadiusX 和 RadiusY 属性可以指定圆角的半径。
- Ellipsegeomtry，可以绘制由 Center 属性设置圆心、RadiusX 和 RadiusY 属性指定 X 轴、Y 轴半径的椭圆，当 RadiusX 与 RadiusY 相等时，绘制的是圆形。

- GeometryGroup，用于绘制由多个几何对象组合而成的新几何对象，如可以将由 Linegeomtry 绘制的直线和 Retanglegeomtry 绘制的矩形等多个对象组合成新对象，这些子对象可以添加到 GeometryGroup 对象的 Children 集合中。组合时，可以通过 FillRule 属性设置组合图形的填充规则，其默认值为 EvenOdd，表示由多个几何对象组合而成的封闭区域到无穷远如果有偶数条边界线分割，此区域不会被填充颜色；另一取值为 NonZero，表示的含义与 EvenOdd 相反。

- PathGeometry，可用于绘制复杂的几何图形，它可由多个路径形状 PathFigure 构成。这些 PathFigure 添加在 PathGeometry 的 Figures 属性中，此属性是 PathFigureCollection 类的集合，用于保存 PathFigure 对象。每个 PathFigure 又可以由一个或多个相互连接的 PathSegment 对象组成，PathSegment 对象可以是一条直线或曲线，这些 PathSegment 保存在 PathFigure 的 Segments 属性中，此属性是一个 PathSegmentColletion 类型的集合。PathSegment 又可以分为 ArcSegment、BezierSegment、QuadraticBezierSegment、PolyQuadraticBezierSegment、LineSegment、PolyLineSegment 和 PolyBezierSegment。这些 PathSegment 的含义分别如下：

  - ArcSegment，用于绘制两点间的椭圆弧线。
  - BezierSegment，用于绘制两点间的贝塞尔曲线。
  - LineSegment，用于绘制两点间的直线。
  - QuadraticBezierSegment，用于绘制二阶贝塞尔曲线。
  - PolyQuadraticBezierSegment，用于绘制一系列的二阶贝塞尔曲线。
  - PolyBezierSegment，用于绘制一系列贝塞尔曲线。
  - PolyLineSegment，用于绘制一系列直线。

- CombinedGeometry，用于组合几何对象以构成新的几何图形。但是与 GeometryGroup 具有较明显的区别，一是没有 Children 属性， CombinedGeometry 只能组合两个几何对象，这两个几何对象设置在属性 Geometry1 和 Geometry2；二是 CombinedGeometry 没有 Fill 属性，但有一个 GeometryCombineMode 属性，其值是 GeometryCombineMode 的枚举值，取值包括 Exclude、Union、Intersect、Xor 或 Exclude。

- StreamGeometry，是一种轻量型的几何图形绘制工具，可用于代替 PathGeometry，但是不支持数据绑定、动画和修改，具有较高的效率。因此，可用于绘制装饰图形。

以下示例采用 Path 对象绘制了 4 个圆形，这 4 个圆形采用 Ellipsegeomtry 绘制，并通过 GeometryGroup 组合在一起，相交部分依据 EvenOdd 规则进行填色。结果如图 6-12 所示。

XAML 代码：Path1.xaml

```
<Canvas Grid.Row="1">
        <Path Fill="Yellow" Stroke="Red" StrokeThickness="3">
```

```xml
            <Path.Data>
                <GeometryGroup>
                    <EllipseGeometry Center="150 150" RadiusX="100"
RadiusY="100" />
                    <EllipseGeometry Center="250 150" RadiusX="100"
RadiusY="100" />
                    <EllipseGeometry Center="150 250" RadiusX="100"
RadiusY="100" />
                    <EllipseGeometry Center="250 250" RadiusX="100"
RadiusY="100" />
                </GeometryGroup>
            </Path.Data>
        </Path>
    </Canvas>
```

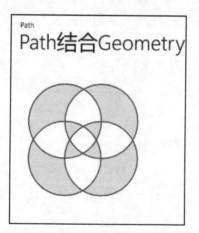

图 6-12　Path 结合 GeometryGroup 绘图

再如，以下示例采用 Path 结合 PathGeometry 绘制了两个叠加在一起的五角星。五角星由
PolyLineSegment 根据指定的 5 个点绘制，PolyLineSegment 作为子对象添加到 PathFigure 中。
PathFigure 的 StartPoint 属性指定五角形的起始点，也即 PolyLineSegment 绘制系列线段的起点，
其余 4 个点在 PolyLineSegment 的 Points 集合中。代码如下：

XAML 代码：Path2.xaml
```xml
<Canvas Grid.Row="1">
```

```
        <Path Fill="Yellow" Stroke="Red" StrokeThickness="3">
            <Path.Data>
                <PathGeometry>
                    <PathFigure StartPoint="144 72" IsClosed="True">
                        <PolyLineSegment Points="200 246, 53 138, 235 138,
88 246" />

                    </PathFigure>
                    <PathFigure StartPoint="168 96" IsClosed="True">
                        <PolyLineSegment Points="224 260, 77 162, 259 162,
112 270" />

                    </PathFigure>
                </PathGeometry>
            </Path.Data>
        </Path>
    </Canvas>
```

程序运行结果如图 6-13 所示。

图 6-13   PathGeometry 绘制叠加的五角形

Path 的 Data 属性除了可以是 Geometry 类对象外，还可以是由 mini-language 编写的复杂字符串代码。mini-language 也被称为 PathGeometry Markup Syntax，用于描述 Path 的路径，可以包含 Pathsegment 的所有类型。

例如，以下代码使用 mini-language 绘制了一条曲线，如图 6-14 所示。

XAML 代码：Path3.xaml

```
<Grid x:Name="ContentPanel" Grid.Row="1" Margin="12,0,12,0">
    <Path Stroke="Red" StrokeThickness="3" Data=" M 100,100 C 150,30 300,500
400,160 "></Path> </Grid>
```

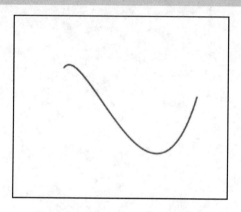

图 6-14　mini-language 绘制图形

从上述代码中可见，mini-language 由"字母命令"和"数字参数"交替组成。M 表示 Move，即移动到由其后数字参数"100，100"确定的点，相当于 PathFigure 中的 StartPoint。C 表示绘制三次方贝塞尔曲线，曲线由其后的 3 个点（150,30）、（300,500）、（400,160）确定。

mini-language 的其他部分"字母命令"的具体含义如表 6-1 所示，（x_0,y_0）表示当前点坐标。

表 6-1　字母命令的用法及含义

命　　令	用　　法	含　　义
Fi（填充规则）	F0/F1	Fill Rule，F0 表示填充方式为 EvenOdd，F1 表示填写方式为 NonZero
M/m（移动命令）	M x,y 或 m x,y（例：M 150,300）	M：移动到（x,y）点，m：移动到（x_0+x, y_0+y）点
L/l（直线命令）	L x,y 或 l x,y（例：L 100,200）	L：绘制直线到（x,y）点，l：绘制直线到（x_0+x, y_0+y）点，
H/h（水平直线）	H x 或 h x（例：H 20）	H：绘制水平直线到（x, y_0）点，H：绘制水平直线到（x_0+x, y_0）点
V/v（垂直直线）	V y 或 v y（例：V 20）	V：绘制垂直直线到（x_0, y）点，V：绘制垂直直线到（x_0, y_0+y）点
A/a（椭圆弧命令）	A x_r,y_r a i j x y 或 a x_r,y_r a i j x y（例：A 10,10 0 0 0 90,50）	A：画椭圆弧到（x,y）点，椭圆弧的半径为 x_r,y_r，a 表示椭圆弧的旋转度数，当 i=1 时，表示椭圆弧线的角度应大于或等于 180 度，i=0 表示小于 180 度，j=1 表示顺时针旋转，j=0 表示逆时针旋转。a：表示画椭圆弧到（x_0+x,y_0+y）点，其他参数含义相同

续表

命令	用法	含义
C/c（贝塞尔曲线）	C/c x_1,y_1 x_2,y_2 x_3,y_3（例：C 20,30 120,100 60,80）	C：画贝塞尔曲线到(x_3,y_3)，其中两个控制点为(x_1,y_1)和(x_2,y_2)。 c：画贝塞尔曲线到(x_0+x_3, y_0+y_3)，其中两个控制点为（x_0+x_1, y_0+y_1）和（x_0+x_2, y_0+y_2）
S/s（平滑贝塞尔曲线）	S/s x_2,y_2 x_3,y_3（例：S 100,200 200,250）	S：画平滑贝塞尔曲线到（x_3,y_3），第一个控制点为前一命令的第二个控制点相对于当前点的反射，另一个控制点为（x_2,y_2）。 S：画平滑贝塞尔曲线到（x_0+x_3, x_0+y_3），第一个控制点同上，第二个控制点为（x_0+x_2, y_0+y_2）
Q/q（二次贝塞尔曲线）	Q/q x_1,y_1 x_2,y_2 （例：Q 200,150 250,300）	Q：画二次贝塞尔曲线到（x_2,y_2），控制点为（x_1,y_1）。 q：画二次贝塞尔曲线到（x_0+x_2, y_0+y_2），控制点为（x_0+x_1, y_0+y_1）
Z/z（关闭命令）	Z/z	都表示终止当前的图形并绘制一条连接当前坐标和起点坐标的直线。

6.2 画刷

在前文中，我们已经多次对对象的前景色和背景色进行了设置，如设置文本的前景色、面板的背景色等。虽然在 XAML 代码中可以使用颜色来进行设置，但事实上，在 Silverlight for Windows Phone 中，对前景色、背景色起作用的是画刷（Brush），而不是简单的颜色，只是颜色会被解析器转换为画刷，然后成为背景色、前景色的设置值。

在 Silverlight for Windows Phone 中，提供了多种类型的画刷，可供用户灵活实现各种丰富多彩的界面色彩效果。这些画刷可以分成两大类：颜色画刷和 Tile 画刷。颜色画刷包括 SolidColorBrush、LinearGradientBrush 和 RadialGradientBrush；Tile 画刷包括 ImageBrush 和 VideoBrush。

颜色画刷用于给对象填充颜色，这些颜色画刷可以设置到对象的背景和前景。SolidColorBrush 是单色实线画刷，采用单一颜色的实线填充对象。LinearGradientBrush 是线性渐变画刷，可以采用两种或两种以上的颜色构建画刷。RadialGradientBrush 是径向渐变画刷，可以采用两种或两种以上颜色构成沿半径方向渐变的画刷。ImageBrush 画刷以图片作为材料填充对象，VideoBrush 则是以播放的视频图像作为材料填充对象。应用画刷是实现丰富多彩界面效果的重要途径。

6.2.1　SolidColorBrush

SolidColorBrush 是单色实线画刷，可以将指定的颜色填充到目标区域，这是一种最常用也是最简单的画刷。在 XAML 中，经常采用以颜色填充目标区域，如背景，实际上采用的就是 SolidColorBrush。

SolidColorBrush 具有 Color 属性，可用于指定填充的颜色，颜色可以使用颜色名称字符串指定，如 Red 代表红色；也可以使用 ARGB 构成的二进制数代表的颜色，如#FFFF0000 也表示红色。在 ARGB 表示的颜色中，A 表示 alpha channel，用于控制透明程度，值越小表示越透明，0 表示完全透明、255 表示不透明度；R 为 Red，表示红色值；G 为 Green，表示绿色值；B 为 Blue，表示蓝色值，这些值取值范围为 0~255，在 XAML 代码采用二位十六进制数表示，在 VB.NET 代码中为 byte 型值，用 0~255 之间的数值表示。

如以下代码，设置 Grid 面板 ContentPanel 的背景色为 YellowGreen。

XAML 代码：SolidColorBrush1.xaml

```
<Grid x:Name="ContentPanel" Grid.Row="1" Margin="12,0,12,0" Background="YellowGreen" ></Grid>
```

也可以改由如下颜色数值表示 YellowGreen 颜色。

XAML 代码：

```
<Grid        x:Name="ContentPanel"        Grid.Row="1"        Margin="12,0,12,0" Background="#9ACD32" ></Grid>
```

系统解析编译时，会自动把上述颜色转化为 SolidColorBrush，这是通过系统的隐式转化实现的。也可直接将 SolidColorBrush 画刷作为 Grid 面板背景色的内容，如以下代码所示，同样可以实现上述效果。

XAML 代码：

```
<Grid x:Name="ContentPanel" Grid.Row="1" Margin="12,0,12,0">
        <Grid.Background>
            <SolidColorBrush Color="YellowGreen"  />
        </Grid.Background>
</Grid>
```

以下示例通过 SolidColorBrush 实现了周期性更改程序屏幕背景的应用。其中页面的 XAML 代码非常简单，去除了多余代码，只保留了一个 Grid 面板，代码如下。

XAML 代码：SolidColorBrush1.xaml

```
<Grid x:Name="ContentPanel" Grid.Row="1" Margin="12,0,12,0">
    <Grid.Background>
        <SolidColorBrush Color="YellowGreen"  />
    </Grid.Background>
</Grid>
```

程序代码调用 DispatcherTimer 实现定时执行指定的操作，操作代码定义在 Timer_Tick 子过程中。即当 i 值为 0 时，采用 Black 作为 SolidColorBrush 的颜色，i 值为 1 时，采用 Blue 作为 SolidColorBrush 的颜色，以此类推，当 i=5 时，将 i 复位为 0。这样，可以使 Grid 面板的背景色在上述 6 种颜色中循环显示。程序代码如下。

VB.NET 代码：SolidColorBrush1.xaml.vb

```
'引入名称空间，便于使用 DispatcherTimer
Imports System.Windows.Threading
Partial Public Class SolidColorBrush1
    Inherits PhoneApplicationPage
    '定义 DispatcherTimer，并使之每 1 秒重复执行
    Dim timer As New DispatcherTimer() With {.Interval =
TimeSpan.FromSeconds(1)}
    '定义 SolidColorBrush
    Dim solidColorbrush1 As SolidColorBrush
    Dim i As Integer = 0
    Public Sub New()
        InitializeComponent()
    End Sub

    Private Sub PhoneApplicationPage_Loaded(sender As System.Object, e As
System.Windows.RoutedEventArgs) Handles MyBase.Loaded
        solidColorbrush1 = New SolidColorBrush
        AddHandler timer.Tick, AddressOf Timer_Tick '绑定 timer 对象的事件句柄
        timer.Start()
    End Sub
    Private Sub Timer_Tick(sender As Object, e As EventArgs)
        Select Case i
        Case 0
```

```
                solidColorbrush1.Color = Colors.Black
        Case 1
                solidColorbrush1.Color = Colors.Blue
        Case 2
                solidColorbrush1.Color = Colors.Brown
        Case 3
                solidColorbrush1.Color = Colors.Red
        Case 4
                solidColorbrush1.Color = Colors.Green
        Case 5
                solidColorbrush1.Color = Colors.Cyan
                i = 0
        End Select
        '将 solidColorbrush1 设置为面板的背景
        Me.ContentPanel.Background = solidColorbrush1
        i = i + 1
    End Sub
End Class
```

程序执行效果如图 6-15 所示。

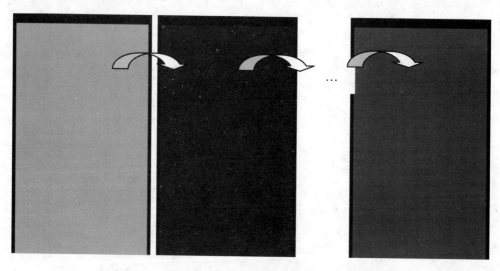

图 6-15　使用 SolidColorBrush 动态更换面板背景色

6.2.2　LinearGradientBrush

LinearGradientBrush，即线性渐变画刷，是指可以采用两种及两种以上的颜色对指定区域进行颜色填充。如果是两种颜色，则区域的起点和终点分别为这两种颜色的起点，两点连线的中点为两颜色的中间值。当使用多种颜色时，需要指定每种颜色的起点位置。由于颜色值可以采用 byte 值表示，因此，在渐变过程中，颜色值可以叠加运算从而构成一种新的颜色。

在 LinearGradientBrush 中，颜色的起点位置是相对于表面区域表示的。这个表面区域被定义为一个单位宽，一个单位高，表面区域的左上角坐标为（0,0），右下角为（1,1），这两点间的连线是一条从左上角延伸到右下角的对角线，对角线上的（0.5,0.5）即为中间点，这条对角线可以看做是颜色的轴线。如果设置左上角的颜色为（255，0，0），右下角的颜色值为（0，0，255），则左上角的颜色由左上角向右下角延伸并逐渐线性递减，到右下角时颜色值递减到最小为（0，0，0），同样右下角的颜色也逐渐线性递减到左上角到最小。颜色轴线上的每一点是这两种颜色值在该点处的叠加值，在这个表面区域中，垂直于颜色轴的直线上的颜色与对应颜色轴上点的颜色是相同的。

如图 6-16 所示，左上角颜色为 Red，右下角颜色为 Blue，与颜色轴（即 StartPoint 与 EndPoint 点的连线）垂直的直线为等色线（即线上各点颜色相同），这样中间点的颜色为 Magenta。

LinearGradientBrush 的颜色点保存在 GradientStops 属性中，这是一个 GradientStop 类对象的集合。每个颜色点即为一个 GradientStop 对象，可以通过 GradientStop 对象的 Color 属性设置颜色，Offset 属性设置点与填充区域边框线的相对位置，如 Offset=0 表示起点，Offset=1 表示终点。

以下代码，演示了通过 Offset 构建渐变画刷的使用方法。

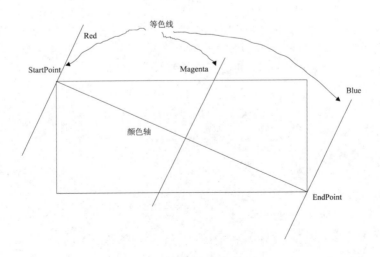

图 6-16　颜色线性渐变

XAML 代码：

```
<LinearGradientBrush>
        <GradientStop Offset="0" Color="Red"></GradientStop>
        <GradientStop Offset="1" Color="Blue"></GradientStop>
    </LinearGradientBrush>
```

LinearGradientBrush 还具有 StartPoint 和 EndPoint 属性，分别用于指定线性渐变的起止点，这两属性的不同设置值会对颜色轴的方向产生影响。其中，StartPoint 为（0,0）表示起点位于区域的左上角，EndPoint 为（1,1）表示终点位于区域的右下角，即上例中的对角线填充。如果需要水平颜色轴填充，可以将两点设置为（0,0）和（1,0），如果需要垂直方向颜色轴填充，则可以设置两点为（0,0）和（0,1）。这 3 种渐变效果如图 6-17 所示。

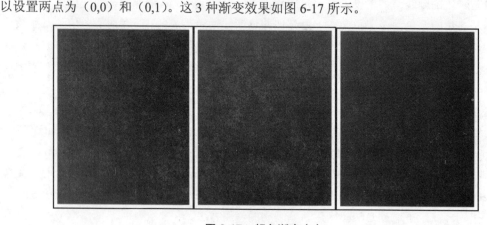

图 6-17　颜色渐变方向

（StartPoint 与 EndPoint，左：（0,0）、（1,0），中：（0,0）、（0,1），右：（0,0）、（1,1））

以下代码是多种颜色线性渐变的 LinearGradientBrush 画刷使用的例子。程序通过 VB.NET 代码，创建了 LinearGradientBrush，并将红到紫 7 种颜色点添加到 GradientStops，然后将线性渐变画刷应用到了 Grid 面板的背景，使面板呈现七彩渐变效果。程序代码如下。

VB.NET 代码：LinearGradientBrush1.xaml.vb

```
'引入 LinearGradientBrush 所在的名称空间
Imports System.Windows.Media
Partial Public Class LinearGradientBrush1
    Inherits PhoneApplicationPage

    Public Sub New()
        InitializeComponent()
```

```
    End Sub

    Private Sub PhoneApplicationPage_Loaded(sender As System.Object, e As
System.Windows.RoutedEventArgs) Handles MyBase.Loaded
        Dim lineargradientbrush As LinearGradientBrush = New
LinearGradientBrush
        '定义起止点
        lineargradientbrush.StartPoint = New Point(0, 0)
        lineargradientbrush.EndPoint = New Point(1, 1)
        '定义各种颜色的 GradientStop，并添加到 GradientStops 中
        Dim grdstp As GradientStop = New GradientStop
        grdstp.Color = Colors.Red
        grdstp.Offset = 0
        lineargradientbrush.GradientStops.Add(grdstp)
        grdstp = New GradientStop
        grdstp.Color = Colors.Orange
        grdstp.Offset = 0.17
        lineargradientbrush.GradientStops.Add(grdstp)
        grdstp = New GradientStop
        grdstp.Color = Colors.Yellow
        grdstp.Offset = 0.33
        lineargradientbrush.GradientStops.Add(grdstp)
        grdstp = New GradientStop
        grdstp.Color = Colors.Green
        grdstp.Offset = 0.5
        lineargradientbrush.GradientStops.Add(grdstp)
        grdstp = New GradientStop
        grdstp.Color = Colors.Blue
        grdstp.Offset = 0.67
        lineargradientbrush.GradientStops.Add(grdstp)
        grdstp = New GradientStop
        grdstp.Color = Colors.Cyan
        grdstp.Offset = 0.84
        lineargradientbrush.GradientStops.Add(grdstp)
```

```
        grdstp = New GradientStop
        grdstp.Color = Colors.Purple
        grdstp.Offset = 1
        lineargradientbrush.GradientStops.Add(grdstp)
        '将面板背景设置为画刷
        Me.ContentPanel.Background = lineargradientbrush
    End Sub
End Class
```

程序运行的效果如图 6-18 所示。

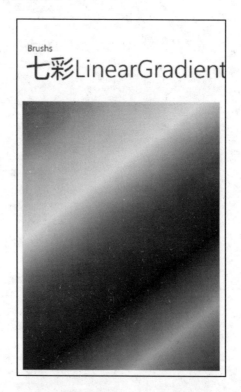

图 6-18　使用 LinearGradientBrush 实现七彩渐变画刷

6.2.3　RadialGradientBrush

RadialGradientBrush 与 LinearGradientBrush 非常类似，同样可以实现采用两种及两种以上颜色构建渐变效果的画刷，并同样具有 GradientStops 属性、GradientStop 对象，用于构建渐变。

GradientStop 对象也具有 Color 和 Offset 属性用于设置点颜色和点之间的偏移位置。

主要的区别在于 RadialGradientBrush 的渐变方向是径向的，即渐变颜色填充的效果是椭圆形效果。颜色轴呈放射状，可以看做是从椭圆圆心向四周发散的射线。椭圆圆心由 Center 属性确定，默认值为（0.5,0.5）即填充区域的中心，椭圆范围由属性 RadiusX 和 RadiusY 确定。同色线可以看做是经过颜色点的椭圆，Offset 可以设置各颜色点偏离 Center 的距离，Offset=0 为圆心位置，Offset=1 为椭圆圆周位置。

RadialGradientBrush 还有一个属性 GradientOrigin，用于指定渐变线的起点，即由中心向外放射的颜色轴的起点。不难理解当 GradientOrigin 与 Center 不在同一点时，放射的颜色轴会出现偏心现象，默认情况下，GradientOrigin 与 Center 设置在同一点，即都为（0.5,0.5）。如图 6-19 所示显示了当 GradientOrigin、Center 和 RadiusX、RadiusY 取不同值时，RadialGradientBrush 渐变椭圆的效果。

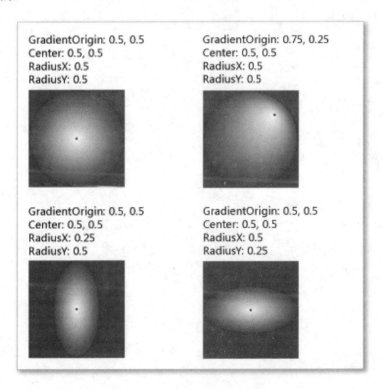

图 6-19 渐变椭圆的位置与效果

图 6-19 中，左上图的 GradientOrigin 与 Center 位置相同，RadiusX 与 RadiusY 相同。因此，渐变椭圆是圆形；右上图，GradientOrigin 与 Center 位置出现偏差，渐变椭圆类似一个离心的椭

圆。下侧两图，GradientOrigin 与 Center 位置相同，RadiusX 与 RadiusY 不同，渐变椭圆是扁平的椭圆。

以下示例，采用 RadialGradientBrush 实现了类似围棋棋子的效果，程序的 XAML 代码如下。执行效果如图 6-20 所示。

```
XAML 代码：RadialGradientBrush1.xaml
<Grid x:Name="ContentPanel" Grid.Row="1" Margin="12,0,12,0"
Background="#FFE5CD5E">
        <Ellipse Width="160" Height="160" Stroke="Black" StrokeThickness=
"2" Margin="145,28,151,428">
            <Ellipse.Fill>
                <RadialGradientBrush GradientOrigin="0.75,0.25"
Center="0.5,0.5" RadiusX="0.5" RadiusY="0.5">
                    <GradientStop Color="White" Offset="0" />
                    <GradientStop Color="Black" Offset="1" />
                </RadialGradientBrush>
            </Ellipse.Fill>
        </Ellipse>

        <Ellipse Width="160" Height="160" Stroke="White" StrokeThickness=
"1" Margin="145,128,151,128">
            <Ellipse.Fill>
                <RadialGradientBrush GradientOrigin="0.25,0.25" Center=
"0.5,0.5" RadiusX="0.45" RadiusY="0.5">
                    <GradientStop Color="White" Offset="1" />
                    <GradientStop Color="Gray" Offset="0" />
                </RadialGradientBrush>
            </Ellipse.Fill>
        </Ellipse>
    </Grid>
```

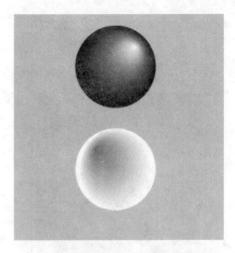

图 6-20 使用 RadialGradientBrush

6.2.4 ImageBrush 与 VideoBrush

ImageBrush 用于在指定区域内填充指定的图片。因此，ImageBrush 比较适合用在需要使用图片填充背景、轮廓等场合。

ImageBrush 用来填充的图片由 ImageSource 属性指定，图片文件的格式可以是 JPEG 和 PNG。在默认情况下，ImageBrush 会将图片填满整个待填充的区域，如果需要调整可以通过 Stretch 属性的取值进行设置。Stretch 的取值与 Image 控件中的 Stretch 取值是相同的，也是 Stretch 的枚举值，包括 None、Fill、Uniform 和 UniformToFill。

如以下代码，将 ImageBrush 画刷填充到了 Grid 面板的背景，使面板具有背景图片。

XAML 代码：ImageBrush1.xaml

```xaml
<Grid x:Name="ContentPanel" Grid.Row="1" Margin="12,0,12,0">
    <Grid.Background>
      <ImageBrush ImageSource="Desert.jpg" Stretch="UniformToFill" />
    </Grid.Background>
</Grid>
```

程序执行效果如图 6-21 所示。

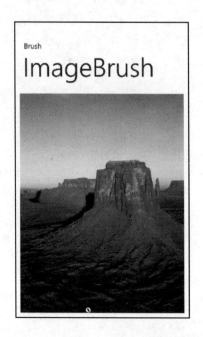

图 6-21　使用 ImageBrush 填充背景

　　VideoBrush 是一种较为特殊的画刷。与其他画刷不同，VideoBrush 采用视频内容来填充指定的区域，可填充区域同样可以是各种对象的背景、轮廓与前景等。所用视频由 MediaElement 控件提供，VideoBrush 的 SourceName 属性可以指定对应的 MediaElement 控件的名称，Stretch 属性可用于指定视频在被填充对象中的拉伸方式，包含 None、Stretch、Uniform 和 UniformToFill 4 种取值，除 Stretch 与 Fill 对应外，其他与 ImageBrush 中 Stretch 属性的同名取值的含义是相同的。

　　VideoBrush 与 MediaElement 控件的关系如图 6-22 所示。即 MediaElement 载入视频或音频，播放并将当前帧传送给 VideoBrush，然后呈现在 VideoBrush 填充的区域上。这样，如果在程序中对 MediaElement 的播放进行干预，这种干预也会反映在 VideoBrush 的填充效果上。

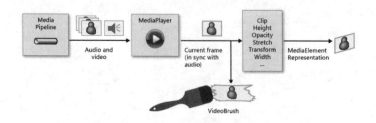

图 6-22　VideoBrush 与 MediaElement 控件的关系

如以下代码，将某一视频通过 VideoBrush 填充到 TexkBlock 的前景上，这样 TexkBlock 文字会呈现动态视频的效果。程序的 XAML 代码如下。

XAML 代码：VideoBrush1.xaml

```
<Grid x:Name="ContentPanel" Grid.Row="1" Margin="12,0,12,0">
        <MediaElement x:Name="MediaElement1" Source="The_Next_Release_
of_Windows_Phone.mp4" IsMuted="True" IsHitTestVisible="False" AutoPlay="True
" Opacity="0" />
        <TextBlock Height="173" HorizontalAlignment="Left" Margin="24,3
3,0,0" Name="TextBlock1" Text="VideoBrush" VerticalAlignment="Top" Width="65
9" FontSize="130" FontFamily="Segoe WP">
        <TextBlock.Foreground>
            <VideoBrush SourceName="MediaElement1" Stretch=
"UniformToFill" />
        </TextBlock.Foreground>
        </TextBlock>
    </Grid>
```

由于程序执行时，MediaElement 控件会播放视频，这样可能会干扰 VideoBrush 的效果。因此，将 MediaElement 控件的 Opacity 属性设置为 0，即透明，相当于隐藏不显示。为了让程序执行后，MediaElement 控件自动播放指定的文件，需要将 AutoPlay 属性设置为 True。

程序执行的效果如图 6-23 所示。

图 6-23 使用 VideoBrush

6.3 ——变换

变换（Transform）可以将对象从一种位置转换到另一位置，从当前尺寸变换为另一尺寸，甚至还可以实现对象的旋转与扭曲。因此，应用变换可以使应用程序中的对象更具动感，也是实现界面特殊效果的重要手段。

Silverlight for Windows Phone 提供的变换包括两大类，基本变换方式和复杂变换方式。基本变换方式包括 RotateTransform、 ScaleTransform、SkewTransform 和 TranslateTransform，复杂变换方式包括 CompositeTransform、TransformGroup 和 MatrixTransform。这些变换方式可以设置到对象的 RenderTransform 属性。

- RotateTransform，根据设定的角度和中心点旋转对象。
- ScaleTransform，根据指定的 ScaleX 和 ScaleY 值缩放对象。
- SkewTransform，根据指定的 AngleX 和 AngleY 值使对象发生扭曲变换。
- TranslateTransform，根据指定的 X 和 Y 平移对象。
- CompositeTransform，复合变换，可以将多种变换效果组合到一起实现一种复杂的变换效果。
- TransformGroup，与 CompositeTransform 类似，也是组合变换，但是使用时需要将每种变换的代码写完整后，再组合起来，代码会比 CompositeTransform 长。
- MatrixTransform，是一种基于矩阵数据的底层的变换方式，可以将变换效果以矩阵数据的形式呈现，处理并完成各种变换效果。MatrixTransform 可以实现上述任一种变换或多种变换的复合效果。

以下介绍几种常用的变换方式及实现过程。

6.3.1 RotateTransform

RotateTransform，即旋转变换，可以根据以下 3 个属性的值来变换对象：

- Angle，旋转的角度，单位为度，默认值为 0 度。
- CenterX，旋转中心的 X 轴坐标值，默认为 0。
- CenterY，旋转中心的 Y 轴坐标值，默认为 0。

当 CenterX 和 CenterY 取值点为 (0,0)，即默认点时，表示旋转变换中心位于对象的左上角，旋转方向为顺时针方向。

以下示例，通过两个矩形演示了 RotateTransform 的应用。程序中右侧矩形表示变换前矩形的位置，左侧为旋转转换 60 度后的位置。

XAML 代码：RotateTransform1.xaml

```
<Grid x:Name="ContentPanel" Grid.Row="1" Margin="12,0,12,0">
        <Rectangle Width="100" Height="100" Fill="Yellow" Stroke="Red"
StrokeThickness="3" VerticalAlignment="Center"  HorizontalAlignment="Center"
></Rectangle>
        <Rectangle Width="100" Height="100" Fill="Yellow" Stroke="Red"
StrokeThickness="3" VerticalAlignment="Center" HorizontalAlignment="Center" >
            <Rectangle.RenderTransform>
                <RotateTransform Angle="60" CenterX="0" CenterY="0">
</RotateTransform>
            </Rectangle.RenderTransform>
        </Rectangle>
    </Grid>
```

程序执行效果如图 6-24 所示。从中可以发现，在设置旋转变换中心点为（0,0）时，旋转的中心点在矩形的左上角。

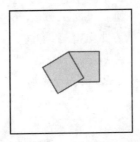

图 6-24　使用 RotateTransform（旋转中心默认（0,0））

在有些时候，可能需要移动旋转中心点的位置，而不是默认的左上角。这时可以通过设置 CenterX 和 CenterY 的值来实现，如可以将上例中的 CenterX 和 CenterY 分别设置为 50 和 50，这样旋转变换的中心点会移动到矩形的中心，如图 6-25 所示。

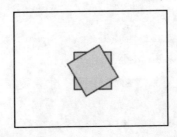

图 6-25　使用 RotateTransform（旋转中心为（50,50））

219

6.3.2 ScaleTransform

ScaleTransform，即缩放变换，可以在水平、垂直或者水平垂直两方向同时扩大或缩小一个对象。ScaleTransform 变换与以下 4 个属性的取值有关：

- ScaleX，对象宽度的变换参数，默认值为 1。当取值为 2 时，表示拉伸对象的宽度为原来的 2 倍，取值为 0.5 时，表示收缩对象的宽度为原来的 1/2。
- ScaleY，对象高度的变换参数，默认值为 1。含义与 ScaleX 相同，只是影响的是对象的高度。
- CenterX，缩放中心的 X 轴位置，默认值为 0。
- CenterY，缩放中心的 Y 轴位置，默认值为 0。

当 CenterX 与 CenterY 取值都为 0 时，表示缩放中心为对象的左上角，缩放时保持对象左上点位置不变。因此，当 CenterX 与 CenterY 取值不为 0 时，缩放变换的对象会产生位置的移动。

以上示例创建了 4 个矩形，第一组两个矩形是在 CenterX 与 CenterY 保持默认值时，在第二个矩形中使用 ScaleTransform 变换的结果；第二组两个矩形是 CenterX 与 CenterY 取值移动到矩形中心点时，在第二个矩形中使用 ScaleTransform 变换的结果。非常明显，第一组 ScaleTransform 变换的矩形保持原点为左上角，然后垂直向下和水平向右放大，如果是缩小的话，方向与此相反。第二组矩形则保持中心点在矩形中央，然后向四周放大，如果是缩小的话，是从四周向矩形中心点缩小（图中呈虚线显示的为原矩形，与变换矩形对照用）。

此例程序的 XAML 代码如下。

```xaml
XAML 代码: ScaleTransform1.xaml
<Grid x:Name="ContentPanel" Grid.Row="1" Margin="12,0,12,0">
        <Grid.RowDefinitions>
            <RowDefinition Height="50*" />
            <RowDefinition Height="50*" />
        </Grid.RowDefinitions>
        <Rectangle Width="100" Height="100" Fill="Yellow" Stroke="Red"
StrokeThickness="1" VerticalAlignment="Center" HorizontalAlignment="Center" >
            <Rectangle.RenderTransform>
                <ScaleTransform CenterX="0" CenterY="0" ScaleX="2"
ScaleY="2" ></ScaleTransform>
            </Rectangle.RenderTransform>
        </Rectangle>
```

```
        <Rectangle Width="100" Height="100" Fill="Yellow" Stroke="Red"
StrokeThickness="1" VerticalAlignment="Center" HorizontalAlignment="Center"
StrokeDashArray="1 1" ></Rectangle>

        <Rectangle Grid.Row="1" Width="100" Height="100" Fill="Yellow"
Stroke="Red" StrokeThickness="1" VerticalAlignment="Center" HorizontalAlignment=
"Center" >
            <Rectangle.RenderTransform>
                <ScaleTransform ScaleX="2" ScaleY="2" CenterX="50"
CenterY="50"></ScaleTransform>
            </Rectangle.RenderTransform>
        </Rectangle>
        <Rectangle Grid.Row="1" Width="100" Height="100" Fill="Yellow"
Stroke="Red" StrokeThickness="1" VerticalAlignment="Center" HorizontalAlignment=
"Center"  StrokeDashArray="1 1"></Rectangle>
        </Grid>
```

程序执行效果如图 6-26 所示。

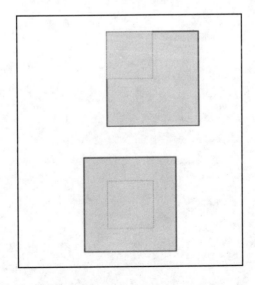

图 6-26　使用 ScaleTransform 缩放图形（缩放中心，上图（0,0），下图（50,50））

6.3.3 SkewTransform

SkewTransform，即扭曲变换，可以将对象从水平、垂直或同时从水平和垂直方向发生扭曲变换。SkewTransform 变换效果与以下 4 个属性的取值有关：

- AngleX，X 轴方向倾斜的角度，默认值为 0。
- AngleY，Y 轴方向倾斜的角度，默认值为 0。
- CenterX，扭曲中心的 X 轴位置，默认值为 0。
- CenterY，扭曲中心的 Y 轴位置，默认值为 0。

因此，与上述两种变换情况相类似，当扭曲中心位置不同时，会得到不同的变换效果。

以下示例创建了三组矩形。第一组矩形的扭曲中心位于（0,0），第二组与第三组的扭曲中心都位于（50,50），即矩形的中心。每组矩形中以虚线表示的矩形为扭曲变换前的矩形，用于对照。从示例中不难发现，扭曲变换得到的矩形不仅跟扭曲角度有关，还跟扭曲中心的位置有关。

程序的 XAML 代码如下。

```
XAML 代码：SkewTransform1.xaml
<Grid x:Name="ContentPanel" Grid.Row="1" Margin="12,0,12,0">
        <Grid.RowDefinitions>
            <RowDefinition Height="*" />
            <RowDefinition Height="*" />
            <RowDefinition Height="*" />
        </Grid.RowDefinitions>
        <Rectangle Width="100" Height="100" Stroke="Blue" StrokeThickness="2" VerticalAlignment="Center" HorizontalAlignment="Center" >
            <Rectangle.RenderTransform>
                <SkewTransform CenterX="0" CenterY="0" AngleX="45" AngleY="0" />
            </Rectangle.RenderTransform>
        </Rectangle>
        <Rectangle Width="100" Height="100" Stroke="Blue" StrokeThickness="2" VerticalAlignment="Center" HorizontalAlignment="Center" StrokeDashArray="1 3" ></Rectangle>

        <Rectangle Grid.Row="1" Width="100" Height="100" Stroke="Blue"
```

```
StrokeThickness="2" VerticalAlignment="Center" HorizontalAlignment="Center" >
            <Rectangle.RenderTransform>
                <SkewTransform  CenterX="50"  CenterY="50"  AngleX="45"
AngleY="0" />
            </Rectangle.RenderTransform>
        </Rectangle>
        <Rectangle Grid.Row="1" Width="100" Height="100" Stroke="Blue"
StrokeThickness="2" VerticalAlignment="Center" HorizontalAlignment="Center"
StrokeDashArray="1 3" ></Rectangle>
        <Rectangle Grid.Row="2" Width="100" Height="100" Stroke="Blue"
StrokeThickness="2" VerticalAlignment="Center" HorizontalAlignment="Center">
            <Rectangle.RenderTransform>
                <SkewTransform CenterX="50" CenterY="50" AngleX="0"
AngleY="45" />
            </Rectangle.RenderTransform>
        </Rectangle>
        <Rectangle Grid.Row="2" Width="100" Height="100" Stroke="Blue"
StrokeThickness="2" VerticalAlignment="Center" HorizontalAlignment="Center"
StrokeDashArray="1 3" ></Rectangle>
    </Grid>
```

程序执行效果如图 6-27 所示。

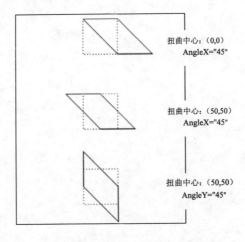

图 6-27　使用 SkewTransform 变换

6.3.4 TranslateTransform

TranslateTransform，即平移变换，即可以将对象从一个位置平移到另一个位置。因此，这种变换与严格意义上的使对象形状发生变化是不相同的。平移变换效果与以下两属性的取值有关：

- X，对象在 X 轴方向移动的量，默认值为 0，表示不移动。
- Y，对象在 Y 轴方向移动的量，默认值为 0，表示不移动。

X,Y 的取值可以为正，表示向下或者向右平移；也可以为负，表示向上或者向左平移。

以下示例创建了 5 个圆形，其中居中的虚线表示的圆为原始圆形，其他 4 个圆形分别通过 TranslateTransform 变换产生，平移的区别主要在于 X、Y 平移量的不同。

程序的 XAML 代码如下，程序运行的效果如图 6-28 所示。

XAML 代码：TranslateTransform1.xaml

```xml
<Grid x:Name="ContentPanel" Grid.Row="1" Margin="12,0,12,0">
        <Ellipse Width="100" Height="100" Stroke="Blue" StrokeThickness=
"2" VerticalAlignment="Center" HorizontalAlignment="Center" >
            <Ellipse.RenderTransform>
                <TranslateTransform X="60" />
            </Ellipse.RenderTransform>
        </Ellipse>
        <Ellipse Width="100" Height="100" Stroke="Blue" StrokeThickness="2"
VerticalAlignment="Center" HorizontalAlignment="Center" >
            <Ellipse.RenderTransform>
                <TranslateTransform Y="60" />
            </Ellipse.RenderTransform>
        </Ellipse>
        <Ellipse Width="100" Height="100" Stroke="Blue" StrokeThickness="2"
VerticalAlignment="Center" HorizontalAlignment="Center" >
            <Ellipse.RenderTransform>
                <TranslateTransform Y="-60" />
            </Ellipse.RenderTransform>
        </Ellipse>
        <Ellipse Width="100" Height="100" Stroke="Blue" StrokeThickness="2"
VerticalAlignment="Center" HorizontalAlignment="Center" >
```

```
        <Ellipse.RenderTransform>
            <TranslateTransform X="-60" />
        </Ellipse.RenderTransform>
    </Ellipse>
    <Ellipse Width="100" Height="100" Stroke="Black" StrokeThickness="2"
VerticalAlignment="Center" HorizontalAlignment="Center"  StrokeDashArray=
"1 3" ></Ellipse>
    </Grid>
```

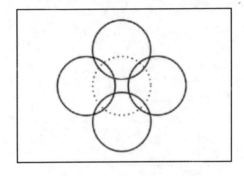

图 6-28　使用 TranslateTransform

6.3.5　复合变换

实现复合变换的方式有 CompositeTransform、TransformGroup 和 MatrixTransform 3 种。前两种较为相似，都是将两种或两种以上的变换方式复合到一起，形成复杂变换效果，不同之处在于两者的语法不同。

如以下实例是采用 CompositeTransform 实现的复合变换。以虚线表示原矩形，经 X 轴扭曲变换 30 度、顺时针旋转 45 度、宽度与高度缩放变换为原来 0.8 之后，得到复合变换后的矩形。

程序的 XAML 代码如下。

XAML 代码：`CompositeTransform1.xaml`
```
<Grid x:Name="ContentPanel" Grid.Row="1" Margin="12,0,12,0">
        <Rectangle Width="100" Height="100"  Stroke="Blue"  StrokeThickness="2"
VerticalAlignment="Center" HorizontalAlignment="Center" >
        <Rectangle.RenderTransform>
            <CompositeTransform SkewX="30" Rotation="45" ScaleX="0.8"
ScaleY="0.8" />
```

```
        </Rectangle.RenderTransform>
      </Rectangle>
      <Rectangle Width="100" Height="100" Stroke="Blue" StrokeThickness="2"
VerticalAlignment="Center" HorizontalAlignment="Center"    StrokeDashArray="1
3" ></Rectangle>
    </Grid>
```

程序执行效果如图 6-29 所示。

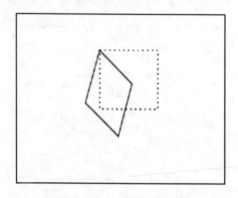

图 6-29　使用 CompositeTransform 实现复合变换

如果采用 TransformGroup 实现同样效果的变换，需要如下 XAML 代码。不难发现，TransformGroup 是将每种变换的完整代码，按照顺序排列然后复合在一起实现复合变换。这种排列顺序也成为 TransformGroup 复合变换过程中各种变换执行的顺序。

XAML 代码：TransformGroup1.xaml

```
<Grid x:Name="ContentPanel" Grid.Row="1" Margin="12,0,12,0">
      <Rectangle Width="100" Height="100"  Stroke="Blue"
StrokeThickness="2" VerticalAlignment="Center" HorizontalAlignment="Center" >
        <Rectangle.RenderTransform>
          <TransformGroup>
            <ScaleTransform ScaleX="0.8" ScaleY="0.8" />
            <SkewTransform AngleX="30" />
            <RotateTransform Angle="45" />
          </TransformGroup>
        </Rectangle.RenderTransform>
      </Rectangle>
```

```
            <Rectangle Width="100" Height="100" Stroke="Blue"
StrokeThickness="2" VerticalAlignment="Center"
HorizontalAlignment="Center"  StrokeDashArray="1 3" ></Rectangle>
        </Grid>
```

从上述两实例中可以看出，CompositeTransform 实现复合变换的代码比 TransformGroup 简洁。事实上，CompositeTransform 执行多种变换的顺序会进行一定的优化，可以提高变换实现的效率。

在 CompositeTransform 中，用于代表各种变换的属性及含义如下：

● CenterX，旋转变换中心的 X 轴坐标。

● CenterY，旋转变换中心的 Y 轴坐标。

● Rotation，顺时针旋转角度。

● ScaleX， 缩放变换时，X 轴方向上的缩放比例。

● ScaleY，缩放变换时，Y 轴方向上的缩放比例。

● SkewX，扭曲变换时，X 轴扭曲角度。

● SkewY，扭曲变换时，Y 轴扭曲角度。

● TranslateX，平移变换时，X 轴方向上的平移距离。

● TranslateY，平移变换时，Y 轴方向上的平移距离。

MatrixTransform 也可以实现复合变换，但其实现更为底层，主要是通过点的矩阵变换来实现对象的复合变换的。如上述 TranslateTransform、SkewTransform 等常用的基本变换都可以通过点的矩阵变换来实现。

MatrixTransform 具有一个 Matrix 属性，这是一个 System.Windows.Media. Matrix 型的对象，这是一个 3×3 的矩阵，如下式所示。

$$\begin{bmatrix} M11 & M12 & 0 \\ M21 & M22 & 0 \\ OffsetX & OffsetY & 1 \end{bmatrix}$$

其中，最右侧列是常数列保持不变；{ M11, M12, M21, M22}构成一个矩阵 A，用于坐标的变换，可用于指示旋转、缩放等线性变换，{ OffesetX,OffsetY }构成平移向量 O，用于坐标的平移，可用于指示平移变换。

例如，某一对象中的某一点原坐标为（X_0,Y_0），经变换得到的点坐标为（X',Y'），则变换的公式为：

$$X' = X_0 \times M11 + Y_0 \times M21 + OffsetX$$
$$Y' = X_0 \times M12 + Y_0 \times M22 + OffsetY$$

如以下示例，采用 MatrixTransform 实现了矩形的复合变换。程序的 XAML 代码如下。

XAML 代码：MatrixTransform1.xaml

```
<Grid x:Name="ContentPanel" Grid.Row="1" Margin="12,0,12,0">
        <Rectangle Width="100" Height="100" Stroke="Blue" StrokeThickness="3"
VerticalAlignment="Center" HorizontalAlignment="Center" StrokeDashArray="1
3"></Rectangle>
        <Rectangle Width="100" Height="100" Stroke="Blue" StrokeThickness="3"
VerticalAlignment="Center" HorizontalAlignment="Center" >
            <Rectangle.RenderTransform>
                <MatrixTransform>
                    <MatrixTransform.Matrix>
                        <Matrix  M11="1"  M12="0.3"  M21="0.3"  M22="0.8"
OffsetX="10" OffsetY="20"/>
                    </MatrixTransform.Matrix>
                </MatrixTransform>
            </Rectangle.RenderTransform>
        </Rectangle>
        </Grid>
```

程序执行效果如图 6-30 所示。

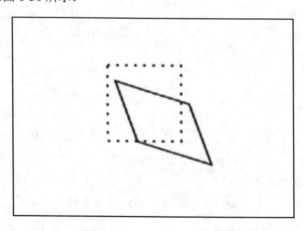

图 6-30　使用 MatrixTransform 实现复合变换

6.4 动画

动画是应用程序中实现对象连续变换和动态变化的有效途径。在应用程序中使用动画可以极大地提高用户使用体验，很多界面效果好的应用程序一般都会带有动画效果。但过多地使用动画也可能会损害应用程序本身的功能体验，因此，动画虽好，但也必须适度。

Silverlight for Windows Phone 也为应用程序实现动画提供了很多且有效的类和对象，使动画的实现更加容易和简便。实际上，在 Silverlight for Windows Phone 中，动画主要是通过改变特定对象的特定属性的取值来实现的。例如，修改图像的 Opacity 属性，使之在一定的时间内从 1~0 或者从 0~1 动态变化，就可以实现图像渐进渐出的效果。在这一过程中，Opacity 属性就成为了动画的目标，Silverlight for Windows Phone 要求动画目标（特指对象属性）必须是依赖属性（Dependency Property）。

Silverlight for Windows Phone 提供的用于实现动画的对象和类数量众多，超过 50 个，这些类封装在 System.Windows.Media.Animation 名称空间中。根据所针对的动画目标属性不同，这些动画类可以分为 Double、Color、Point 和 Object 四大类。

- Double 动画，是 Silverlight for Windows Phone 应用最广泛的一类动画。因为 Silverlight for Windows Phone 中很多对象都具有多个 Double 型的属性，如 Opacity、Canvas.Left、Canvas.Top、Height、Width 等属性；还有各种对象的变换方式，也都具有 Double 型属性，如 X、Y、ScaleX、ScaleY、Angle 等，这为 Double 类动画的应用提供了广泛的基础。

- Color 动画，此类动画主要用于画刷类动画。如在某些使用 SolidColorBrush 画刷的对象背景上，可以通过 Color 动画实现动态更换这些 SolidColorBrush 画刷的颜色值，使背景呈现动态变换。Color 动画，还可以应用到 LinearGradientBrush、RadialGradientBrush 等画刷对象。

- Point 动画，一般使用在几何图形的变形中。几何图形是由点构成，点的位置坐标确定了几何图形的位置与形状，Point 动画为点坐标的动态改变提供了便捷的条件。但 Point 动画也可以通过 Double 动画实现，即将点坐标的 X、Y 值看做是 Double 型的值，通过动态改变 X、Y 值实现点位置的动态效果。另外，Point 动画还可以应用到画刷中，如通过动态改变 LinearGradientBrush 的 StartPoint 和 EndPoint 位置，实现线性渐变画刷的动画。

- Object 动画，是指除上述三种类型之外的其他各种动画类型。

Silverlight for Windows Phone 还提供了 StoryBorad（故事板），可以容纳一个或多个动画对象，然后可以将其中的动画对象应用到多个程序对象中。这样，通过 StoryBorad 一方面可以提高动画管理的效率，另一方面也为动画效果的重用性提供了基础。

另外，Silverlight for Windows Phone 中，还可以根据实现方式的不同，分为时间线动画和关键帧动画。时间线动画，是指动画效果在某一持续时间内连续渐变；关键帧动画虽然也在某一时间内变化，但是变化的内容是在事先设定的关键帧之间变化。

本节介绍 Silverlight for Windows Phone 中常用动画类的基本应用与实现。

6.4.1　时间线动画

Double、Color、Point 和 Object 等动画类都可以实现时间线动画。下面以 Double 动画为例，说明时间线（TimeLine）动画的创建与应用。

DoubleAnimation 是实现 Double 动画的类。本例中，通过动态改变图像控件 Image 的 Opacity 属性值从 1~0 的连续变化，实现了图像渐进渐出的效果。

程序的 XAML 代码由两部分组成，一是添加在名称为 ContentPanel 的 Grid 面板中的 Image，另一部分是添加在页面资源中的动画代码。详细代码如下。

```
XAML 代码：Animation1.xaml
<phone:PhoneApplicationPage
    x:Class="ShapeAndAnimation.Animation1"
    …
    shell:SystemTray.IsVisible="True">
    <phone:PhoneApplicationPage.Resources>
        <Storyboard x:Name="DoubleAnimationStoryboard" Storyboard.TargetName=
"Image1"
            Storyboard.TargetProperty="Opacity">
            <DoubleAnimation From="1" To="0" Duration="0:0:10" AutoReverse=
"True"
                RepeatBehavior="Forever">
                <DoubleAnimation.EasingFunction>
                    <QuarticEase></QuarticEase>
                </DoubleAnimation.EasingFunction>
            </DoubleAnimation>
        </Storyboard>
    </phone:PhoneApplicationPage.Resources>

    …
```

```
        <Grid x:Name="ContentPanel" Grid.Row="1" Margin="12,0,12,12">
            <Image Source="Desert.jpg" Name="Image1"></Image>
        </Grid>
    </Grid>
</phone:PhoneApplicationPage>
```

在程序代码中，需要启动动画，才能实现动画效果，相应的代码如下。程序执行效果如图 6-31 所示。

XAML 代码：Animation1.xaml.vb

```
Private Sub PhoneApplicationPage_Loaded(sender As System.Object, e As
System.Windows.RoutedEventArgs) Handles MyBase.Loaded
        Me.DoubleAnimationStoryboard.Begin()
End Sub
```

图 6-31　使用 DoubleAnimation 实现图像渐进渐出动画

DoubleAnimation 类对象被添加在 Storyboard 中。Storyboard 的属性 TargetName 用于指定动画应用的目标对象，此处是指 Image 控件，TargetProperty 指定了目标的属性，此处为 Opacity，组合起来就是动画应用到了 Image 控件的 Opacity 属性。

DoubleAnimation 类中，包含了多个属性参数，这些属性的含义如下：

- From，用于指定被动态改变的属性（此处为 Opacity）的起始值。这一属性具有强制性，即如果在设置 From=1，当前 Opacity 的值不等于 1 时，如 Opacity=0.8，DoubleAnimation 会先将 Opacity 设置为 1，然后再开始动画。这也是一个可选属性，如果不进行显式设置，则动画会从当前的 Opacity 值直接开始。
- To，用于指定 Opacity 属性动态改变的最终值。
- By，与 To 类似用于指定目标属性动态改变的最终值。不同的是，使用 By 时，最终值为 From+By，如 From=100，By=20，最终值不是 20 时，而是 120。
- Duration，用于指定变化持续的时间。这是一个时间格式的值，此例中的格式为"时：分：秒"，即为 10 秒，表示动画将 Opacity 的值从 1 改为 0 的持续时间为 10 秒。也是一次动画的时间，这也是被称时间线动画的原因之一。
- AutoReverse，用于设置动画周期变化的行为。设置为 True 表示一个周期的动画完成后，自动将 Opacity 从 To 值回复到 From 设置值或回复到动画前的值（如果 From 未设定）。设置为 False 表示不回复，即一次动画执行完毕后会保持在 To 设置值状态。
- RepeatBehavior，用于设置动画是否循环执行。设置为 Forever 表示一个周期的动画完成后，自动重新开始一个新的动画，周而复始，直到用户用其他方式干预执行。默认状态时动画只执行一次，不循环。这个值还可以设置为 timespan 值，此时，动画会根据每次持续的时间 Duration，计算执行的次数；也可以为 2x 等字符串值，2x 表示执行 2 次，0.5x 表示执行半次，由此，不难发现默认值实际是 1x。

DoubleAnimation 动画还有一个非常重要的属性 EasingFunction，此属性用于设定在动画过程中，被动态改变的属性值（此例为 Opacity）的插值算法。如此例中，Opacity 从 1 变为 0，DoubleAnimation 默认中间变化过程的插值算法是线性的，这样当时间执行 5 秒后，Opacity 变为 0.5，当时间执行 7 秒后，Opacity 变为 0.7，即 Opacity 与时间的变化是线性的。在很多场合，这种线性变化可以满足应用需要，但也有些场合可能需要更多的插值算法。因此，DoubleAnimation 动画中，还提供了 11 种插值方式，丰富了动画执行的效果。这些插值方式的含义如下。

- BackEase，在执行下一进度前，将动画值略微后退偏离目标值，BackEase 的 Amplitude 属性用于控制偏离值的范围，默认值为 1。
- BounceEase，创建一种反弹效果。BounceEase 有两个属性用于控制反弹效果，Bounces 用于控制在动画过程中反弹的次数，默认值为 3；Bounciness 用于控制每次反弹与前一次反弹间的偏离值，默认值为 2。
- CircleEase，创建一种基于加速（在 EaseIn 阶段）和/或减速（在 EaseOut 阶段）的循环效果。
- ElasticEase，创建一种振荡效果。类似于 BounceEase，也有两个属性用于控制振荡效果，其中 Oscillations，用于控制在动画过程中振荡的次数，默认值为 3；Springiness 用于控制振荡偏离的范围，默认值为 3。

- CubicEase，依据算法 $f(t) = t^3$，创建一种加速和/或减速的动画效果。
- ExponentialEase，依据指数算法，创建一种加速和/或减速的动画效果。
- PowerEase，依据算法 $f(t) = tp$，创建一种加速和/或减速的动画效果，p 值由属性 Power 指定。
- QuadraticEase，依据算法 $f(t) = t2$，创建一种加速和/或减速的动画效果。
- QuarticEase，依据算法 $f(t) = t4$，创建一种加速和/或减速的动画效果。
- QuinticEase，依据算法 $f(t) = t5$，创建一种加速和/或减速的动画效果。
- SineEase，依据正弦算法 $f(t) = sin(t)$，创建一种加速和/或减速的动画效果。

每种插值方式还有 3 种不同的模式，这些模式由属性 EasingMode 指定，包括 EaseIn、EaseOut 或 EaseInOut。各种插值方式在 3 种模式中形成的效果如图 6-32 所示。

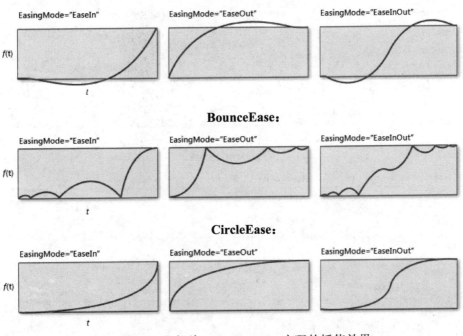

图6-32　各种EasingFunction实现的插值效果

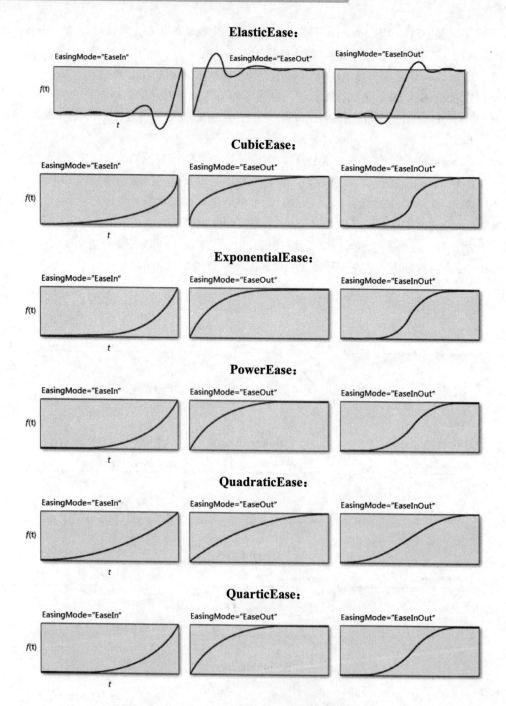

图 6-32　各种 EasingFunction 实现的插值效果（续）

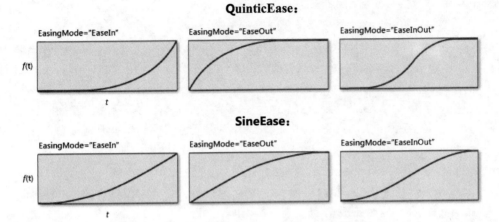

图 6-32 各种 EasingFunction 实现的插值效果（续）

动画启动可以在程序代码中实现，即上例调用 Storyboard 的 Begin 方法可以启动动画；还可以通过代码停止和暂停动画，代码分别如下，这也为用户与动画之间实现交互提供了基础。

停止动画播放的代码：

```
Me.DoubleAnimationStoryboard.Stop()
```

暂停动画播放的代码：

```
Me.DoubleAnimationStoryboard.Pause()
```

相应的恢复动画播放的代码：

```
Me.DoubleAnimationStoryboard.Resume()
```

动画播放除了可以在程序代码中实现外，还可以使用对象事件触发器来触发。如当面板载入时触发启动动画，使用的是面板的 Loaded 事件。以下示例，采用事件触发器启动动画实现了椭圆动态放大和旋转的应用，放大和旋转采用 ScaleTransform 和 RotateTransform 变形，动画使这两种变换具有连续变化的效果。

```
XAML 代码：Animation2.xaml
    <Grid x:Name="ContentPanel" Grid.Row="1" Margin="12,0,12,0">
        <StackPanel Margin="15" VerticalAlignment="Center" HorizontalAlignment=
"Center">
            <Rectangle Width="50" Height="50" Fill="RoyalBlue" >
            <Rectangle.Triggers>
                <EventTrigger RoutedEvent="Rectangle.Loaded">
```

```
                <BeginStoryboard>
                    <Storyboard x:Name="myStoryboard">
                    <DoubleAnimation Storyboard.TargetName="myTransform"
        Storyboard.TargetProperty="Angle" From="0" To="360" Duration="0:0:5"
        RepeatBehavior="Forever" AutoReverse="True" />
                        <DoubleAnimation Storyboard.TargetName="ScaleTransform"
        Storyboard.TargetProperty="ScaleX" To="4" Duration="0:0:5" RepeatBehavior=
"Forever" AutoReverse="True"/>
                        <DoubleAnimation Storyboard.TargetName="ScaleTransform"
        Storyboard.TargetProperty="ScaleY" To="4" Duration="0:0:5" RepeatBehavior=
"Forever" AutoReverse="True" />
                    </Storyboard>
                </BeginStoryboard>
            </EventTrigger>
          </Rectangle.Triggers>
        <Rectangle.RenderTransform>
        <TransformGroup>
        <RotateTransform x:Name="myTransform" Angle="45" CenterX="25" CenterY="25" />
        <ScaleTransform     x:Name="ScaleTransform"   ScaleX="1"   ScaleY="1"
CenterX="25" CenterY="25"></ScaleTransform>
        </TransformGroup>
        </Rectangle.RenderTransform>
        </Rectangle>
      </StackPanel>
    </Grid>
```

程序执行的效果如图 6-33 所示。

图 6-33 对象事件触发器触发动画

以下示例演示了 ColorAnimation 的使用过程。

代码中创建了一个 ColorAnimation 动画，属性 BeginTime 指定了开始时间，"00:00:00"表示当程序载入 StackPanel 面板后，即刻启动动画。动画在 6 秒时间内，将 StackPanel 的背景颜色从当前的 Red 动态过渡到 Green。

```xaml
XAML 代码：Animation3.xaml
<Grid x:Name="ContentPanel" Grid.Row="1" Margin="12,0,12,0">
        <StackPanel>
            <StackPanel.Triggers>
                <EventTrigger RoutedEvent="StackPanel.Loaded">
                <BeginStoryboard>
                    <Storyboard x:Name="colorStoryboard">
                <ColorAnimation BeginTime="00:00:00" Storyboard.TargetName=
"mySolidColorBrush"
        Storyboard.TargetProperty="Color" From="Red" To="Green" Duration=
"0:0:6" />
                </Storyboard>
                </BeginStoryboard>
                </EventTrigger>
            </StackPanel.Triggers>
            <StackPanel.Background>
                <SolidColorBrush x:Name="mySolidColorBrush" Color="Red" />
            </StackPanel.Background>
        </StackPanel>
    </Grid>
```

灵活应用 Double、Color、Point 和 Object 4 种动画，结合各种变换可以实现各种丰富的时间线动画，使应用程序具有更好的使用体验。

6.4.2　关键帧动画

虽然时间线动画能够实现的动画效果已经非常丰富了，但是时间线动画在某时间范围内（Duration）只是通过 From 和 To（或者 By）指定了目标属性的两个值，两个值中间是通过线性插值或者采用 EasingFuction 提供的非线性插值进行计算得到的。因此，要相对精确地控制中间值是非常困难的。

要在特定的时间内，让动画呈现特定的效果，光采用时间线动画有时是比较困难的。这需要使用 Silverlight for Windows Phone 提供的另一种形式的动画：关键帧动画（KeyFrame Animation）。

关键帧动画可以在多个特定的时间点插入多个关键帧，使动画在这多个关键帧间变化和播放。关键帧由关键帧对象创建，多个关键帧对象可以添加在动画的 KeyFrames 属性中，这是一个关键帧对象的集合。关键帧对象的主要作用是为目标属性设置值和确定关键帧所在的时间点，这些都由关键帧对象的两属性 Value 和 KeyTime 确定。

两关键帧之间，目标属性的取值同样可以设置插值方式，插值方式共有 3 种，分别为离散（discrete）、线性（linear）和 多键（splined）。

- 离散（discrete），是指动画从一个关键帧跳到下一个关键帧，中间不进行插值。
- 线性（linear），是指动画在两个关键帧间，采用线性方式对目标属性值执行插值，这与时间线在 From 与 To 间的线性插值方式是相同的。如某一目标属性的值，在两关键帧处分别为 0 和 10，则两帧间线性插值，在 1/4 处，为 2.5；在 1/2 处，为 5。
- 多键（splined），也称为双键插值，与其他插值方式只使用 Value 和 KeyTime 属性不同，多键插值可以使用花键（KeySpline）作为关键帧。

关键帧动画根据动画改变的目标属性的类型不同，与时间线动画类似，可以划分为 Double、Color、Point 和 Object，对应的关键帧动画类分别为 DoubleAnimationUsingKeyFrames、ColorAnimationUsingKeyFrames、PointAnimationUsingKeyFrames 和 ObjectAnimationUsingKeyFrames。

关键帧动画类没有 From、To 和 By 属性，除此之外，其他相关属性与时间线动画类的相关属性类似。如 TargetName、TargetProperty、Duration、RepeatBehavior 和 AutoReverse 等属性都存在并且含义也是相同的。

以下示例，创建了一个关键帧动画。动画的目标对象是名称为"TranslateTransform"的平移变换，目标属性为 X 轴的坐标值，在动画中创建了 5 个线性插值的关键帧，分别设置了 Value 值和 KeyTime，动画完成的周期时间为 10 秒，也就是要求在 10 秒内矩形在水平方向从-200，移动到 200，中间经过 3 个关键帧，X 轴位置分别为-50、0 和 50。这些关键帧与关键帧之间采用线性插值。

不难发现，由于在 5 个关键帧中，最外侧两个关键帧移动距离长，中间两个关键帧间的移动距离近，而设定间隔时间是相同的，因此矩形在移动时，外侧移动速度快，中间移动速度慢。

XAML 代码：KeyFrameAnimation.xaml

```xaml
<Grid x:Name="ContentPanel" Grid.Row="1" Margin="12,0,12,0">
    <Rectangle Fill="Blue" Width="100" Height="100">
        <Rectangle.RenderTransform>
```

```
            <TranslateTransform x:Name=" TranslateTransform " X="0"
Y="0" />
            </Rectangle.RenderTransform>
            <Rectangle.Triggers>
              <EventTrigger RoutedEvent="Rectangle.Loaded">
                <BeginStoryboard>
                  <Storyboard>
            <DoubleAnimationUsingKeyFrames
Storyboard.TargetName="MyAnimatedTranslateTransform"
            Storyboard.TargetProperty="X" Duration="0:0:10" RepeatBehavior=
"5x" AutoReverse="True">
                    <LinearDoubleKeyFrame Value="-200" KeyTime="0:0:0" />
                    <LinearDoubleKeyFrame Value="-50" KeyTime="0:0:2" />
                    <LinearDoubleKeyFrame Value="0" KeyTime="0:0:4" />
                    <LinearDoubleKeyFrame Value="50" KeyTime="0:0:6" />
                    <LinearDoubleKeyFrame Value="200" KeyTime="0:0:8" />
          </DoubleAnimationUsingKeyFrames>
                  </Storyboard>
                </BeginStoryboard>
              </EventTrigger>
            </Rectangle.Triggers>
          </Rectangle>
        </Grid>
```

程序执行效果如图 6-34 所示。

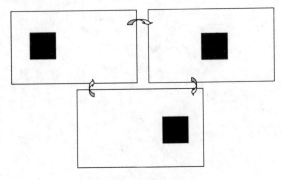

图 6-34　创建关键帧动画

　　在 Silverlight for Windows Phone 中显示 GIF 图片不是一件很方便的事。本例通过关键帧动画实现了两个图片切换的 GIF 动画图片的效果，这种类型 GIF 动画图片在很多网站的 LOGO 图片中有广泛的应用。本程序在两个关键帧中分别显示一张图片，并隐藏另一张图片（通过控制 Opacity 的值实现），如此周而复始实现了动画效果。关键帧的插值方式为离散（discrete）插值。

　　程序的 XAML 代码如下。

```
XAML 代码：GifAnimation.xaml
<Grid x:Name="ContentPanel" Grid.Row="1" Margin="12,0,12,0">
        <Image  Name="Front1"  Source="Chrysanthemum.jpg"  Width="256"
Height="192"></Image>
        <Image Name="Back1" Source="Tulips.jpg" Width="256" Height="192"
Opacity="0"></Image>
            <Grid.Triggers>
            <EventTrigger RoutedEvent="Grid.Loaded">
                <BeginStoryboard>
                <Storyboard RepeatBehavior="Forever" TargetProperty="Opacity">
                <DoubleAnimationUsingKeyFrames Storyboard.TargetName="Front1">
                        <DiscreteDoubleKeyFrame KeyTime="0:0:1" Value="0" />
                        <DiscreteDoubleKeyFrame KeyTime="0:0:2" Value="1" />
                    </DoubleAnimationUsingKeyFrames>
                    <DoubleAnimationUsingKeyFrames
Storyboard.TargetName="Back1">
                            <DiscreteDoubleKeyFrame KeyTime="0:0:1"
Value="1" />

                            <DiscreteDoubleKeyFrame KeyTime="0:0:2"
Value="0" />

                    </DoubleAnimationUsingKeyFrames>
                </Storyboard>
                </BeginStoryboard>
            </EventTrigger>
        </Grid.Triggers>
    </Grid>
```

　　程序运行效果如图 6-35 所示。

图 6-35　使用离散插值的关键帧动画实现 GIF

应用 Silverlight for Windows Phone 提供的关键帧动画还可以实现更多丰富多彩的动画效果，使应用程序动画具有更高的可控制性。

6.5　本章小结

图形、画刷是 Silverlight for Windows Phone 应用程序中应用非常广泛的对象，系统提供了多种 Shape、Brush 对象可满足应用程序开发的各种需要。变换和动画，从另一角度为应用程序实现更富动感的界面效果提供了实现的方法，合理使用图形、画刷及变换和动画，可极大地提供高户使用应用程序的感受。

本章介绍了系统提供的图形、画刷、变换和动画等类和对象，并给出多个应用实例。

07

当应用程序包含多个页面时，页面之间的切换与数据传递成为了必须考虑的重要问题

页面导航与数据传递

Windows Phone 应用程序由页面（PhoneApplicationPage）构成，每个页面包含应用程序的部分内容，简单的应用程序可以只包含单一页面。但是，由于手机屏幕普遍较小，有限的空间无法布置更多的内容。因此，应用程序一般会由多个页面构成。当应用程序包含多个页面时，页面之间的切换与数据传递成为了必须考虑的重要问题。

合理设计页面间的导航和数据传递方案对应用程序整体性能的提高是非常重要的。本章介绍 Silverlight for Windows Phone 的页面导航机制与数据传递方法。

本章要点

- 了解并掌握 Silverlight for Windows Phone 页面导航的机制与方法。
- 掌握页面间数据传递的方法。

7.1 ●页面导航

多数 Windows Phone 应用程序是由多个页面构成。为解决多页面间的导航，Windows Phone 提供了页面导航模型，此模型由 PhoneApplicationFrame、PhoneApplicationPage 和其他相关要件与方法构成，如图 7-1 所示。

图 7-1　页面导航模型

7.1.1　PhoneApplicationFrame 与 PhoneApplicationPage

从图 7-1 所示的模型中可见，PhoneApplicationPage 对象（页面），是应用程序中用于呈现某一主题相关内容的区域。如在新闻阅读程序中，某一页面包含一组新闻类别，而某一类别下具体的新闻列表包含在另一页面中。因此，页面成为了应用程序最基本的管理单元，是分隔存放应用程序内容的重要容器。

PhoneApplicationFrame 是应用程序的根元素，可以看做是应用程序页面的容器。一个应用程序会有一个 PhoneApplicationFrame，应用程序的多个页面会包含在这个 PhoneApplicationFrame 对象中。因此，页面间的导航与切换，实际上就是从 PhoneApplicationFrame 容器中获取所需的页面并显示在屏幕上的过程。

PhoneApplicationFrame 定义在 App.xaml 和 App.xaml.vb 文件中。在 App.xaml.vb 文件中，App 类定义了一个 PhoneApplicationFrame 类的属性 RootFrame，这是个公共属性，可以在应用程序范围内使用。通过这个属性可以获得应用程序的根元素对象，然后通过这个根对象可以访问应用程序中的其他对象。RootFrame 定义代码如下。

VB.NET 代码：App.xaml.vb
```
Public Property RootFrame As PhoneApplicationFrame
```

而后，在 App.xaml.vb 文件的 Sub New()子过程中，调用了 InitializePhoneApplication()，实体化 RootFrame，并添加了 Navigated 和 NavigationFailed 事件句柄，代码如下。

VB.NET 代码：App.xaml.vb

```
Private Sub InitializePhoneApplication()
  If phoneApplicationInitialized Then
    Return
  End If
  RootFrame = New PhoneApplicationFrame()
  AddHandler RootFrame.Navigated, AddressOf CompleteInitializePhoneApplication
  AddHandler RootFrame.NavigationFailed, AddressOf RootFrame_NavigationFailed
  phoneApplicationInitialized = True
End Sub
```

由于 App.xaml 和 App.xaml.vb 在应用程序启动时，会率先被执行。因此，初始化后的 RootFrame 就成为应用程序的根元素。如果在页面导航与切换时出现错误或异常，会触发 RootFrame_NavigationFailed 事件。

PhoneApplicationPage 定义在 XAML 文件中，XAML 文件可以构造成为 Uri 资源。如以下代码将 MainPage.xaml 和 DetailPage.xaml 分别构造成为两个 Uri 资源。在程序代码中可以调用这些 Uri 资源，实现对这些页面的导航。

VB.NET 代码：

```
Dim mainpageuri As Uri = New Uri("Mainpage.xaml", UriKind.Relative)
Dim detailpageuri As Uri = New Uri("/View/DetailPage.xaml",
UriKind.Relative)
```

PhoneApplicationFrame 为页面导航提供的方法是 Navigate，该方法以 Uri 为参数。例如以下示例，通过 App 类中定义的 RootFrame，生成 PhoneApplicationFrame 对象，然后使用 Navigate 方法，实现从 MainPage.xaml 导航到 DetailPage.xaml。

XAML 代码：MainPage.xaml

```
<Grid x:Name="ContentPanel" Grid.Row="1" Margin="12,0,12,0">
    <Button Content="导航到 DetailPage" Height="72" HorizontalAlignment=
"Left" Margin="90,65,0,0" Name="Button1" VerticalAlignment="Top" Width="267" />
</Grid>
```

VB.NET 代码： MainPage.xaml.vb

```
Private Sub Button1_Click(sender As System.Object, e As System.
Windows.RoutedEventArgs) Handles Button1.Click
    '获取当前应用程序的 App 类实例
```

```
        Dim app As App = Application.Current
        '调用 RootFrame 的 Navigate 方法
        app.RootFrame.Navigate(New Uri("/Views/DetailPage.xaml", UriKind.
Relative))
    End Sub
```

以下代码中给出了从 RootVisual 生成 PhoneApplicationFrame 对象的另一种写法，实现了从 DetailPage.xaml 页面导航到 MainPage.xaml 页面的应用。

VB.NET 代码： `DetailPage.xaml.vb`

```
Private Sub Button1_Click(sender As System.Object, e As
System.Windows.RoutedEventArgs) Handles Button1.Click
        '获取当前 Application 的 PhoneApplicationFrame
        Dim frame As PhoneApplicationFrame = Application.Current.RootVisual
        '调用 PhoneApplicationFrame 的 Navigate 方法
        frame.Navigate(New Uri("/../MainPage.xaml", UriKind.Relative))
    End Sub
```

PhoneApplicationFrame 除了提供 Navigate 方法外，还给出了 Navigating 和 Navigated 方法，可分别用于定义页面导航进行中和导航完成后的操作代码。

7.1.2 NavigationService

通过调用 RootFrame 可以实现页面导航。但是，Silverlight for Windows Phone 提供了另一种更简单有效的导航类，即 NavigationService 类。NavigationService 类同样提供了 Navigate 方法，可以实现从某一页面导航到其他页面。

例如，以下代码可以代替上例中的代码，实现从 MainPage.xaml 导航到 DetailPage.xaml，比直接调用 RootFrame 对象简洁方便。

VB.NET 代码：`MainPage.xaml.vb`

```
Private Sub Button1_Click(sender As System.Object, e As
System.Windows.RoutedEventArgs) Handles Button1.Click
    NavigationService.Navigate(New Uri("/Views/DetailPage.xaml", UriKind.Relative))
  End Sub
```

NavigationService 类还提供了 GoBack、GoForward 方法与 CanGoBack 和 CanGoForward 属性，用于实现向前或者向后导航，以及判断是否可以向前或向后导航。Windows Phone 这种页面的前后导航是通过页面堆栈来实现的，这种页面堆栈被称为 BackStack。与其他堆栈类似，BackStack 也提供了一种"Last in，First out"的机制，即后进先出的机制，最后被压入堆栈中的页面，会最先被弹出，如图 7-2 所示。

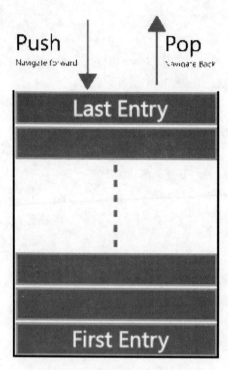

图 7-2　页面堆栈 BackStack

从图中可见，当 NavigationService 导航到另一个页面时，当前页面会被压入到堆栈中。同样，NavigationService 类执行 GoForward 导航时，当前页面也会被压入到堆栈中。执行向后导航 GoBack 时，堆栈中最上面的页面会被弹出，成为导航的目标页面。CanGoBack 和 CanGoForward 属性可分别判断堆栈中是否有可以向后导航和向前导航的页面。

以下示例，演示从 MainPage.xaml 导航到 MidPage.xaml，再到 DetailPage.xaml，并从各页面执行向前、向后导航的实现过程，如图 7-3 所示。

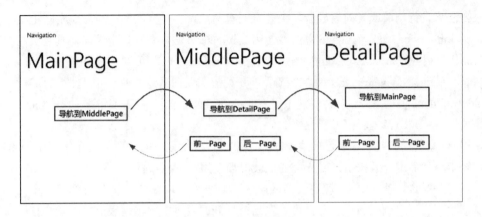

图 7-3　页面导航

其中按钮"前一 Page"与"后一 Page"的执行代码如下。

VB.NET 代码:

```vb.net
'前一 Page
Private Sub PrePageBtn_Click(sender As System.Object, e As
System.Windows.RoutedEventArgs) Handles PrePageBtn.Click
    '如果 CanGoBack 为 True, 即堆栈中含有回退的页面
    If NavigationService.CanGoBack Then
        NavigationService.GoBack()
    End If
End Sub
'后一 Page
Private Sub NextPageBtn_Click(sender As System.Object, e As
System.Windows.RoutedEventArgs) Handles NextPageBtn.Click
    '如果 CanGoForward 为 True, 堆栈含有可向前的页面
    If NavigationService.CanGoForward Then
        NavigationService.GoForward()
    End If
End Sub
```

7.1.3　Back 键

虽然 NavigationService 类提供了 GoBack 与 GoForward 方法, 但实际应用中并不建议使用

这两个方法来进行向前或者向后导航。主要原因有两点，一是页面的向前导航实际上更多是使用 NavigationService 类的 Navigate 方法，使用 Navigate 方法导航到特定页面，具有更高的可控性，如上例中从 MainPage.xaml 导航到 MidPage.xaml，再到 DetailPage.xaml，使用 NavigationService.Navigate 方法，更加明确；二是如果需要向后返回时，可以使用 Back 物理键，即 Windows Phone 手机下方 3 个物理键中最左侧的键。事实上，很多应用程序，如 Internet Explorer 等都是使用 Back 物理键实现后退导航的。

　　使用 Back 物理键向后导航已成为 Windows Phone 应用程序的一项常规操作。因此，即便在应用程序中添加后退导航按钮，用户可能还会习惯使用 Back 物理键。

　　但在有些场合，使用 Back 键也会出现问题。如在第 3 章 3.12 节曾经介绍了一个简单的网页浏览器程序，可以浏览网页，并且可以在当前打开的网页中单击超级链接，继续打开新的网页。但是这个程序存在一个问题，当单击"Back"键希望返回前一个已打开过的网页时，发现程序会跳出当前的网页浏览器，直接返回到上一页面。也就是说"Back"键会使程序返回上一个 PhoneApplicationPage，而不是浏览器曾经打开过的前一个网页，如图 7-4 所示。

　　要解决这个问题，应该在用户单击"Back"键时，让程序禁止后退前一 PhoneApplicationPage 页面，而是处理浏览器中的网页堆栈。以下代码可以解决上述问题。

VB.NET 代码：

```
Protected Overrides Sub OnBackKeyPress(e As System.ComponentModel.
CancelEventArgs)
        '此处添加需要实现操作的代码
        e.Cancel = True
    End Sub
```

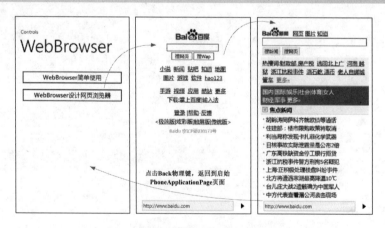

图 7-4　简易浏览器存在的 Back 问题

根据上述分析，以下示例实现了一个可以通过 Back 键导航到上一网页的浏览器。程序页面的 XAML 代码如下，代码在 PhoneApplicationPage 页中添加了 WebBrowser 控件、TextBox 控件、Image 控件和 ProgressBar 进度条控件各一个。

WebBrowser 控件用于下载并显示网页内容，TextBox 控件用于输入网页地址，单击 Image 控件执行网页下载操作，ProgressBar 显示网页下载的进度。

XAML 代码：WebBrowser2.xaml

```
<phone:PhoneApplicationPage
    x:Class="Navigation.WebBrowser2"
    xmlns="http://schemas.microsoft.com/winfx/2006/xaml/presentation"
    xmlns:x="http://schemas.microsoft.com/winfx/2006/xaml"
    xmlns:phone="clr-namespace:Microsoft.Phone.Controls;assembly=
Microsoft.Phone"
    xmlns:shell="clr-namespace:Microsoft.Phone.Shell;assembly=
Microsoft.Phone"
    xmlns:d="http://schemas.microsoft.com/expression/blend/2008"
    xmlns:mc="http://schemas.openxmlformats.org/markup-
compatibility/2006"
    FontFamily="{StaticResource PhoneFontFamilyNormal}"
    FontSize="{StaticResource PhoneFontSizeNormal}"
    Foreground="{StaticResource PhoneForegroundBrush}"
    SupportedOrientations="Portrait" Orientation="Portrait"
    mc:Ignorable="d" d:DesignHeight="768" d:DesignWidth="480"
    shell:SystemTray.IsVisible="True">
    <Grid x:Name="LayoutRoot" Background="Transparent">
        <Grid.RowDefinitions>
            <RowDefinition Height="Auto"/>
            <RowDefinition Height="*"/>
        </Grid.RowDefinitions>
        <Grid x:Name="ContentPanel" Grid.Row="1" Margin="12,2,12,2">
            <Grid.RowDefinitions>
                <RowDefinition Height="642*" />
                <RowDefinition Height="54*" />
            </Grid.RowDefinitions>
```

```xml
            <phone:WebBrowser HorizontalAlignment="Stretch" Margin="2"
Name="webBrowser1" VerticalAlignment="Stretch" />
            <Grid Grid.Row="1" HorizontalAlignment="Stretch"
VerticalAlignment="Center">
                <Grid.ColumnDefinitions>
                    <ColumnDefinition Width="*"/>
                    <ColumnDefinition Width="48"/>
                </Grid.ColumnDefinitions>
                <TextBox Name="txturl"  Grid.Column="0" InputScope="Url"
FontSize="20" Height="66" VerticalAlignment="Center" Text="http://www.
baidu.com" HorizontalAlignment="Stretch" Background="#BFF8F5F5" />
                <Image  Source="appbar.transport.play.rest.png" Grid.Column=
"1"  Width="48"  Height="48"  MouseLeftButtonDown="Image_MouseLeftButtonDown"
VerticalAlignment="Center" Name="NavigateImg"/>
            </Grid>
            <ProgressBar x:Name="pbarWebClient" Height="50" IsIndeterminate=
"True" Visibility="Collapsed" />
        </Grid>
    </Grid>
</phone:PhoneApplicationPage>
```

程序代码及相关注释如下。

VB.NET 代码： WebBrowser2.xaml.vb

```vbnet
Imports System.Windows.Media.Imaging
Partial Public Class WebBrowser2
    Inherits PhoneApplicationPage


    'urllist 列表用于记录打开过的网页 Uri
    Dim urllist As List(Of Uri)
    '用于区分是 Back 键导致的网页切换，还是通过网页中超级链接打开新网页导致的页面切换
    'back=True 表示由 Back 键引起，back=False 表示由网页超级链接打开新网页
    Dim back As Boolean = False


    Public Sub New()
```

```
        InitializeComponent()
        urllist = New List(Of Uri)
    End Sub


    Private Sub Image_MouseLeftButtonDown(sender As System.Object, e As
System.Windows.Input.MouseButtonEventArgs)
        '单击图片打开网页
        If Me.txturl.Text.Trim <> "" Then
            Dim uri As Uri = New Uri(Me.txturl.Text.ToString)
            Me.webBrowser1.Navigate(uri)
            '显示进度条
            pbarWebClient.Visibility = System.Windows.Visibility.Visible
        End If
    End Sub


    Private Sub webBrowser1_Navigated(sender As Object, e As System.
Windows.Navigation.NavigationEventArgs) Handles webBrowser1.Navigated
        '网页打开后，关闭进度条
        pbarWebClient.Visibility = System.Windows.Visibility.Collapsed
        '将地址栏 TextBox 值设置为所打开网页的地址
        Me.txturl.Text = Me.webBrowser1.Source.ToString
        '如果是由超级链接引起的（即 back=True），将网址添加到地址列表 urllist 中
        If back = False Then
            Dim uri As Uri = New Uri(Me.txturl.Text.ToString)
            urllist.Add(uri)
        Else
            '否则（即由 Back 键引起），将 back 设置为 False，这一步非常关键，容易忽略
            back = False
        End If
    End Sub


    Private Sub webBrowser1_Navigating(sender As Object, e As
Microsoft.Phone.Controls.NavigatingEventArgs) Handles webBrowser1.Navigating
        '网页打开过程中，保持进度条显示状态
```

251

```vb
        pbarWebClient.Visibility = System.Windows.Visibility.Visible
    End Sub


    '重载 Back 键的执行代码或在 BackKeyPress 事件（见后续代码）定义也可以
    Protected Overrides Sub OnBackKeyPress(e As System.ComponentModel.
CancelEventArgs)
        '如果地址列表中有多于 1 个的地址，即当前已打开两个以上的网页
        If urllist.Count > 1 Then
            'e.Cancel = True 表示取消原定操作
            e.Cancel = True
            '导航网到地址列表中倒数第二个地址，列表中最后一个地址为当前网页的地址，
            '倒数第二个地址为之前打开的地址
            Me.webBrowser1.Navigate(urllist(urllist.Count - 2))
            '从地址列表中删除当前网页地址，即最后一个地址
            urllist.RemoveAt(urllist.Count - 1)
            '设置 back 为 True,表示当前网页切换是由 Back 键引起
            back = True
        Else
            '如果地址列表中，只有一个地址，执行 Back 键原定操作，即退出当前页面
            e.Cancel = False
        End If
    End Sub


    Private Sub txturl_KeyDown(sender As System.Object, e As
System.Windows.Input.KeyEventArgs) Handles txturl.KeyDown
        '当地址输入完成后，单击输入面板的 Enter 键时，执行下述代码
        If e.Key = Key.Enter Then
            If Me.txturl.Text.Trim <> "" Then
                Dim uri As Uri = New Uri(Me.txturl.Text.ToString)
                Me.webBrowser1.Navigate(uri)
                pbarWebClient.Visibility = System.Windows.Visibility.Visible
            End If
        End If
    End Sub
```

```
End Class
```

　　程序代码中，采用 List 列表集合保存打开过的网页地址。当 WebBrowser 控件每次向前打开一个网页，urllist 列表的顶部会插入一个网页地址 Uri（代码定义在 WebBrowser 的 Navigated 事件中），当用户单击 Back 键时，程序从 urllist 列表顶部取出网页 Uri 地址，并调用 WebBrowser 打开这个网页，这个地址会从 urllist 列表中删除。

　　代码执行效果如图 7-5 所示。

图 7-5　使用 Back 键实现网页 GoBack 浏览的浏览器

　　当连续单击 Back 键，程序会连续弹出页面堆栈中的页面。如果页面堆栈中只剩最后一页面（一般为起始页面，如 MainPage.xaml），程序会被中止并退出运行。为防止意外退出，可以在退出前添加提示。由于 Back 键会触发 PhoneApplicationPage_BackKeyPress 事件，因此，可以在起始页面（如 MainPage.xaml）中添加以下代码，实现此项要求。执行结果如图 7-6 所示。

VB.NET 代码：

```vbnet
Private Sub MainPage_BackKeyPress(sender As Object, e As
System.ComponentModel.CancelEventArgs) Handles MyBase.BackKeyPress

    If MessageBox.Show("您确信要退出本程序?" & vbNewLine & "单击 OK，退出。" &
vbNewLine & "单击 Cancel，取消。", "退出程序", MessageBoxButton.OKCancel) =
MessageBoxResult.Cancel Then

        e.Cancel = True
```

```
      End If
End Sub
```

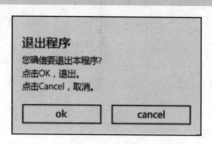

图 7-6　退出提示

7.1.4　页面导航事件

在应用程序中，一个 PhoneApplicationPage 页面上通过使用 NavigationService.Navigate 导航到另一个 PhoneApplicationPage 页面时，实际上也是将控制权交给了 PhoneApplicationFrame，最终是通过 PhoneApplicationFrame 完成页面导航与切换的。当 Navigate 方法执行时，PhoneApplicationFrame 中的 Navigated、Navigating、NavigationFailed 与 NavigationStopped 4 个事件会被触发。

除了 PhoneApplicationFrame 中的相关事件会响应页面导航与切换操作之外，PhoneApplicationPage 页面也会有多个与之相关的事件会被触发。这些事件包括 Loaded、UnLoaded、OnNavigatingFrom、OnNavigatedFrom、OnNavigatedTo 等，如表 7-1 所示。

表 7-1　页面导航事件

事　件	含　义
Loaded	目标页面载入完成后触发的事件。可以将需要在用户操作前完成的代码，置于该事件中
UnLoaded	离开源页面时触发的事件。可以将源页面关闭后需要继续处理的代码置于其中，如保存页面的数据等
OnNavigatingFrom	在离开源页面过程中触发的事件，是源页面通过 NavigationService.Navigate 导航到目标页面过程中，源页面最先触触发的事件
OnNavigatedFrom	从源页面离开后，触发的事件，此事件晚于 OnNavigatingFrom 事件，但早于 UnLoaded 事件
OnNavigatedTo	导航到目标页面时，在目标页面会触发的事件，此事件会早于目标页面的 Loaded 事件

上述多个事件涉及源页面与目标页面两个 PhoneApplicationPage，触发的先后顺序如图 7-7 所示。

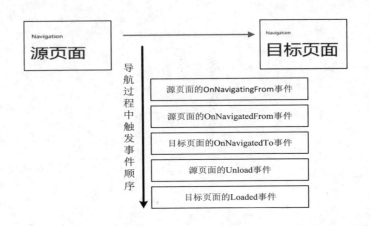

图 7-7　事件触发顺序

以下示例，演示了上述事件的触发过程，执行过程如图 7-8 所示。

VB.NET 代码：（源页面 SourcePage）SourcePage.xaml.vb

```
Partial Public Class SourcePage
  Inherits PhoneApplicationPage
  Public Sub New()
     InitializeComponent()
  End Sub
  Private Sub Button1_Click(sender As System.Object, e As System.Windows.
RoutedEventArgs) Handles Button1.Click
      NavigationService.Navigate(New Uri("/DestinationPage.xaml", UriKind.
Relative))
  End Sub
  Private Sub SourcePage_Unloaded(sender As Object, e As System.Windows.
RoutedEventArgs) Handles MyBase.Unloaded
      MessageBox.Show("触发源页面的 Unloaded 事件。")
  End Sub
  Protected Overrides Sub OnNavigatingFrom(ByVal e As System.Windows.
Navigation.NavigatingCancelEventArgs)
      MessageBox.Show("触发源页面的 OnNavigatingFrom 事件。")
      MyBase.OnNavigatingFrom(e)
  End Sub
```

```vbnet
    Protected Overrides Sub OnNavigatedFrom(ByVal e As System.Windows.
Navigation.NavigationEventArgs)
        MessageBox.Show("触发源页面的 OnNavigatedFrom 事件。")
        MyBase.OnNavigatedFrom(e)
    End Sub
End Class
```

VB.net 代码：（ 目标页面 DestinationPage）DestinationPage.xaml.vb

```vbnet
Partial Public Class DestinationPage
    Inherits PhoneApplicationPage
    Public Sub New()
        InitializeComponent()
    End Sub
    Private Sub PhoneApplicationPage_Loaded(sender As System.Object, e As
System.Windows.RoutedEventArgs) Handles MyBase.Loaded
        MessageBox.Show("触发目标页面的 Loaded 事件。")
    End Sub
    Protected Overrides Sub OnNavigatedTo(ByVal e As System.Windows.
Navigation.NavigationEventArgs)
        MyBase.OnNavigatedTo(e)
        MessageBox.Show("触发目标页面的 OnNavigatedTo 事件。")
    End Sub
    End Class
```

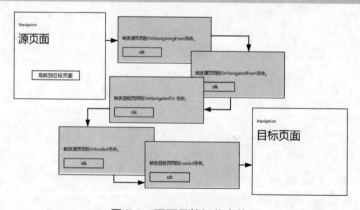

图 7-8　页面导航相关事件

7.2 ●—ApplicationBar 与 SystemTray

　　在 Windows Phone 某些应用程序页面中，如 People Hub 的页面底部会有一个按钮栏，类似于 Windows Forms 程序中的状态栏或工具栏。通过其上的按钮可以快速切换到相应的页面或者执行相应的操作，这个工具栏被称应用程序栏（ApplicationBar）。

　　在 Windows Phone 中 ApplicationBar 虽然看似出现在 PhoneApplicationPage 页面中，但实际上，ApplicationBar 是 PhoneApplicationFrame 的组成部分。因此，一个 ApplicationBar 可以供多个页面使用，不同页面也可以定义本页面使用的 ApplicationBar。

　　在页面的顶部还可以看到一个状态栏，上面显示了电量、网络信号和时间等图标。这个状态栏被称为 SystemTray（即系统托盘），这也是 PhoneApplicationFrame 的组成部分。同样，在页面中可以设置 SystemTray 信息，使系统托盘能够为页面提供更多的信息。

7.2.1　ApplicationBar

　　在 Windows Phone 中 ApplicationBar 由两部分组成：按钮栏和菜单栏。按钮栏会出现在页面底部的 ApplicationBar 横条上；菜单栏默认处于收缩状态，未出现在页面上，需要单击右下角"…"按钮，才会展开。如以下代码在原浏览器的页面基础上添加了 ApplicationBar。

XAML 代码：WebBrowser2.xaml

```
<phone:PhoneApplicationPage.ApplicationBar>
    <shell:ApplicationBar IsVisible="True" IsMenuEnabled="True">
        <shell:ApplicationBarIconButton
IconUri="/icons/appbar.share.rest.png" Text="首页"/>
        <shell:ApplicationBarIconButton
IconUri="/icons/appbar.favs.addto.rest.png" Text="添加收藏"/>
        <shell:ApplicationBarIconButton
IconUri="/icons/appbar.feature.search.rest.png" Text="查找"/>
        <shell:ApplicationBar.MenuItems>
            <shell:ApplicationBarMenuItem Text="Favite"/>
            <shell:ApplicationBarMenuItem Text="About"/>
        </shell:ApplicationBar.MenuItems>
    </shell:ApplicationBar>
</phone:PhoneApplicationPage.ApplicationBar>
```

代码执行效果如图 7-9 所示。

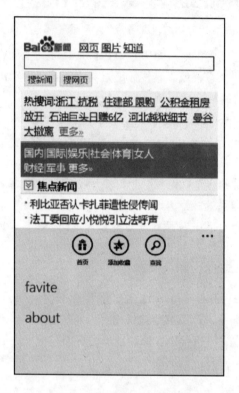

图 7-9　使用 ApplicationBar

从上例中可知，ApplicationBar 中按钮由图标和文字两部分组成。图标可以采用系统提供的图标文件，这些图标分为两组：Light 和 Dark，分别适应于 Windows Phone 的主题背景选择 Dark 或 Light 的场合。即当主题背景为 Dark 时，系统会自动调整图标为 Light 图标，反之亦然，这样就不会出现因背景造成图标不可见的情况。图标文件默认保存在"%Program File%（或 Program File(86)）\ Microsoft SDKs\Windows Phone\v7.1\Icons\"下的 dark 和 light 文件夹中，如图 7-10 所示。按钮的文字通过 Text 属性进行设置，文字主要用于提示，但并非必须的。在 Windows Phone 中考虑到 ApplicationBar 宽度有限，使用按钮时最好不要超过 4 个，同时文字字数也不要太长，否则可能出现无法正常显示的情况。

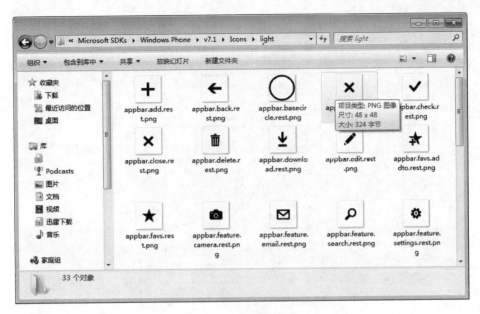

图 7-10　系统图标文件

ApplicationBar 中的菜单采用文字作为标识，不能添加图标。菜单项最好不要超过 7 个，按钮栏无法放置的操作项可以以菜单的方式添加到菜单项中。

ApplicationBar 还提供了 IsVisible、IsMenuEnabled 和 Opacity 3 个属性，可分别用于设置 ApplicationBar 是否显示、菜单项是否可用和透明度等项。比如，在页面中添加 ApplicationBar 后，由于 ApplicationBar 会占据一定的页面空间，为了不影响页面的正常操作，需要调整页面内容的高度值。如上例中，当 ApplicationBar 设置为显示状态，即 ApplicationBar.IsVisible=True 时，应调高地址栏位置，反之调低地址栏的位置，ApplicationBar 占据的高度一般为 72 像素。如上例中，可以将 ContentPanel 面板的 Margin 属性值调整为 Margin="12,2,12,72"。

另外，在默认情况下 ApplicationBar 的 Opacity 值为 1，则 ApplicationBar 栏展开时会覆盖页面下方的内容。这时可以设置 ApplicationBar.Opacity=0.5，即半透明，就能够透过 ApplicationBar 看到页面内容。代码如下，执行效果如图 7-11 所示。

XAML 代码：

```
<shell:ApplicationBar IsVisible="True" IsMenuEnabled="True" Opacity="0.5" x:Name="ApplicationBar1">

    …

</phone:PhoneApplicationPage.ApplicationBar>
```

图 7-11　ApplicationBar 半透明

ApplicationBar 中的按钮和菜单与普通按钮是类似的，都具有 Click 事件，可以设置和执行相应的操作。但是与普通的按钮不同，ApplicationBar 中的按钮与菜单不能直接在后台程序代码中添加事件，需要通过在 XAML 代码设置 Click 属性值来绑定事件。

例如，以下代码修改了 XAML 文件中的 ApplicationBar 代码，然后在程序文件中添加事件执行代码。

XAML 代码：

```
<phone:PhoneApplicationPage.ApplicationBar>
    <shell:ApplicationBar IsVisible="True" IsMenuEnabled="True" Opacity="0.5" x:Name="ApplicationBar1">
        <shell:ApplicationBarIconButton IconUri="/icons/appbar.share.rest.png" Text="首页" x:Name="ApplicationBarIconButton1" Click="ApplicationBarIconButton1_Click"/>
        <shell:ApplicationBarIconButton IconUri="/icons/appbar.favs.addto.rest.png" Text="添加收藏" x:Name="ApplicationBarIconButton2" Click="ApplicationBarIconButton2_Click"/>
        <shell:ApplicationBarIconButton IconUri="/icons/appbar.feature.search.rest.png" Text="查找" x:Name="ApplicationBarIconButton3" Click="ApplicationBarIconButton3_Click"/>
        <shell:ApplicationBar.MenuItems>
```

```
        <shell:ApplicationBarMenuItem Text="Favite"/>
        <shell:ApplicationBarMenuItem Text="About"
x:Name="ApplicationBarMenuItem1"  Click="ApplicationBarMenuItem1_Click"/>
      </shell:ApplicationBar.MenuItems>
    </shell:ApplicationBar>
  </phone:PhoneApplicationPage.ApplicationBar>
```

相应的程序代码如下。

VB.NET 代码：

```
    Private Sub ApplicationBarIconButton1_Click(sender As System.Object, e
As System.EventArgs)
      '假设以 http://www.sina.com.cn 作为首页
      Me.webBrowser1.Navigate(New Uri("http://www.sina.com.cn", UriKind.Abs
olute))
    End Sub
    Private Sub ApplicationBarIconButton2_Click(sender As System.Object, e As
System.EventArgs)
      '添加地址到地址收藏夹中
      favoriteslist.Insert(0, New Uri(Me.txturl.Text.ToString))
    End Sub
    Private Sub ApplicationBarIconButton3_Click(sender As System.Object, e As
System.EventArgs)
      '假设以百度作为搜索引擎
    Me.webBrowser1.Navigate(New Uri("http://www.baidu.com", UriKind.Absolute))
    End Sub
    Private  Sub  ApplicationBarMenuItem1_Click(sender  As  System.Object,  e  As
System.EventArgs)
      Me.NavigationService.Navigate(New Uri("/AboutPage.xaml", UriKind.Relative))
    End Sub
```

在某些应用中，可能需要在初始状态时隐藏系统工具栏，在需要时才显示。这时，可以在页面的 XAML 代码中设置 ApplicationBar 的属性 Mode="Minimized"，然后绑定 StateChanged 事件，处理需要显示 ApplicationBar 时的代码。

例如，以下示例演示了 ApplicationBar 的最小化与展开应用。程序页面的 XAML 代码如下。

XAML 代码：

```
<phone:PhoneApplicationPage.ApplicationBar>
        <shell:ApplicationBar IsVisible="True" IsMenuEnabled="True"
Opacity="0.9" Mode="Minimized" StateChanged="ApplicationBar_StateChanged">
        …
        </shell:ApplicationBar>
    </phone:PhoneApplicationPage.ApplicationBar>
```

对应的 StateChanged 事件的代码如下。

VB.NET 代码：

```
    Private Sub ApplicationBar_StateChanged(sender As System.Object, e As
Microsoft.Phone.Shell.ApplicationBarStateChangedEventArgs)
        If (e.IsMenuVisible = True) Then
        ApplicationBar.Opacity = 1.0
        Else
        ApplicationBar.Opacity = 0.9
        End If
    End Sub
```

程序执行的结果如图 7-12 所示。

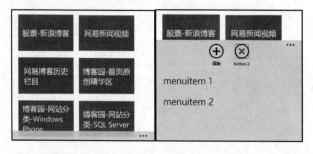

图 7-12　最小化与展开 ApplicationBar（左图为最小化状态，右图为展开状态）

7.2.2　SystemTray

　　SystemTray 位于屏幕的最顶部，与 ApplicationBar 一样，虽然看上去似乎是页面的内容，但实际是属于 PhoneApplicationFrame 的组成部分。SystemTray 提供 IsVisible 属性可以设置是否显示 SystemTray，在页面 XAML 代码中，默认设置是显示，即 shell:SystemTray.IsVisible="True"。在设置为显示状态时，SystemTray 也通常会收缩隐藏在屏幕顶部，可以用手指按住屏幕顶端，向下划动，就可以显示 SystemTray。但如果设置 IsVisible="False"，向下划动，SystemTray 不会出现。Opacity 属性可以设置 SystemTray 的透明度。

　　如以下代码，在 ApplicationBar 中添加一个菜单，用于隐藏或显示 SystemTray，后台程序代码中定义了上述操作的处理代码，执行效果如图 7-13 所示。

XAML 代码：WebBrowser2.xaml

```xml
<shell:ApplicationBarMenuItem Text="HideSystemTray" Click="ApplicationBar
MenuItem2_Click"/>
```

VB.NET 代码：　WebBrowser2.xaml.vb

```vbnet
Private Sub ApplicationBarMenuItem2_Click(sender As System.Object, e As
System.EventArgs)
    If Microsoft.Phone.Shell.SystemTray.IsVisible = True Then
        Microsoft.Phone.Shell.SystemTray.IsVisible = False
        CType(sender, ApplicationBarMenuItem).Text = "ShowSystemTray"
    Else
        Microsoft.Phone.Shell.SystemTray.IsVisible = True
        CType(sender, ApplicationBarMenuItem).Text = "HideSystemTray"
    End If
End Sub
```

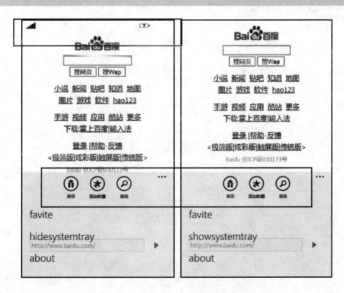

图 7-13　显示与隐藏 SystemTray

（左图顶部显示 SystemTray，右图被隐藏）

　　自 Windows Phone Mango 系统后，SystemTray 支持添加消息提示或者进度条。这些消息或进度条可以在每个页面中进行定制，即可以在应用程序范围内的所有页面中都显示相同内容的 SystemTray，也可以在不同页面显示不同内容。

　　以下示例，在原网页浏览器程序（WebBrowser2.xaml）的 SystemTray 中添加了进度条。使 SystemTray 可以显示网页下载的进度和文字提示。以下代码，只给出了新增加部分的代码。完整代码请参考源代码文件。

VB.NET 代码：WebBrowser2.xaml.vb

```vbnet
Imports Microsoft.Phone.Shell
Partial Public Class WebBrowser2
    Inherits PhoneApplicationPage

      …

    '定义进度条
    Dim prog As ProgressIndicator

      …

    Private Sub webBrowser1_Navigated(sender As Object, e As
System.Windows.Navigation.NavigationEventArgs) Handles webBrowser1.Navigated

        …

        '网页下载完成，关闭进度条
        prog.IsVisible = False
        '网页下载完成，去除 SystemTray 背景色，即设置为透明
        SystemTray.SetOpacity(Me, 0)
    End Sub
    Private Sub webBrowser1_Navigating(sender As Object, e As
Microsoft.Phone.Controls.NavigatingEventArgs) Handles webBrowser1.Navigating

        …

        '显示 SystemTray，并设置半透明，背景色为 Blue
        SystemTray.SetIsVisible(Me, True)
        SystemTray.SetOpacity(Me, 0.5)
        SystemTray.SetBackgroundColor(Me, Colors.Blue)
        '实体化进度条，设置进度条显示
        prog = New ProgressIndicator()
        prog.IsVisible = True
        '以滚动小圆点方式显示进度
```

```
        prog.IsIndeterminate = True
        '添加提示文字
        prog.Text = "网页下载中..."
        '将进度条添加到 SystemTray 中
        SystemTray.SetProgressIndicator(Me, prog)
    End Sub
End Class
```

程序执行结果如图 7-14 所示。

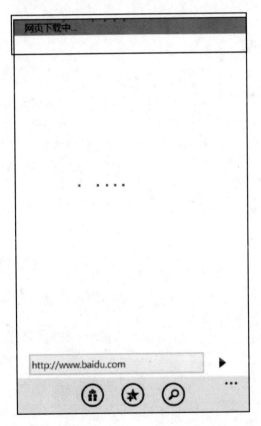

图 7-14 在 SystemTray 中显示进度条和提示文字

（页面中间是另一进度条，可以在代码中去除）

7.3 ●数据传递

在多页面中，有时需要将数据从一个页面传递到另一页面。例如，在 Windows Phone 系统的 Message 程序中，当从 Message 列表选择某一联系人时，会在 Message 详细信息页面中打开此联系人短信的详细内容。这一过程中，就需要从 Message 列表页面向 Message 详细信息页面传递选中的短信标识，以便在 Message 详细信息页面中取出并显示详细内容。

Windows Phone 允许采用多种方式实现在页面间传递数据，包括 Uri 参数、系统类、页面状态等。

7.3.1 Uri 参数传递

在网页设计中，从一个网页传递数据到另一个网页，最常用的数据传递方式是在地址栏中的地址上附加字符串型参数。如以下地址：http://cn.bing.com/search?q=windows+phone&go=&qs=n&sk=&sc=8-13&form=QBRE，其中 q、go、qs、sk、sc、form 等都是传递的参数，等号后面是对应参数值。目标网页下载时可以获取这些参数。与之类似的，Silverlight for Windows Phone 也提供了类似的方法，可以将需要传递的数据作为参数附加在页面导航的 Uri 值中。

如以下示例，从 MainPage.xaml 页面传递一个网站地址数据到 WebBrowser2.xaml 页面，作为 WebBrowser2.xaml 页面中 WebBrowser 控件导航的地址。

VB.NET 代码：

```
Private Sub Button4_Click(sender As System.Object, e As
System.Windows.RoutedEventArgs) Handles Button4.Click
     NavigationService.Navigate(New
Uri("/WebBrowser2.xaml?StartPageUrl=http://wwww. baidu.com",
UriKind.Relative))
    End Sub
```

在 WebBrowser2.xaml 页面，可以在 Loaded 事件中取出此参数，将参数赋值给地址变量，并打开指定的网页。

VB.NET 代码：

```
Private Sub PhoneApplicationPage_Loaded(sender As System.Object, e As
System.Windows.RoutedEventArgs) Handles MyBase.Loaded
        If NavigationContext.QueryString.Count > 0 Then
```

```
            Dim urlstring As String = NavigationContext.QueryString
("StartPageUrl")
            Me.txturl.Text = urlstring
            Me.webBrowser1.Navigate(New Uri(urlstring, UriKind.Absolute))
        End If
    End Sub
```

上例代码中使用了 NavigationContext 对象，此对象含有一个公共类属性 QueryString。QueryString 属性是一个 IDictionary(Of TKey, TValue) 接口的对象，包含了由源页面传递过来的键/值型的数据集合，通过指定键，可以获取对应参数值。上例实现的是单一参数的页面间数据传递，当需要传递多个数据时，可以通过以下代码进行传送和获取。

VB.NET 代码：源页面数据传递

```
    NavigationService.Navigate(New Uri("/WebBrowser2.xaml?StartPageUrl=
http://www.baidu.com&IsScriptEnabled=True", UriKind.Relative))
```

即传送时通过连接符"&"连接多个参数，与网页设计中使用的方式是相同的。

VB.NET 代码：目标页面数据接收

```
Dim urlstring As String = NavigationContext.QueryString("StartPageUrl")
Dim IsScriptE As Boolean = NavigationContext.QueryString("IsScriptEnabled")
```

在目标页面，通过不同键来获取对应的数据值。

源页面的参数传递字符串，还可以使用 Format 函数来构建，如上例代码可修改如下。

VB.NET 代码：源页面数据传送

```
    Dim ss As String = String.Format(("/WebBrowser2.xaml?StartPageUrl=
{0}&IsScriptEnabled={1}"), "http://wwww.baidu.com", "False")
    NavigationService.Navigate(New Uri(ss, UriKind.Relative))
```

鉴于 QueryString 是一个由键/值对组成的泛型集合，具有一定的特殊性。因此，在接收数据前最好先判断是否存在对应的键/值对。如上述代码可以修改如下。

VB.NET 代码：目标页面数据接收

```
    If Me.NavigationContext.QueryString.ContainsKey("StartPageUrl") Then
        Dim urlstring As String = NavigationContext.QueryString("StartPageU
rl")
    End If
    If Me.NavigationContext.QueryString.ContainsKey("IsScriptEnabled ") Then
```

```
        Dim IsScriptE As Boolean = NavigationContext.QueryString("IsScriptEn
abled")
    End If
```

7.3.2　App 类

每个 Windows Phone 应用程序中都有一个 App 类，App 类是一个在整个应用程序范围内都可供访问的公共类。因此，把数据存放在 App 类中，就可以实现在多个页面中共享同一数据，从而实现页面间数据传递。

例如，以下代码在 App 类（即在 App.xaml.vb 文件）中新增了两个公共属性，用于存储 WebBrowser 控件访问的网页地址 Uri 和 IsEnabledScript 属性的设置值。

VB.NET 代码：App 类

```
    Partial Public Class App
      Inherits Application


      Public Property RootFrame As PhoneApplicationFrame
      Public Starturi As Uri
Public webbrowserIsenableScript As Boolean
…
End Class
```

此后，在传送数据的源页面中，可以对 App 类中的这两个公共属性进行赋值。如以下代码在 MainPage.xaml 中通过 Application.current 引用 App 类对象，然后设置 Starturi 属性和 webbrowserIsenableScript 属性的值。在此页面导航 NavigationService.Navigate 的 Uri 地址中不需要添加参数，通过 App 类的属性可以传递数据。

VB.NET 代码：MainPage.xaml.vb

```
    Private Sub Button5_Click(sender As System.Object, e As
System.Windows.RoutedEventArgs) Handles Button5.Click
        Dim currentApp As App = Application.Current
        currentApp.Starturi = New Uri("http://www.163.com",
UriKind.Absolute)
        currentApp.webbrowserIsenableScript = False
        NavigationService.Navigate(New Uri("//WebBrowser2.xaml",
UriKind.Relative))
```

```
        End Sub
```

在数据接收的目标页面，可以从 App 类中获取源页面设置的数据。如以下代码所示，WebBrowser2.xaml 从 App 类中获取上述两项属性的值，作为打开网页的地址与对 WebBrowser 控件的参数设置。

VB.NET 代码：GetAppCalssdata.xaml.vb

```
    Private Sub PhoneApplicationPage_Loaded(sender As System.Object, e As
System.Windows.RoutedEventArgs) Handles MyBase.Loaded
        Dim currentApp As App = Application.Current
        Dim StartUri As Uri = currentApp.Starturi
        Dim isscriptenbled As Boolean = currentApp.webbrowserIsenableScript
        Me.txturl.Text = StartUri.OriginalString
        Me.webBrowser1.IsScriptEnabled = isscriptenbled
        Me.webBrowser1.Navigate(StartUri)
    End Sub
```

使用 App 类传递数据的过程，如图 7-15 所示。

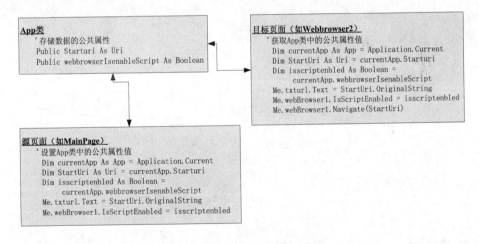

图 7-15 应用 App 类传递数据

从图 7-14 中可见，虽然源页面与目标页面间没有直接的数据传递过程，但是通过 App 类作为全局共享载体，实现了数据的传递。App 类是共享的，因此，应用程序中的各个页面都可以获取或设置其属性值。

App 类中可以保存和传递的数据除了字符串、数值型等简单数据外，还可以保存和传递自定义类数据。即可以在 App 类中定义和引用应用程序的自定义类。例如以下示例演示了通过

App 类传递 Product 类数据的过程。

首先，在项目中新增 Product 类的定义文件 Product.vb，代码如下。

VB.NET 代码：Product.vb

```vbnet
Public Class Product
  Private _ProductName As String
  Private _Price As String
  Private _Imageurl As String
  Public Property ProductName() As String
    Get
        Return _ProductName
    End Get
    Set(ByVal value As String)
      _ProductName = value
    End Set
  End Property
  Public Property Price() As String
    Get
        Return _Price
    End Get
    Set(ByVal value As String)
      _Price = value
    End Set
  End Property
  Public Property Imageurl() As String
    Get
        Return _Imageurl
    End Get
    Set(ByVal value As String)
      _Imageurl = value
    End Set
  End Property
End Class
```

其次，在 App 类中引用 Product 自定义类，代码如下。

VB.NET 代码：App 类

```
Partial Public Class App
    Inherits Application


    Public Property RootFrame As PhoneApplicationFrame
    '存储数据的公共属性
    Public Starturi As Uri
    Public webbrowserIsenableScript As Boolean
    '定义引用 Product 类
    Private Shared _mproduct As Product
    Public Property mproduct() As Product
      Get
          Return _mproduct
      End Get
      Set(ByVal value As Product)
          _mproduct = value
      End Set
    End Property
...'此处剩余部分原有代码
End Class
```

然后，在源页面中设置需传递的 Product 类数据，代码如下。

VB.NET 代码：源页面（MainPage.xaml.vb）

```
 Private Sub Button6_Click(sender As System.Object, e As System.Windows.
RoutedEventArgs) Handles Button6.Click
        Dim iapp As App = Application.Current
        iapp.mproduct = New Product With {.Imageurl = "/icons/appbar.
close.rest.png", .Price = "1000.00", .ProductName = "App 类传递示例"}
        NavigationService.Navigate(New Uri("/GetAppCalssdata.xaml", UriKind.
Relative))
    End Sub
```

最后，在目标页面中取出 Product 类数据，代码如下。

VB.NET 代码：目标页面（GetAppCalssdata.xaml.vb）

```
Private Sub PhoneApplicationPage_Loaded(sender As System.Object, e As
```

271

```
System.Windows.RoutedEventArgs) Handles MyBase.Loaded
        Dim iapp As App = Application.Current
        Dim gProduct As Product = iapp.mproduct
        Me.TextBlock1.Text = gProduct.Imageurl
        Me.TextBlock2.Text = gProduct.ProductName
        Me.TextBlock3.Text = gProduct.Price
    End Sub
```

7.3.3 页面状态

在 Windows Phone 应用程序中，每次导航到某一目标页面时，都会重新创建此目标页面的一个实例。因此，即便此目标页面在之前已被使用过，重新打开时，页面还是初始状态的，上次使用产生的页面数据不会被保存。如 WebBrowser2.xaml 在之前通过 MainPage.xaml 曾经传递过一个首页地址 Uri，但重新打开时，这个地址不会存在。

为了保存页面的状态，并且可以在页面间传递数据，可以采用 PhoneApplicationService 来保存状态。PhoneApplicationService 提供了 State 属性，这是一个 IDictionary 类型的集合对象，可以保存由键/值对构成的数据。PhoneApplicationService 被定义在 App.xaml 文件中，如以下代码所示。如同 App 类相似，PhoneApplicationService 可以在页面中被引用，应用的方式为 PhoneApplicationService.Current。

XAML 代码：

```
<Application.ApplicationLifetimeObjects>
    <shell:PhoneApplicationService
            Launching="Application_Launching" Closing="Application_Closing"
            Activated="Application_Activated"
Deactivated="Application_Deactivated"/>
    </Application.ApplicationLifetimeObjects>
```

以下示例演示了使用 PhoneApplicationService 的 state 属性保存与传递数据的过程。首先，在 WebBrowser2.xaml 文件中，绑定 NavigatedFrom 事件触发时（即离开当前页面时）的行为，即将当前打开的网页地址保存到 PhoneApplicationService 的 state 属性中。然后在 NavigatedTo 事件触发时（即返回此页面时）取出 PhoneApplicationService 的 state 属性中保存的地址值。

VB.NET 代码：

```
Protected Overrides Sub OnNavigatedFrom(ByVal e As System.Windows.
Navigation.NavigationEventArgs)
```

```vb.net
        '在离开页面时，将当前地址保存到 State 中。
        PhoneApplicationService.Current.State("ouri") = New Uri(Me.txturl.
Text.ToString, UriKind.Absolute)
        MyBase.OnNavigatedFrom(e)
    End Sub
    Protected Overrides Sub OnNavigatedTo(ByVal e As System.Windows.
Navigation.NavigationEventArgs)
        If PhoneApplicationService.Current.State.Count > 0 Then
            '判断 State 中是否含有 ouri 键，有则取出对应值
            If    PhoneApplicationService.Current.State.ContainsKey("ouri")
Then
                Dim ouri As Uri = PhoneApplicationService.Current.
State("ouri")
                Me.txturl.Text = ouri.OriginalString
                Me.webBrowser1.Navigate(ouri)
            End If
        End If
        MyBase.OnNavigatedTo(e)
    End Sub
```

上例演示了某一页面离开时保存状态数据，返回时取出状态数据的应用。实际上，PhoneApplicationService 的 State 属性同样可用于多页面间传递数据。例如，以下代码在 MainPage.xaml 中修改了 PhoneApplicationService 的 State 属性中的键值，然后导航到目标页面，在目标页面的 NavigatedTo 事件中取出了修改后的 State 属性中的键值，从而实现了页面间的数据传递。

VB.NET 代码：源页面（MainPage.xaml.vb）

```vb.net
    Private Sub Button5_Click(sender As System.Object, e As System.Windows.
RoutedEventArgs) Handles Button5.Click
        If PhoneApplicationService.Current.State.ContainsKey("ouri") Then
        PhoneApplicationService.Current.State("ouri") = New Uri("http:
//www.sohu.com", UriKind.Absolute)
        End If
        NavigationService.Navigate(New Uri("//WebBrowser2.xaml", UriKind.
Relative))
```

```
      End Sub
   End Class
```

VB.NET 代码： 目标页面（WebBrowser2.xaml.vb）

```
  Protected Overrides Sub OnNavigatedTo(ByVal e As System.Windows.
Navigation.NavigationEventArgs)
        If PhoneApplicationService.Current.State.Count > 0 Then
            '判断 State 中是否含有 ouri 键，有，就取出对应值
            If PhoneApplicationService.Current.State.ContainsKey("ouri") Then
                Dim ouri As Uri = PhoneApplicationService.Current.State("ouri")
                Me.txturl.Text = ouri.OriginalString
                Me.webBrowser1.Navigate(ouri)
            End If
        End If
        MyBase.OnNavigatedTo(e)
    End Sub
```

- 使用 PhoneApplicationService 保存和传递数据需要注意以下两点：
- 与 App 类中保存的数据类似，在 PhoneApplicationService 的 State 属性中保存的数据是属临时保存。当应用程序退出时，数据就会丢失。要长久保存数据可以使用 IsolatedStorage，相关内容将会在第 8 章中介绍。
- PhoneApplicationService 的 State 属性中保存的数据要求是可序列化的对象，即能够存储到 XML 中的对象。

7.4 —UriMapper

UriMapper，也被称为别名映射，即将一个 Uri 转换为另一个相对简单友好的 Uri 别名，通过 Uri 别名可以实现对原 Uri 地址的访问。在网页设计与开发时，部分网页的地址会非常长，如以下地址：http://www.cnblogs.com/yjmyzz/archive/2009/11/06/1597493.html，实际需要访问的网页文件是 1597493.html，但中间经过了域名、文件夹等路径，这一方面会增加网址的层次，让人难懂且不够友好，另一方面也暴露了很多网站的架构信息，会给网站带来一定的安全隐患。

通过应用别名映射，可以将较长的网址转换成为较短且相对友好的别名，如 Wiki 网站的某一网址 "wiki.mbalib.com/wiki/木桶原理"，就是采用别名映射后的结果。UriMapper 可以隐藏网页的真实地址，缩短网址长度；还可以在一定程度上提高系统安全性。

Silverlight for Windows Phone 同样支持 UriMapper。实际使用时，可以将 UriMapper 定义成为应用程序资源（即保存在 Application 的 Resources 中），这样应用程序内的各页面可以访问和使用这些 UriMapper 资源。

例如，以下代码定义了一个应用程序级的 UriMapper 资源。其中，代码在文件顶部引用了 System.Windows.Navigation 名称空间，在 Application. Resources 中添加了 UriMapper 资源，其 x:Key 为 "UriMapper"，将来可以通过 Key 来引用此 UriMapper 资源。UriMapper 中定义了多条 UriMapping，其属性 MappedUri 代表页面的原物理地址，Uri 是映射后的别名地址。

XAML 代码：

```xml
<Application
    x:Class="Navigation.App"
    xmlns="http://schemas.microsoft.com/winfx/2006/xaml/presentation"

    xmlns:x="http://schemas.microsoft.com/winfx/2006/xaml"
    xmlns:phone="clr-namespace:Microsoft.Phone.Controls;assembly=Microsoft.Phone"
    xmlns:shell="clr-namespace:Microsoft.Phone.Shell;assembly=Microsoft.Phone"
    xmlns:nav="clr-namespace:System.Windows.Navigation;assembly=Microsoft.Phone" >


    <Application.Resources>
        <nav:UriMapper x:Key="UriMapper">
         <nav:UriMapper.UriMappings>
         <nav:UriMapping Uri="/DetailPage" MappedUri="/Views/DetailPage.xaml"/>
    <nav:UriMapping Uri="/Browser/{startpage}" MappedUri="/WebBrowser2.xaml?StartPageUrl={startpage}"/>
         <nav:UriMapping Uri="/About" MappedUri="/About.xaml"/>
         </nav:UriMapper.UriMappings>
          </nav:UriMapper>
    </Application.Resources>
    …
</Application>
```

映射的 Uri 地址包括两大类，一类是不含参数 Uri，如"/Views/DetailPage.xaml"；另一类是带参数 Uri 地址，如"/WebBrowser2.xaml?StartPageUrl={startpage}"，StartPageUrl 是参数，{startpage}代表将传入的参数值，也可以看做是参数值占位符。

使用此 UriMapper，首先需要通过 App 的 RootFrame 对象引用此 UriMapper 资源，代码如下。

VB.NET 代码：App.xaml.vb

```
Public Sub New()

        InitializeComponent()

        InitializePhoneApplication()

        '将 UriMapper 引用到 RootFrame 的 UriMapper 属性中

        RootFrame.UriMapper = TryCast(Resources("UriMapper"), UriMapper)

End Sub
```

然后就可以在页面导航中使用上述 UriMapper。如以下代码通过 HyperlinkButton 控件实现页面导航，别名 Uri 成为 NavigateUri 属性的设置值。带参数的 UriMapper，可以将参数值写在别名后，代替原先的参数值占位符，如本例中的{startpage}。

XAML 代码：

```
    <HyperlinkButton Content="不使用 UriMapper 导航到 MiddlePage"
NavigateUri="/Views/DetailPage.xaml"></HyperlinkButton>

            <HyperlinkButton Content="使用 UriMapper 导航到 MiddlePage"
NavigateUri="/DetailPage"></HyperlinkButton>

        <HyperlinkButton Content="带参数的 UriMapper 导航"
NavigateUri="/Browser/http://www.sina.com.cn"></HyperlinkButton>
```

UriMapper 以资源的形式统一管理所有页面地址，对提高应用程序的维护性有一定作用。

另外，在程序代码中也可以创建和使用 UriMapper。以下示例，通过程序代码重新实现了上例中的 UriMapper。UriMapper 被定义在 App.xaml.vb 文件中，这样应用程序内的页面都可以访问和使用此 UriMapper。

VB.NET 代码：

```
Imports System.Windows.Navigation

Partial Public Class App

Inherits Application

…

    Public Sub New()
```

```
        InitializeComponent()
        InitializePhoneApplication()
        '定义 UriMapper
        Dim UriMapper As UriMapper = New UriMapper
        '定义 UriMapping，并构建映射
        Dim urimappering1 As UriMapping = New UriMapping With {.MappedUri =
New Uri("/Views/DetailPage.xaml", UriKind.Relative), .Uri = New
Uri("/DetailPage", UriKind.Relative)}
        Dim urimappering2 As UriMapping = New UriMapping With {.MappedUri =
New Uri("/WebBrowser2.xaml?StartPageUrl={startpage}", UriKind.Relative), .Uri
= New Uri("/Browser/{startpage}", UriKind.Relative)}
        Dim urimappering3 As UriMapping = New UriMapping With {.MappedUri =
New Uri("/About.xaml", UriKind.Relative), .Uri = New Uri("/About",
UriKind.Relative)}
        '将 UriMapping 添加到 UriMappings 集合中
        UriMapper.UriMappings.Add(urimappering1)
        UriMapper.UriMappings.Add(urimappering2)
        UriMapper.UriMappings.Add(urimappering3)
        '同样需要将自定义的 UriMapper 引用到 RootFrame，以供其他
        'PhoneApplicationPage 使用
        RootFrame.UriMapper = UriMapper

    …

    End Sub

…

End Class
```

　　程序代码定义的 UriMapper 也可以通过 XAML 代码进行访问，如上例中 HyperlinkButton 控件的访问 UriMapper 的方式依旧有效。在程序代码中使用 UriMapper 可以结合 NavigationService，如以下代码表示从当前页面跳转 WebBrowser2.xaml，Uri 使用了别名。

VB.NET 代码：

```
    Private Sub Button6_Click(sender As System.Object, e As
System.Windows.RoutedEventArgs) Handles Button6.Click
        '代码中使用 Uri 别名
        NavigationService.Navigate(New Uri("/Browser/http://www.sina.com.cn",
```

```
UriKind.Relative))
    End Sub
```

目标页面接收数据时，可以采用 NavigationContext 来获取数据，与获取 Uri 参数传递的数据是相同的。

7.5 ━● 本章小结

本章介绍了 Windows Phone 应用程序中页面导航与数据传递的相关内容，包括页面导航的机制，如 PhoneApplicationFrame 与 PhoneApplicationPage；页面导航的方法，包括使用 PhoneApplicationFrame 导航和 NavigationService 导航；ApplicationBar 与 SystemTray 的使用方法。数据传递中，介绍了 Uri 参数、App 类、页面状态（PhoneApplicationService 的 State 属性）等数据保存与传递的方法。最后又介绍了 UriMapper 的使用方法。

PhoneApplicationPage 是 Windows Phone 应用程序功能模块和内容呈现最基本的单元，掌握多页面间的导航与数据传递，是开发功能完善应用程序的基础。

08 数据处理

数据处理是很多应用程序需要解决的一项重要任务

数据处理是很多应用程序需要解决的一项重要任务，甚至很多应用程序本身的核心任务就是处理数据，如新闻阅读器、网站客户端工具等。因此，数据处理也成为 Silverlight for Windows Phone 应用程序开发的一项重要特性。

由于手机存储空间有限，不可能在手机中存储大量数据。手机所需处理的数据往往会存放在网络上，如目前非常热门的"云存储"技术等应用。因此，Silverlight for Windows Phone 的数据处理过程一般包括从远程网络服务器下载数据，再到数据的转换、数据存储，以及数据在手机端 PhoneApplicationPage 页面呈现等过程。

本章介绍 Silverlight for Windows Phone 中数据处理相关的技术，包括数据绑定、数据存储与网络数据的访问与处理等。

本章要点

- 了解和掌握数据绑定的原理。
- 掌握独立存储的使用。
- 网络数据的访问与数据格式的转换。

8.1 数据绑定

数据绑定（Data Binding）是指将数据源中的数据与用户界面中的对象建立联系，将源数据通过界面对象呈现出来，或者通过界面对象修改数据并更新源数据。与 Windows Forms 应用程序中通过纯代码方式修改和呈现数据方式不同，在 Silverlight for Windows Phone 中提供了更简捷易用的数据绑定机制，使数据绑定既可以通过应用程序代码实现，也可以简单地通过 XAML

代码实现。

8.1.1 数据绑定机制

如图 8-1 所示是 Silverlight For Windows Phone 的数据绑定模型。从图中可知，Silverlight For Windows Phone 数据绑定模型由绑定源（Binging Source）、绑定目标（Binging Target）、数绑定对象（Binging Object）和数据转换器（Value Converter）组成。

- 绑定源（Binging Source）：提供了可供绑定的数据来源，可以是 FrameworkElement 元素、数据集合及数据列表等；也可以是 CLR 的某一特定属性。
- 绑定目标（Binging Target）：用于呈现数据，或者提供用户修改数据的界面。一般是各种 UI 对象，例如 FrameworkElement 元素等，但实际使用的是 FrameworkElement 元素的依赖属性（DependencyObject）。
- 数绑定对象（Binging Object）：用于构建绑定目标与绑定源之间的联系，在需要进行数据转换时，还提供数据转换器。
- 数据转换器（Value Converter）：用于实现不同类型数据间的转换，如 TextBlock 对象的 Background 要求使用 SolidColorBrush 值，但在实际使用过程中，可以将一个 Color 值赋给 Background。这种不同数据之间的关系就是由数据转换器完成的。

绑定模式（Binging Mode）如图 8-1 所示，对象间连接的有向箭头指明了绑定的方向，这种绑定方向也被称为绑定模式。绑定方向不仅可以从源指向目标，也可以从目标指向源，即数据绑定模式可以是单向的，也可以是双向的。

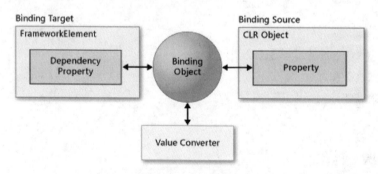

图 8-1　Binding 模式

以下示例，演示了一个简单的数据绑定实例。代码中的绑定目标是 TextBlock 的 FontSize 属性，绑定源为 Slider 对象的 Value 属性。当拖动 Slider 改变其 Value 值时，可以看到 TextBlock 的字体大小会随之发生变化，如图 8-2 所示。

XAML 代码：Databinding1.xaml

```
<StackPanel Margin="5" Grid.Row="1">
    <Slider Name="slider1" Margin="3" Minimum="1" Maximum="40" Value=
"10"></Slider>
    <TextBlock Margin="10" Name="lblSampleText" FontSize="{Binding ElementName=
slider1, Path=Value, Mode=OneWay}" Text="示例文字">
    </TextBlock>
</StackPanel>
```

图 8-2　元件间绑定

绑定表达式为{Binding ElementName=slider1, Path=Value, Mode=OneWay}，使用 XAML 扩展标记 Binding，ElementName 用于指定绑定源对象名称，Path 用于指定绑定源对象绑定的属性，Mode 表示绑定的模式。整个表达式写在一对大括号内，各关键词之间采用逗号","分隔，绑定表达式一般写在绑定目标对象的绑定属性中。

这个示例显示，数据绑定在两个对象的两个元素之间建立了联系，使目标对象的属性会自动随绑定源对象值的变化自动更新。这种绑定机制非常有效地实现了两对象之间的互动关系。

事实上，Silverlight for Windows Phone 中数据绑定可以完成更多更复杂的应用，尤其是用于呈现大批量数据源中的数据。采用数据绑定（Data Binding）结合数据模板（Data Template），可以高效地完成数据呈现应用。

8.1.2　数据绑定模式

绑定表达式中的 Mode 表示数据绑定的模式，Silverlight for Windows Phone 中提供了 3 种数据绑定模式：OneTime、OneWay 和 TwoWay。这 3 种模式的含义分别如下：

● OneTime，这是一种单向的模式，在绑定执行时，绑定源数据会传递给绑定目标，实现数据绑定。但这种绑定只执行一次，也就是说，此后绑定源对象的绑定属性值变化不会更新到绑定目标上。绑定目标不会持续跟踪绑定源的变化。

● OneWay，这也是一种单向绑定模式，除了初次绑定时，绑定源对象的属性值会传递给

　　　　　绑定目标，此后每次绑定对象的绑定属性值变化都会更新到绑定目标上。
- TwoWay，这是一种双向绑定模式，不仅绑定源对象的绑定属性变化会更新到绑定目标对象上，绑定目标对象的属性值变化也会更新绑定源对象。

　　以下示例，演示了不同绑定模式的特点。绑定源为 Slider1，绑定目标包括两个 TextBlock 和一个 TextBox，其中 TextBlock1 的绑定模式为 OneWay，TextBlock2 的绑定模式为 OneTime，TextBox 的绑定模式为 TwoWay。执行效果如图 8-3 所示。

XAML 代码：DataBinding2.xaml

```
<StackPanel Margin="5" Grid.Row="1">
    <Slider Name="slider1" Margin="3" Minimum="1" Maximum="100" Value="20
"></Slider>
    <TextBlock Margin="5" Name="TextBlock1"  FontSize="{Binding ElementNa
me=slider1, Path=Value, Mode=OneWay}"  Text="OneWay绑定模式"></TextBlock>
    <TextBlock Margin="5" Name="TextBlock2"  FontSize="{Binding ElementNa
me=slider1, Path=Value, Mode=OneTime}" Text="OneTime绑定模式"></TextBlock>
    <TextBox Name="TextBox1" Text="{Binding ElementName=slider1,Path=Val
ue,Mode=TwoWay" > </TextBox>
</StackPanel>
```

图 8-3　绑定模式对绑定的影响

　　从程序中可以发现，由于 TextBlock2 的绑定模式为 OneTime，所以当 Slider1 的 Value 值发生变化时，TextBlock2 的 Text 内容不会像 TextBlock1 那样随之发生变化，而是保留在初始值 20。因为 Slider1 初始的 Value=20，在绑定时传递给了 TextBlock2 的 FontSize。

　　另外，由于 TextBox1 的绑定模式为 TwoWay，这样一方面 Slider1 的 Value 值变化时，会更新到 TextBox1 的 Text；而且 TextBox1 的 Text 值发生变化，且焦点离开 TextBox1 时，Slider1 的 Value 值也会随之变化。更有趣的变化是，当 Slider1 受 TextBox1 影响其 Value 值发生变化时，也会触发 TextBlock1 的变化，因为 Slider1 是 TextBlock1 的绑定源。这样，TextBox1 可以间接地控制 TextBlock1 的字体大小。

　　　　　因此，在实际使用中，需要注意区分不同绑定模式对数据绑定效果的影响，系统默认的绑定模式为 OneWay，即没有明确指定绑定模式时，默认取 OneWay。

　　当绑定模式设置为 TwoWay 时，Silverlight for Windows Phone 还提供了 UpdateSourceTrigger 属性用于控制绑定目标对象的值变化对绑定源对象的更新行为，取值包括 Default 和 Explicit。

默认取值为 Default，表示绑定目标对象变化时自动更新绑定源对象。如上例中的 TextBox 更新 Slider；当设置为 Explicit 时，会取消自动更新，只有在程序代码中显式调用绑定表达式 BindingExpression 的 UpdateSource 时才会执行更新。因此，在双向绑定且需要在更新前先判断 是否符合更新条件时，可以将 UpdateSourceTrigger 属性设置为 Explicit，示例如下。

XAML 代码：

```
<TextBox Name="TextBox1" Text="{Binding ElementName=slider1,Path=Value,
Mode=TwoWay,UpdateSourceTrigger=Explicit}" ></TextBox>
```

8.1.3　使用 DataContext

在前面的示例中，绑定表达式直接绑定在绑定目标对象的属性上。在实际使用过程中，如 果同一个绑定源需要绑定到多个绑定目标对象，可以采用 DataContext 属性，即将这些绑定目标 对象置于同一个面板中，然后将绑定源设置到面板的 DataContext 属性。这样，面板内所有子元 素都可以使用同一个绑定源了。

例如以下示例，绑定源为 Slider1，绑定目标对象有两个：TextBlock 和 Button，分别绑定在 各自的 Text 属性和 FontSize 属性上，属于两个对象使用同一个绑定源的情况。因此，代码中将 绑定源绑定在 StatckPanel 面板的 DataContext 属性上，在子元素上不需要指定绑定源，只需要 指定绑定的源对象属性，即 Path 的名称。

XAML 代码：DataBinding3.xaml

```
<StackPanel Grid.Row="1">
  <Slider Name="slider1" Margin="3" Minimum="1" Maximum="100"
Value="20"></Slider>
  <StackPanel DataContext="{Binding ElementName=slider1}">
  <TextBlock HorizontalAlignment="Center" Text="{Binding Path=Value}" />
  <Button HorizontalAlignment="Center" Margin="24" FontSize="{Binding
Path=Value, Mode=OneWay}">示例文字</Button>
  </StackPanel>
```

上述代码的执行效果如图 8-4 所示。

图 8-4   使用 DataContext

在 Silverlight for Windows Phone 中，FrameworkElement 对象都具有 DataContext 属性，也就是说可以在多个 FrameworkElement 对象的 DataContext 属性上设置绑定源，如不同层次的面板，系统会自动查找 DataContext 中绑定表达式，并取最近的执行绑定。

8.1.4   数据转换

在前面的示例中可以看到，Slider1 的 Value 值是一个浮点数类型的值，且有时小数位多达十几位，给人感觉非常不友好。事实上，可以采用数据转换，将上述浮点数转换成为相对友好的整型数据。

数据绑定中的数据转换可以实现不同数据类型的转换，如从浮点数转换成整数，或者反之，以及从数值型数据转换成为字符串等，也可以在不同类型对象间实现转换，如从 Color 转换成 Brush 等。有些转换，XAML 编译器可以自动完成，如上例中，Slider 对象的 Value 属性是浮点数，绑定到 TextBlock 的 Text 属性时是字符串值，这种从浮点数到字符串的转换，由 XAML 编译器自动完成，属于隐式转换。

数据绑定表达式中的转换器 Converter 属性是一个 IValueConverter 类型的接口，要求实现两个方法：Convert 和 ConvertBack。Convert 方法用于实现将绑定源的数据类型转换到绑定目标对象的数据类型；ConvertBack 则正好相反，但 ConvertBack 需要在数据绑定模式 Mode 设置为 TwoWay 时才有效。

以下示例在上例基础上，添加了数据转换，实现将浮点数值转换为整型数据。实现上述要求的过程如下。

（1）定义数据转换器。转换器实现了 Convert 和 ConvertBack 两方法。

VB.net 代码：DataConverter.vb

```vb
Imports System
Imports System.Windows.Data
Public Class DataConverter
    Implements IValueConverter
    ' Convert 实现从绑定源到绑定目标的转换
    Public Function Convert(ByVal value As Object, _
        ByVal targetType As Type, ByVal parameter As Object, _
        ByVal culture As System.Globalization.CultureInfo) As Object _
        Implements IValueConverter.Convert
        If TypeOf value Is Double Then
            Return (CInt(value))
        End If
        Return value
End Function
' ConvertBack 实现从绑定目标向绑定源的转换
    Public Function ConvertBack(ByVal value As Object, _
        ByVal targetType As Type, ByVal parameter As Object, _
        ByVal culture As System.Globalization.CultureInfo) As Object _
        Implements IValueConverter.ConvertBack
            Return value
            Throw New NotImplementedException
    End Function
End Class
```

（2）在 XAML 文件中，添加项目名称映射，代码如下。

XAML 代码：DataBinding4.xaml

```
xmlns:my="clr-namespace:DataManipulate"
```

（3）将转换器作为页面的资源。以便页面内子元素引用此转换器，如果需要在应用程序范围内使用数据转换器，可以将转换器定义为 Application 的资源，代码如下。

XAML 代码：DataBinding4.xaml

```
<phone:PhoneApplicationPage.Resources>
```

```
            <my:DataConverter    x:Key="DataConverter1"/>
        </phone:PhoneApplicationPage.Resources>
```

（4）在绑定目标对象的数据绑定表达式中，添加数据转换选项，代码使用 StaticResource 扩展标记，与资源的引用代码相同，因为此处数据转换器已经定义为页面资源，代码如下。

XAML 代码：DataBinding4.xaml

```
        <TextBlock HorizontalAlignment="Center" Text="{Binding Path=Value,Mode=
OneWay,Converter={StaticResource DataConverter1 }}" ></TextBlock>
```

本例的执行效果如图 8-5 所示。

图 8-5　使用数据转换器

转换器还可以加入逻辑判断，并且可以同时使用多个转换器，实现更加复杂的应用。如以下示例演示了当 Slider1 的 Value 值大于某一设定值时，StackPanel 面板的背景转换成为红色，小于设定值时，背景转为默认颜色。

本程序使用到了两个转换器，其中之一是上例介绍的 DataConverter，另一转换器带有逻辑判断，代码如下。

VB.net 代码：ValueToBackground.vb

```
Imports System.Windows.Data
Public Class ValueToBackground
Implements IValueConverter
    '_SetValue 为初始设定值，当取值小于_SetValue 时，背景颜色不变，否则变为
    '_backgroundBrush
```

```vbnet
    Private _SetValue As Decimal = 50
    Public Property SetValue() As Decimal
        Get
            Return _SetValue
        End Get
        Set(ByVal value As Decimal)
            _SetValue = value

        End Set
    End Property
    Private _backgroundBrush As Brush
    Public Property backgroundBrush() As Brush
        Get
            Return _backgroundBrush
        End Get
        Set(ByVal value As Brush)
            _backgroundBrush = value

        End Set
    End Property
    '_ defaultBrush 为默认背景色
    Private _defaultBrush As Brush
    Public Property DefaultBrush() As Brush
        Get
            Return _defaultBrush
        End Get
        Set(ByVal value As Brush)
            _defaultBrush = value

        End Set
End Property


    Public Function Convert(ByVal value As Object, ByVal targetType As Type,
ByVal parameter As Object, ByVal culture As System.Globalization.CultureInfo)
```

```
As Object Implements IValueConverter.Convert
        Dim Actualvalue As Decimal = CDec(value)
        If Actualvalue >= SetValue Then
            Return backgroundBrush
        Else
            Return DefaultBrush
        End If
    End Function


    Public Function ConvertBack(ByVal value As Object, ByVal targetType As
Type, ByVal parameter As Object, ByVal culture As System.Globalization.
CultureInfo) As Object Implements IValueConverter.ConvertBack
        Throw New NotSupportedException()
    End Function
End Class
```

在 XAML 代码中需要引用上述两个转换器，并作为页面资源，代码如下。

XAML 代码：DataBinding5.xaml

```
<phone:PhoneApplicationPage
  …
  shell:SystemTray.IsVisible="True"
  xmlns:my="clr-namespace:DataManipulate">
<phone:PhoneApplicationPage.Resources>
    <my:ValueToBackground x:Key="ValueToBackground1" DefaultBrush=
"{x:Null}" backgroundBrush="Red"/>
    <my:DataConverter x:Key="DataConverter1"/>
</phone:PhoneApplicationPage.Resources>
…
```

在绑定目标对象上，引用上述两个转换器，其中 StackPanel 面板使用转换器 ValueToBackground1，并且绑定在 Background 属性；TextBlock 依旧绑定上例中的 DataConverter1 转换器。

XAML 代码：DataBinding5.xaml

```
<StackPanel Grid.Row="1">
    <Slider Name="slider1" Margin="3" Minimum="1" Maximum="100"
Value="20"></Slider>
    <StackPanel DataContext="{Binding ElementName=slider1}" Background=
"{Binding Path=Value,Converter={StaticResource ValueToBackground1 }}">
    <TextBlock HorizontalAlignment="Center" Text="{Binding Path=Value,
Mode=OneWay, Converter={StaticResource DataConverter1}}" FontSize="24">
></TextBlock>
    <Button HorizontalAlignment="Center" Margin="24" FontSize="{Binding
Path=Value, Mode=OneWay}">示例文字</Button>
    </StackPanel>
    </StackPanel>
```

上例执行结果如图 8-6 所示。

图 8-6　使用多个数据转换器

289

8.1.5 绑定到数据集：短信管理

数据绑定最常见的用途是通过绑定实现大批量数据的呈现，如新闻网站 Windows Phone 客户端工具、MarketPlace 中的软件列表、People Hub 中的联系人列表等。这些都是非常典型的大批量数据应用。

在 Silverlight for Windows Phone 中常用的数据列表控件是 ListBox，应用 ListBox 控件结合数据绑定和数据模板，是数据类应用程序中最常见的结构。在前面的实例中，已介绍过关于 ListBox 绑定数据的例子。本例采用两层数据结构，模拟 Windows Phone 系统中的短消息，实现短消息管理的应用。

（1）创建 MessageTitle 和 Message 类。MessageTitle 类是指短消息首页面显示的消息列表，其中短消息内容是以缩略的形式出现的，并且同一联系人的来往短消息只显示为最新消息，其他消息不显示。本程序中，为实现方便进行了简化，代码如下。

```vbnet
VB.net 代码：MessageTitle.vb
Public Class Messagetitle
    Private _TelNo As String
    Public Property TelNo() As String
        Get
            Return _TelNo
        End Get
        Set(ByVal value As String)
            _TelNo = value
        End Set
    End Property


    Private _Intime As String
    Public Property Intime() As String
        Get
            Return _Intime
        End Get
        Set(ByVal value As String)
            _Intime = value
        End Set
    End Property
```

```
    Private _messageAbstrct As String
    Public Property messageAbstrct() As String
        Get
            Return _messageAbstrct
        End Get
        Set(ByVal value As String)
            _messageAbstrct = value
        End Set
    End Property
End Class
```

Message 类是短消息的内容列表，每一条来往短消息都是 Message 类的一个实例，代码如下。

VB.net 代码：Message.vb

```
P Public Class Message
    Private _TelNo As String
    Public Property TelNo() As String
        Get
            Return _TelNo
        End Get
        Set(ByVal value As String)
            _TelNo = value
        End Set
    End Property

    Private _Intime As String
    Public Property Intime() As String
        Get
            Return _Intime
        End Get
        Set(ByVal value As String)
            _Intime = value
        End Set
```

```
    End Property


    Private _message As String
    Public Property message() As String
        Get
            Return _message
        End Get
        Set(ByVal value As String)
            _message = value
        End Set
    End Property
    '是收到的，还是发送的
    Private _Isreceived As Boolean
    Public Property Isreceived() As Boolean
        Get
            Return _Isreceived
        End Get
        Set(ByVal value As Boolean)
            _Isreceived = value
        End Set
    End Property
End Class
```

（2）设计短消息列表页（DataBinding7.xaml）。此页面的作用是显示 MessageTitle 类短消息列表。列表中的每一条信息都是 MessageTitle 类的一个实例，代码如下。

XAML 代码：DataBinding7.xaml

```xaml
<phone:PhoneApplicationPage
    …
    <Grid x:Name="LayoutRoot" Background="Transparent" >
        <Grid.RowDefinitions>
            <RowDefinition Height="Auto"/>
            <RowDefinition Height="*"/>
        </Grid.RowDefinitions>
```

```
                <StackPanel x:Name="TitlePanel" Grid.Row="0" Margin=
"12,17,0,28">
                    <TextBlock x:Name="ApplicationTitle" Text="DataBinding" Style=
"{StaticResource PhoneTextNormalStyle}"/>
                    <TextBlock x:Name="PageTitle" Text="Messages" Margin="9,-7,0,0"
Style="{StaticResource PhoneTextTitle1Style}"/>
                </StackPanel>

                <Grid x:Name="ContentPanel" Grid.Row="1" Margin="12,0,12,0">
                <ListBox Name="Listbox1" Width="420" Margin="0,5,0,10" >
                    <ListBox.ItemTemplate>
                     <DataTemplate>
                       <StackPanel Orientation="Horizontal" >
                            <StackPanel Orientation="Vertical" Margin="5" Width=
"360">
                                <TextBlock Text="{Binding TelNo}" HorizontalAlignment=
"Left" FontSize="32" />
                                    <TextBlock   Text="{Binding   messageAbstrct}"
HorizontalAlignment="Left"  TextWrapping="Wrap"/>
                                </StackPanel>
                                <TextBlock Text="{Binding Intime}" HorizontalAlignment=
"Left" />

                        </StackPanel>
                    </DataTemplate>
                </ListBox.ItemTemplate>
            </ListBox>
        </Grid>
    </Grid>
</phone:PhoneApplicationPage>
```

此页面中采用 ListBox 控件显示 MessageTitle 类列表，采用 DataTemplate 模板定制了显示格式，显示内容通过数据绑定将 TelNo（电话号码）、messageAbstrct（缩减后的消息内容）和 Intime（收发时间）绑定到 3 个 TextBlock 控件中。

页面的程序代码定制了 MessageTitle 类列表，并将列表数据源 messagetitlelist（这是一个

List(Of Messagetitle)列表）绑定到 ListBox 控件对象上，代码如下。

XAML 代码: DataBinding7.xaml.vb

```
Partial Public Class DataBinding7
    Inherits PhoneApplicationPage
    Dim messagetitlelist As List(Of Messagetitle)

    Public Sub New()
        InitializeComponent()
    End Sub


    Private Sub PhoneApplicationPage_Loaded(sender As System.Object, e As
System.Windows.RoutedEventArgs) Handles MyBase.Loaded
        messagetitlelist = New List(Of Messagetitle)
        Dim mst As Messagetitle
        mst = New Messagetitle With {.TelNo = "1234567890", .Intime =
"6:30", .messageAbstrct = "Windows Phone Mango Updates 可下载了."}
        messagetitlelist.Add(mst)
        mst = New Messagetitle With {.TelNo = "123400000", .Intime =
"7:30", .messageAbstrct = "Manago 新特性"}
        messagetitlelist.Add(mst)
        mst = New Messagetitle With {.TelNo = "123400001", .Intime =
"12:30", .messageAbstrct = "最新资料下载"}
        messagetitlelist.Add(mst)
        mst = New Messagetitle With {.TelNo = "123400002", .Intime =
"8:30", .messageAbstrct = "Mango 最新新闻"}
        messagetitlelist.Add(mst)
        '绑定列表到 ListBox
        Me.Listbox1.ItemsSource = messagetitlelist
    End Sub


    Private Sub Listbox1_SelectionChanged(sender As System.Object, e As
System.Windows.Controls.SelectionChangedEventArgs) Handles Listbox1.
SelectionChanged
```

```
' 单击 ListBoxItem 项导航到消息详细信息页面 DataBinding7_detail.xaml
        Dim mst As Messagetitle = Me.Listbox1.SelectedItem
        Me.NavigationService.Navigate(New
Uri("/DataBinding7_detail.xaml?Telno=" & mst.TelNo, UriKind.Relative))
    End Sub
End Class
```

（3）设计消息详细内容显示页面（DataBinding7_detail.xaml）。此页面同样采用了 ListBox 显示短消息，并且显示的短消息列表是符合前一页 DataBinding7.xaml 中选定消息的电话号码 TelNo 值的。ListBox 中同样使用了 DataTemplate 和数据绑定用于显示消息内容，其中数据绑定表达式中使用了数据转换，代码如下。

XAML 代码：DataBinding7_detail.xaml

```
<phone:PhoneApplicationPage
    x:Class="DataManipulate.DataBinding7_detail"
    …
    shell:SystemTray.IsVisible="True"
xmlns:my="clr-namespace:DataManipulate">

    <phone:PhoneApplicationPage.Resources>
        <my:ValueToHorizontalAlignment x:Key="ValueToHorizontalAlignment1" />
        <my:DataConverter x:Key="DataConverter1"/>
    </phone:PhoneApplicationPage.Resources>

    <Grid x:Name="LayoutRoot" Background="Transparent">
    <Grid.RowDefinitions>
        <RowDefinition Height="Auto"/>
        <RowDefinition Height="*"/>
    </Grid.RowDefinitions>

        <StackPanel x:Name="TitlePanel" Grid.Row="0" Margin="12,17,0,28">
        <TextBlock x:Name="ApplicationTitle" Text="DataBinding"
Style="{StaticResource PhoneTextNormalStyle}"/>
            <TextBlock x:Name="PageTitle" Text="page name" Margin="9,-7,0,0"
Style="{StaticResource PhoneTextTitle1Style}" FontSize="36" TextWrapping=
```

```
"Wrap" />
        </StackPanel>

        <Grid x:Name="ContentPanel" Grid.Row="1" Margin="12,0,12,0">
            <ListBox Name="Listbox1" Width="420" Margin="0,5,0,10" >
                <ListBox.ItemTemplate>
                    <DataTemplate>
                        <StackPanel Width="400">
                    <Border BorderThickness="1" BorderBrush="Blue" Margin="5" Width="320"
HorizontalAlignment="{Binding Path=Isreceived,Converter={StaticResource
ValueToHorizontalAlignment1 }}" Background="Blue" >
                        <StackPanel Orientation="Vertical" Margin="5">
                        <TextBlock Text="{Binding message}" HorizontalAlignment=
"Left" TextWrapping="Wrap" Width="300"  Foreground="White" />
                            <TextBlock Text="{Binding Intime}" HorizontalAlignment=
"Right" FontSize="15" Foreground="White"  />
                        </StackPanel>
                    </Border>
                        </StackPanel>
                    </DataTemplate>
                </ListBox.ItemTemplate>
            </ListBox>
        </Grid>
    </Grid>
</phone:PhoneApplicationPage>
```

此页面的程序代码与 DataBinding7.xaml.vb 代码类似，定制了 Message 类列表，并绑定到了页面的 ListBox 控件，代码如下。

VB.net 代码：DataBinding7_detail.xaml.vb

```
Partial Public Class DataBinding7_detail
    Inherits PhoneApplicationPage

    Public Sub New()
        InitializeComponent()
```

```vb
        End Sub

        Private Sub PhoneApplicationPage_Loaded(sender As System.Object, e As
System.Windows.RoutedEventArgs) Handles MyBase.Loaded
            Dim messagelist As List(Of Message)
            messagelist = New List(Of Message)
            Dim messageFilterlist As List(Of Message) = New List(Of Message)
            Dim mes As Message
            mes = New Message With {.TelNo = "1234567891", .Intime =
"5:30", .message = "Mango什么时候可以吃啊？", .Isreceived = True}
            messagelist.Add(mes)
            mes = New Message With {.TelNo = "1234567890", .Intime =
"5:32", .message = "是啊，我也等着呢？", .Isreceived = False}
            messagelist.Add(mes)
            mes = New Message With {.TelNo = "1234567890", .Intime =
"5:42", .message = "据说今天可以下载？", .Isreceived = True}
            messagelist.Add(mes)
            mes = New Message With {.TelNo = "1234567890", .Intime =
"6:30", .message = "Windows Phone Mango Updates 可下载了.", .Isreceived = False}
            messagelist.Add(mes)
            '获取前一页面传递的参数
            Dim aa As String = NavigationContext.QueryString("Telno")
            Me.PageTitle.Text = aa & "的 Message"
            Dim mess As Message
            '根据参数（TelNo）过滤 Message 列表
            For Each mess In messagelist
                If mess.TelNo = aa Then
                    messageFilterlist.Add(mess)
                End If
            Next
            Me.Listbox1.ItemsSource = messageFilterlist
        End Sub
    End Class
```

（4）数据绑定转换器。 本数据绑定转换器主要用于实现根据 Message 的收发来源不同，使显示的短消息内容向左对齐或者向右对齐，代码如下。

VB.net 代码：

```vbnet
ValueToHorizontalAlignment.vb
Imports System.Windows.Data
Public Class ValueToHorizontalAlignment
    Implements IValueConverter
    '需转换后返回的结果，HorizontalAlignment 类对象
    Private m_HorizontalAlignment As HorizontalAlignment
    Public Property mHorizontalAlignment() As HorizontalAlignment
        Get
            Return m_HorizontalAlignment
        End Get
        Set(ByVal value As HorizontalAlignment)
            m_HorizontalAlignment = value
        End Set
    End Property
    '源到目标的转换方法，根据 value 值的 True 或 False 来确定水平排列方向
    Public Function Convert(ByVal value As Object, ByVal targetType As Type,
ByVal parameter As Object, ByVal culture As System.Globalization.CultureInfo)
As Object Implements IValueConverter.Convert
        Dim oriental As Boolean = value
        If oriental Then
            mHorizontalAlignment = HorizontalAlignment.Left
        Else
            mHorizontalAlignment = HorizontalAlignment.Right
        End If
        Return mHorizontalAlignment
    End Function

    Public Function ConvertBack(ByVal value As Object, ByVal targetType As
Type, ByVal parameter As Object, ByVal culture As System.Globalization.
CultureInfo) As Object Implements IValueConverter.ConvertBack
```

```
        Throw New NotSupportedException()
    End Function
End Class
```

本程序执行的结果如图 8-7 所示。

图 8-7　绑定数据集合——仿 Message 管理器

8.1.6　绑定验证

在绑定模式 Mode 设定为 TwoWay 时，由于绑定目标对象的更改可能会不符合实际的业务规则，这样当目标更新到源时，可能会引起业务逻辑错误。如订单提交时，如果订购数量小于0，是不符合业务要求的。

因此，需要在 TwoWay 模式的数据绑定中添加对绑定目标数据值的验证，以检查是否符合业务要求。Silverlight for Windows Phone 在数据绑定中提供了绑定验证，可以在提交数据前验证是否符合业务规则。以下示例演示了用户在输入出生日期后，绑定验证会检查年龄值是否小于 18，如果小于 18，会显示错误信息，并不允许数据更新。

本程序代码包括数据绑定源类 Age 代码、BindingValidationError 事件代码等。BindingValidationError 在验证出错时被触发，NotifyOnValidationError 用于确定是否显示错误信息，取值为 True 表示显示，False 表示不显示。ValidatesOnExceptions 用于确定是否让绑定引擎捕捉验证错误，取值为 True 表示捕捉错误，False 表示不捕捉。

页面代码如下。

XAML 代码：DataBinding8.xaml

```
<StackPanel Orientation="Horizontal" VerticalAlignment="Top">
    <TextBox  x:Name="TextBox1"  Width="160"  Margin="10"  Height="70"
Text="{Binding Source={StaticResource Age1},
Path=Birthday,Mode=TwoWay,NotifyOnValidationError=True,
ValidatesOnExceptions=True}"
BindingValidationError="StackPanel_BindingValidationError"
FontSize="22"></TextBox>
    <TextBlock Name="txterror" Visibility="Collapsed" Foreground="Red"
VerticalAlignment="Center"></TextBlock>
</StackPanel>
```

页面的程序代码如下。

VB.net 代码：DataBinding8.xaml.vb

```
Partial Public Class DtdaBinding8
    Inherits PhoneApplicationPage
    Public Sub New()
        InitializeComponent()
    End Sub
    Private Sub StackPanel_BindingValidationError(ByVal sender As Object, _
    ByVal e As ValidationErrorEventArgs)
        If e.Action = ValidationErrorEventAction.Added Then
            TextBox1.Background = New SolidColorBrush(Colors.Red)
            Me.txterror.Text = "年龄必须大于 18 岁。"
            Me.txterror.Visibility = Windows.Visibility.Visible
        ElseIf e.Action = ValidationErrorEventAction.Removed Then
            TextBox1.Background = New SolidColorBrush(Colors.White)
            Me.txterror.Visibility = Windows.Visibility.Collapsed
        End If
    End Sub
End Class
```

数据源 Age 类代码如下。

VB.net 代码：Age.vb

```
Imports System
Public Class Age
    Private _Birthday As Date = System.DateTime.Today
    Public Property Birthday() As Date
        Get
            Return _Birthday
        End Get
        Set(ByVal value As Date)
            Dim nyear As Integer = 0
            nyear = System.DateTime.Now.Year - value.Year
            If nyear < 18 Then
                Throw New Exception("年龄必须大于18岁。")
            End If
            _Birthday = value
        End Set
    End Property
End Class
```

程序执行结果，如图 8-8 所示。

图 8-8　使用数据绑定验证

8.2 —●独立存储

应用程序操作权限过大是操作系统安全性受到威胁的最大问题。因此，为提高系统安全性，Windows Vista 和 Wndows 7 等操作系统都通过防火墙加入了授权确认等功能，要求某些操作需要得到用户的授权确认后才能执行操作；部分安全软件也要求在执行某些操作系统关键位置的变更时，必须得到用户确认才能执行。这些权限限制，在一定程度上提高了系统的安全性。

在 Windows Phone 系统中，应用程序可以在手机中保存数据。但是这些数据是独立的，也就是说每个应用程序只能操作和管理操作系统为本应用程序提供的存储空间中存储的文件与数据，但是不能操作其他应用程序或者操作系统本身的文件与数据。这种存储模式被称为独立存储，独立存储模式为 Windows Phone 系统的安全性提供了有效保障，也阻止了未经授权的访问和应用程序间的数据冲突。

Windows Phone 中的独立存储分为 IsolatedStorageSettings 和 IsolatedStorageFile 两种，Windows Phone 提供了相应的 API 用于对这两类数据进行存取操作，如图 8-9 所示。

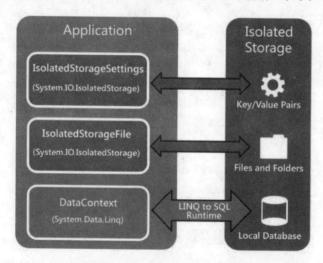

图 8-9　Windows Phone 数据存储

- IsolatedStorageSettings。独立设置存储，提供了一种由键（Key）/值（Value）对构成的字典型的数据存储方式，可以将应用程序的选项或者相对简单的数据，保存在独立存储空间中；并可以通过键（Key）获取对应的数据值。
- IsolatedStorageFile。独立存储文件，是指以文件形式存放在独立存储空间中的数据存储方式。Windows Phone 独立存储空间提供虚拟文件系统用于管理独立存储的文件，应用程序所在目录可以看做是此独立文件存储空间中的根目录，应用程序可以创建、修改、删除和读取这些文件。因此，对于数据量相对较大，并可以序列化成文件的数据，可以使用 IsolatedStorageFile 进行存取。图片、文档、视频等文件也可以保存为独立存储文件。

Windows Phone 中的独立存储空间还具有以下特点：

（1）在应用程序安装使用后，独立存储空间就会被创建，不管应用程序是否处于关闭或者非激活状态。并且，存储在独立存储空间中的数据与文件不会因为应用程序的退出或非激活而删除，会一直存在。只有当应用程序被卸载时，该应用程序独立存储空间中的数据与文件才会被删除，且这种删除是不可恢复的。

（2）每一个应用程序独立存储的容量没有限制，也就是说 Windows Phone 手机系统有多大剩余存储空间，应用程序的独立存储空间就可以使用多大。但是，一般情况下，由于手机存储空间有限，为了给其他应用程序运行提供必要空间，每一个应用程序保存在独立存储空间中的数据与文件不应过大。

（3）在应用程序更新升级时，原程序产生的独立存储空间会被保留下来，并可供更新后的应用程序使用。

8.2.1　独立设置存储：说句心里话

独立设置存储（IsolatedStorageSettings）以键（Key）/值（Value）对形式保存或读取独立存储空间中的数据，对于可以用键/值对形式表示的数据都可以以独立设置存储的方式来进行存取。

Silverlight for Windows Phone 提供了 IsolatedStorageSettings.ApplicationSettings 属性用于实现对键/值对数据的处理，这一属性会生成一个本应用程序的 IsolatedStorageSettings 实体。相应的 Add、Save、Remove、Clear 等方法提供了添加、保存、删除与清空键/值对数据的操作。

如：

```
'将键（"AppName"）/值（"TellyouMyheart"）对保存到独立存储空间中
appsetting.Add("AppName", "TellyouMyheart")
'从独立存储空间中，取出键（"AppName"）对应的值（"TellyouMyheart"）到字符串变量
'appname
Dim appname As String = appsetting("AppName")
appsetting.Remove("AppName") '删除键（"AppName"）对应的设置值
appsetting.Clear() '清除独立存储空间中设置
```

以下示例，是"说句心里话"程序的程序设置部分。此设置页面用于设置程序的参数，包含 3 部分：进入设置页面的密码、心里话的内容和允许可猜的次数。设置页面的 XAML 代码如下。

XAML 代码：TellyouMyheartSetting.xaml

```xml
<Grid x:Name="ContentPanel" Grid.Row="1" Margin="12,0,12,0">
        <Grid.RowDefinitions>
            <RowDefinition Height="77*" />
            <RowDefinition Height="211*" />
            <RowDefinition Height="82*" />
            <RowDefinition Height="64*" />
            <RowDefinition Height="180*" />
        </Grid.RowDefinitions>
        <TextBlock Height="30" HorizontalAlignment="Left" Name=
"TextBlock1" Text="心里话：" VerticalAlignment="Bottom" Margin="24,0,0,0" />
        <TextBox Grid.Row="1"  Margin="6" Name="TxtMywords" Text=""
VerticalAlignment="Stretch" HorizontalAlignment="Stretch"  />
        <TextBlock Grid.Row="2" Height="30" HorizontalAlignment="Left"
Name="TextBlock2" Text="进入设置页密码：" VerticalAlignment="Bottom"
Margin="24,0,0,19" />
        <TextBox Grid.Row="2" Height="65" HorizontalAlignment="Left"
Margin="177,5,0,0" Name="Pwd" Text=" " VerticalAlignment="Top" Width="197"
HorizontalContentAlignment="Right" FontSize="22" />
        <TextBlock Grid.Row="3" Height="30" HorizontalAlignment="Left"
Name="TextBlock3" Text="可猜次数：" VerticalAlignment="Bottom"
Margin="24,0,0,27" />
        <Slider Grid.Row="3" Height="79" HorizontalAlignment="Left"
Margin="118,12,0,165" Name="Slider1" VerticalAlignment="Center" Width="240"
Value="3" Maximum="9" Minimum="1" Grid.RowSpan="2" />
        <TextBlock Grid.Row="3" Height="30" HorizontalAlignment="Left"
Name="GuessTimes" Text="{Binding ElementName=Slider1,Path=Value,Mode=OneWay}"
VerticalAlignment="Bottom" Margin="371,0,0,26" />
        <TextBlock Grid.Row="3" Height="30" HorizontalAlignment="Left"
Name="TextBlock4" Text="次" VerticalAlignment="Bottom" Margin="396,0,0,26" />
        <Button Content="保存" Grid.Row="4" Height="72"
HorizontalAlignment="Left" Margin="177,18,0,0" Name="Button1" VerticalAlignment=
"Top" Width="160" />
    </Grid>
```

设置页面的程序代码中使用了 IsolatedStorageSettings.ApplicationSettings。因此，需要在代码顶部将相应的名称空间引入。

```
Imports System.IO.IsolatedStorage
```

同时，定义了页面公用变量，用于生成 IsolatedStorageSettings.ApplicationSettings 实体。

```
Dim appsetting As IsolatedStorageSettings = IsolatedStorageSettings.
ApplicationSettings
```

"保存"按钮执行的代码，用于往独立设置存储空间中添加键/值对，保存"心里话"的内容、进入设置页面的密码及可猜次数。

```
Private Sub Button1_Click(sender As System.Object, e As
System.Windows.RoutedEventArgs) Handles Button1.Click
        Dim isSetted As Boolean = True
        If TxtMywords.Text.Trim <> "" Then
            If appsetting.Contains("Mywords") Then
                appsetting("Mywords") = TxtMywords.Text.Trim
            Else
                appsetting.Add("Mywords", TxtMywords.Text.Trim)
            End If
        Else
            MessageBox.Show("请输入心里话的内容。", "数据不能为空",
MessageBoxButton.OK)
            isSetted = False
        End If
        If Me.Pwd.Text.Trim <> "" Then
            If appsetting.Contains("Pwd") Then
                appsetting("Pwd") = Pwd.Text.Trim
            Else
                appsetting.Add("Pwd", Pwd.Text.Trim)
            End If
        End If
        If Slider1.Value > 0 Then
            If appsetting.Contains("GuessTimes") Then
                appsetting("GuessTimes") = CInt(Slider1.Value)
            Else
                appsetting.Add("GuessTimes", CInt(Slider1.Value))
            End If
        End If
        If isSetted Then
            NavigationService.GoBack()
        End If
```

```
      End Sub
```

代码还定义了当程序从其他页面进入到本页面时的操作，即程序会从独立设置存储空间中取出已保存的数据，根据对应的键/值对关系，将数据显示在页面上。

```
    Protected Overrides Sub OnNavigatedTo(ByVal e As System.Windows.
Navigation.NavigationEventArgs)
        If appsetting.Contains("Mywords") Then
            TxtMywords.Text = appsetting("Mywords")
        End If
        If appsetting.Contains("Pwd") Then
            Pwd.Text = appsetting("Pwd")
        End If
        If appsetting.Contains("GuessTimes") Then
            Slider1.Value = appsetting("GuessTimes")
        End If
    End Sub
```

此程序执行的效果如图 8-10 所示。

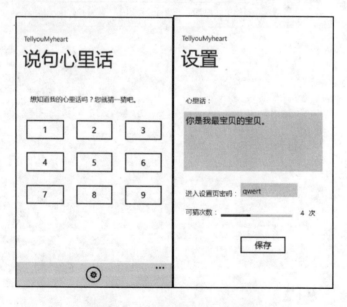

图 8-10　TellyouMyheart 设置页面

8.2.2　独立文件存储

　　Silverlight for Windows Phone 提供了 IsolatedStorageFile 类，用于对应用程序虚拟文件系统中的文件与文件夹（或目录）进行管理。可供使用的方法包括 CreateDirectory、DeleteDirectory、MoveDirectory、CopyFile、CreateFile、DeleteFile 等，主要方法及用途如表 8-1 所示。

表 8-1　独立文件存储的主要方法及使用

方　法	说　明
CopyFile(String, String)	将现有文件复制到新文件。第一个字符串参数表示为源文件名及路径，第二个参数表示目标文件名与路径
CreateDirectory(String)	在独立存储空间中创建目录
CreateFile(String)	在独立存储空间中创建文件，并返回 IsolatedStorageFileStream 结果
DeleteDirectory(String)	在独立存储空间中删除指定的目录
DeleteFile(String)	在独立存储空间中删除指定的文件
DirectoryExists(String)	用于检验独立存储空间中是否存在由 String 参数指定的目录
FileExists(String)	用于检验独立存储空间中是否存在由 String 参数指定的文件
GetCreationTime(String)	返回指定文件与目录创建的时间，返回值为 DateTimeOffset
GetDirectoryNames	返回独立存储空间根目录下的目录数组
GetDirectoryNames(String)	返回符合由 String 指定条件的目录数组，指定条件中可以使用通配符 "*" 和 "?"
GetFileNames	返回独立存储空间根目录下的文件数组
GetFileNames(String)	返回由 String 指定条件的文件数组，指定条件中可以使用通配符 "*" 和 "?"
GetLastAccessTime(String)	返回上次访问指定文件或目录的时间，返回值为 DateTimeOffset
GetLastWriteTime(String)	返回上次写入指定文件或目录的时间，返回值为 DateTimeOffset
MoveDirectory(String,String)	将指定目录及其下的文件与子目录移动到指定的目录，第一个 String 为源目录，第二个 String 为目标目录
MoveFile(String,String)	将第一个 String 参数指定的文件移动为第二个参数指定的文件
OpenFile(String, FileMode)	以 FileMode 指定的模式打开 String 指定的文件。模式包括 CreateNew、Create、Open、OpenOrCreate、Truncate、Append
Remove	删除应用程序的独立存储空间及所有文件与目录

　　以下示例，以文本文件的创建、读/写等操作演示了 IsolatedStorageFile 上述部分方法的使用。页面的 XAML 代码如下。

XAML 代码：IsolatedFileManuplate.xaml

```
<Grid x:Name="ContentPanel" Grid.Row="1" Margin="12,0,12,0">
        <Grid.ColumnDefinitions>
```

```xml
            <ColumnDefinition Width="353*" />
        </Grid.ColumnDefinitions>
        <Grid.RowDefinitions>
            <RowDefinition Height="74*" />
            <RowDefinition Height="68*" />
            <RowDefinition Height="47*" />
            <RowDefinition Height="74*" />
            <RowDefinition Height="55*" />
            <RowDefinition Height="317*" />
        </Grid.RowDefinitions>
        <TextBlock Text="文件路径：" Margin="29,30,316,0" Height="33"
VerticalAlignment="Top" />
        <TextBox HorizontalAlignment="Stretch" Margin="5,69,5,43"
Name="filePath" Text="\\MySubFolder" VerticalAlignment="Stretch" Grid.RowSpan=
"3" />
        <TextBlock Text="文件名：" Margin="29,14,338,0" Height="33"
VerticalAlignment="Top"  Grid.Row="2"/>
        <Button Content="创建" Height="72" HorizontalAlignment="Left"
Name="Button3" VerticalAlignment="Top" Width="122" Margin="6,213,0,0"
Grid.Row="5" />
        <TextBox Grid.RowSpan="3" HorizontalAlignment="Stretch"
Margin="2,46,8,53" Name="filename" Text="Note.txt" VerticalAlignment=
"Stretch" Grid.Row="2" />
        <Button Content="写入" Height="72" HorizontalAlignment="Left"
Margin="213,213,0,0" Name="Button4" VerticalAlignment="Top" Width="111"
Grid.Row="5" />
        <Button Content="删 除" Height="72" Margin="309,213,24,0"
Name="Button5" VerticalAlignment="Top" Grid.Row="5" />
        <TextBlock Text="文件内容：" Margin="29,14,298,0" Height="33"
VerticalAlignment="Top"  Grid.Row="4"/>
        <TextBox HorizontalAlignment="Stretch"  Margin="0,0,10,110"
Name="fileConetnt" Text="" VerticalAlignment="Stretch" Grid.Row="5" TextWrapping=
"Wrap" />
        <Button Content="读取" Height="72" HorizontalAlignment="Left"
```

```
Margin="116,213,0,0"  Name="Button10"  VerticalAlignment="Top"  Width="109"
Grid.Row="5" />
    </Grid>
```

对文件的创建、读/写、删除等操作都需要调用 IsolatedStorageFile，并且需要使用
StreamWriter 和 StreamReader 对象，因此需要在程序代码中引入以下的名称空间。

```
Imports System.IO
Imports System.IO.IsolatedStorage
Imports System.Text
```

同时，由于在多个子过程中都使用到了 IsolatedStorageFile 实例。因此，代码中定义了一个
IsolatedStorageFile 类型的页面公共变量 IsolatedStoragefile，并其取值为 IsolatedStorage
File.GetUserStoreForApplication。

```
    Dim IsolatedStoragefile As IsolatedStorageFile = IsolatedStorageFile.
GetUserStoreForApplication
```

其余代码为各按钮的处理事件，包括以下各部分。

VB.net 代码：　IsolatedFileManuplate.xaml.vb

```
    '创建文件
Private Sub Button3_Click(sender As System.Object, e As
System.Windows.RoutedEventArgs) Handles Button3.Click
        If Me.filePath.Text.Trim <> "" And Me.filename.Text.Trim <> "" Then
            Dim FilePath As String = Me.filePath.Text.Trim
            Dim filename As String = Me.filename.Text.Trim
            Dim File1 As IsolatedStorageFileStream
            Dim filecontentstring As String = "欢迎进入 Windows Phone 程序设计
世界！精彩无限，尽在 Windows Phone!"
    '目录是否存在，不存在先创建目录：文件是否存在，如果文件已存在，则打开文件,否则新建文件
            If Not IsolatedStoragefile.DirectoryExists(FilePath) Then
                IsolatedStoragefile.CreateDirectory(FilePath)
            End If
            If  Not  IsolatedStoragefile.FileExists(Path.Combine(FilePath,
filename)) Then
                File1 = IsolatedStoragefile.CreateFile(Path.Combine(FilePath,
filename))
```

```
            Else
                File1 = IsolatedStoragefile.OpenFile(Path.Combine(FilePath,
filename), FileMode.Create)
            End If
            Dim sw As StreamWriter = New StreamWriter(File1)
            sw.WriteLine(filecontentstring)
            sw.Close()
            File1.Close()
            Me.fileConetnt.Text = ""
        End If
    End Sub
    '读取文件内容
    Private Sub Button10_Click(sender As System.Object, e As System.Windows.
RoutedEventArgs) Handles Button10.Click
        If Me.filePath.Text.Trim <> "" And Me.filename.Text.Trim <> "" Then
            Dim FilePath As String = Me.filePath.Text.Trim
            Dim filename As String = Me.filename.Text.Trim
            Dim File1 As IsolatedStorageFileStream
            Dim filecontent As String = ""
            '如果文件存在，则使用 StreamReader 读取文件到文本框中
            If IsolatedStoragefile.FileExists(Path.Combine(FilePath, filename))
Then
                File1 = IsolatedStoragefile.OpenFile(Path.Combine(FilePath,
filename), FileMode.Open)
                Dim sr As StreamReader = New StreamReader(File1)
                Me.fileConetnt.Text = sr.ReadToEnd()
                sr.Close()
                File1.Close()
            End If
        End If
    End Sub
    '修改文件内容并保存到文件中
    Private Sub Button4_Click(sender As System.Object, e As System.
Windows.RoutedEventArgs) Handles Button4.Click
```

```vbnet
    If Me.filePath.Text.Trim <> "" And Me.filename.Text.Trim <> "" Then
        Dim FilePath As String = Me.filePath.Text.Trim
        Dim filename As String = Me.filename.Text.Trim
        Dim File1 As IsolatedStorageFileStream
        Dim filecontent As String = Me.fileConetnt.Text.Trim
        If IsolatedStoragefile.FileExists(Path.Combine(FilePath,
filename)) Then
            File1 = IsolatedStoragefile.OpenFile(Path.Combine(FilePath,
filename), FileMode.Create)
    '使用 StreamWriter 写入数据到文件
            Dim sw As StreamWriter = New StreamWriter(File1)
            sw.WriteLine(filecontent)
            sw.Close()
            File1.Close()
            Me.fileConetnt.Text = ""
        End If
    End If
End Sub
'删除文件
    Private Sub Button5_Click(sender As System.Object, e As System.Windows.
RoutedEventArgs) Handles Button5.Click
        If Me.filePath.Text.Trim <> "" And Me.filename.Text.Trim <> "" Then
            Dim FilePath As String = Me.filePath.Text.Trim
            Dim filename As String = Me.filename.Text.Trim
            Dim filecontent As String = Me.fileConetnt.Text.Trim
    '如果文件存在，则删除文件
            If IsolatedStoragefile.FileExists(Path.Combine(FilePath, filename))
Then
                IsolatedStoragefile.DeleteFile(Path.Combine(FilePath,
filename))
            End If
    Me.fileConetnt.Text = ""
        End If
    End Sub
```

程序执行的效果如图 8-11 所示。

图 8-11　使用 IsolatedStorageFile 读/写文件

8.3　远程数据访问

在前文中，已多次提到由于手机存储空间有限，不可能将大量数据存放在本地系统中，而且 Windows Phone 手机一般都支持 Wifi 网络或者 3G 网络。因此，通过 Wifi 或 3G 网络获取远程数据资源已成为众多应用程序必须实现的功能。如新浪新闻、新浪微博、奇艺影视等客户端工具，就是通过网络获取数据，然后在本地 Windows Phone 手机上呈现来实现的。

目前，可供 Windows Phone 系统远程访问的数据服务主要包括网页数据、SOAP 服务、REST 服务、流媒体服务等。

- 网页数据。是指各 Web 服务器提供的网站上的页面，包括各种网页设计语言开发的动态网页（最后都会被编译和解析成为 HTML 页面），以及网站中包含的各种图片、文档等数据。对于网页数据，Windows Phone 可以采用自带的网络浏览器访问，如 IE 等。如果需要将浏览网页的功能集成到应用程序中，可以采用 WebBrowser 控件开发集成浏览器的应用程序页面。

- SOAP 服务。是指基于简单对象访问协议（Simple Object Access Protocol）开发的，可对外提供的网络服务。SOAP 协议是一种轻量的、简单的、基于 XML 的协议，它采用 HTTP 作为通信协议，以 XML 作为编码格式来传输数据。常见 Web Service、WCF 服务等有很多就是采用 SOAP 服务实现的。由于 HTTP 协议是各类网络浏览器都支持的数据传输协议，基于 HTTP 协议的 SOAP 服务可以透过防火墙，因此，可作为应用程序数据交换的解决方案。

- REST 服务。即表述性状态转移（Representational State Transfer）服务，是同样采用 HTTP 通信协议的网络数据传输与服务提供方式。REST 服务将网络上的各种事物都看做是资源，并用唯一的标识来识别每一种资源，这些资源以数据+特定的表现方式来呈现，即 Representational。REST 服务相比 SOAP 服务，更为简单，越来越多的 Web Service 都在转向采用 REST 服务，如 Amazon.com 的图书查找服务、淘宝的 API 等采用的都是 REST 服务。

- 流媒体服务。是指以流式在网络提供媒体传输的服务。由于媒体（如视频、音频等）数据量大，通过网络直接下载整个文件会受网速影响，出现等待时间长甚至完全无法下载等问题。因此，很多媒体服务都将视频、音频分解为相对较小的数据包，用户客户端可以边接收数据包，边播放。Windows Phone 应用程序中各媒体服务网站提供的客户端工具，如土豆、奇艺等客户端都是通过接收流媒体服务数据实现的。

Windows Phone 可以连接和获取上述服务，主要采用的技术包括 Web Service、Web Client、HttpWebRequest 等。

8.3.1　访问 Web Service：中英文翻译

Web Service 是指采用 SOAP 等协议，以 XML 作为编码格式的基于网络的对外服务提供形式。应用 Web Service，企业可以把本单位的服务通过网络方式来对外提供，如某些零售企业需要供应商即时获知商品的销售情况和库存状态，这些相关的查询服务可以封装成为 Web Service 提供给供应商使用。

Web Service 采用 WSDL 描述，用户可以发现和利用这些服务，并把这些服务集成到自己的应用程序系统中。因此，Web Service 为多应用程序间数据集成提供有效的解决办法。

如图 8-12 所示为一个提供中英文双向翻译服务的 Web Service。此项服务使用 HTTP 协议传送数据，可以通过调用此项服务将数据请求（包括参数）提交（POST）给 Web Service 服务，Web Service 会将查询结果以 XML 格式返回给用户。

如图 8-13 所示为返回的数据，以 XML 格式呈现。

Visual Studio 2010 Express for Windows Phone 提供了很强的 Web Service 应用集成开发功能，可以方便地将 Web Service 集成到应用程序中，如同本地的一个服务类一样使用。

以下示列，以中英文双向翻译服务 Web Service 为例，介绍在 Windows Phone 中开发远程访问 Web Service 数据的应用程序的过程。

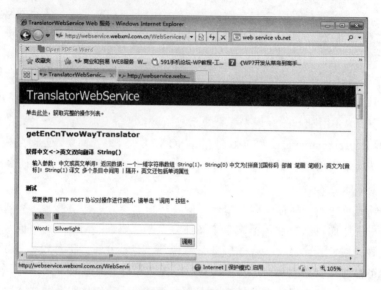

图 8-12　中英文双向翻译 Web Service

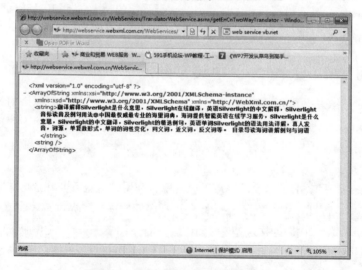

图 8-13　返回的 XML 格式的翻译结果

（1）项目中添加 Web Service 引用。 在项目解决方案管理窗口中，用鼠标右键单击"Service References"文件夹，在弹出的快捷菜单中选择"add Service References"命令。在如图 8-14 所示的"Add Service References"对话框中，输入中英文双向翻译 Web Service 的网址：http://webservice.webxml.com.cn/WebServices/ForexRmbRateWebService.asmx?op=getForexRmbRate，修改 NameSpace 名称空间为 TranslatorWebService，确定后，在 Service References 文件夹下会生成此 Web Service 的引用。

图 8-14　引用 Web Service

（2）设计应用程序界面。 此应用程序界面中包括一个文本框，用于输入需要翻译的文字；一个提交按钮，用于上传待翻译文字到 Web Service 并调用服务；另一个大文本框用于显示 Web Service 的返回内容；还有一对 RadioButton 用于确定翻译的选项。界面的 XAML 代码如下。

```
XAML 代码：WebService.xaml
<Grid x:Name="ContentPanel" Grid.Row="1" Margin="12,0,12,0">
      <Grid.RowDefinitions>
          <RowDefinition Height="136*" />
          <RowDefinition Height="478*" />
      </Grid.RowDefinitions>
      <Button Content="提 交" Height="72" HorizontalAlignment="Center"
```

```
Name="Button1" VerticalAlignment="Center" Width="101" Margin="332,11,23,53" />
            <TextBox  Grid.Row="1"  HorizontalAlignment="Stretch"  Margin="8"
Name="ReturnContent" Text="" VerticalAlignment="Stretch" TextWrapping="Wrap" />
            <TextBox Height="72" HorizontalAlignment="Left" Margin=
"12,9,0,0" Name="WordTotranslate" Text="" VerticalAlignment="Top" Width="334"
/>
            <RadioButton Content="中文翻成英文" Height="81"
HorizontalAlignment="Left" Margin="8,59,0,0" Name="RadioButton1" VerticalAlignment=
"Top" IsChecked="True" GroupName="g1" Grid.RowSpan="2" />
            <RadioButton Content="英文翻成中文" Height="74"
HorizontalAlignment="Right" Margin="0,62,51,0" Name="RadioButton2" VerticalAlignment=
"Top" GroupName="g1" />
        </Grid>
```

（3）设计应用程序代码，代码如下。

```
VB.net 代码：  WebService.xaml.vb
    Partial Public Class WebService
    Inherits PhoneApplicationPage


    Public Sub New()
        InitializeComponent()
    End Sub


    Private Sub Button1_Click(sender As System.Object, e As System.Windows.
RoutedEventArgs) Handles Button1.Click
        If WordTotranslate.Text.Trim <> "" Then
            '定义 WebService 的实例对象
            Dim TranslateWs As TranslatorWebService.TranslatorWebServiceSoap
Client = New TranslatorWebService.TranslatorWebServiceSoapClient
            '绑定回调方法代码
            AddHandler TranslateWs.getEnCnTwoWayTranslatorCompleted,
AddressOf TranslateWs_getEnCnTwoWayTranslatorCompleted
            '异步调用翻译方法
            TranslateWs.getEnCnTwoWayTranslatorAsync(Me.WordTotranslate.
Text.Trim)

        End If
    End Sub
```

```
        Private Sub TranslateWs_getEnCnTwoWayTranslatorCompleted(ByVal sender As
Object, ByVal e As TranslatorWebService.getEnCnTwoWayTranslatorCompletedEventArgs)
        Dim ListString As String()
        '在回调方法中，通过 e.Result 获得回调结果
        ListString = e.Result
        '根据翻译选项，取结果数组中的值
        If Me.RadioButton1.IsChecked Then
            Me.ReturnContent.Text = ListString(1)
        Else
            Me.ReturnContent.Text = ListString(0)
        End If
    End Sub
End Class
```

　　需要说明的是，由于 Silverlight for Windows Phone 不支持同步调用，因此代码中使用异步调用 getEnCnTwoWayTranslatorAsync 来上传参数，在回调方法中通过 e.Result 来获得返回的结果。从图 8-13 中可以看到返回的结果是一个包含两个字符串数据的字符串数组，并且数组中的第一个元素返回的是中文结果，第二字符串返回的是英文结果。即如果是中文翻译成英文，需要取第二个字符串；英文翻译成中文，需取第一个字符串。因此，程序代码中根据翻译的中英文选项，分别确定取第一个或第二个。

　　程序执行效果如图 8-15 所示。

图 8-15　调用中英文双向翻译 Web Service 实现翻译

　　不同服务的 Web Service 都可以通过上述过程整合到 Windows Phone 应用程序中，只是由于

317

服务不同，返回的数据结果不尽相同。有些是 DataSet 型的数据集合，也有些是各种对象或者字符串、整型等数据。此时，需要根据数据类型的不同，将数据抽取或转换成需要的格式。

8.3.2 使用 HttpWebRequest 访问远程数据

在 MSDN 中，HttpWebRequest 被定义为：是.net 基类库中的一个类，实现了对 HTTP 协议的完整封装，是对 WebRequest 类的 HTTP 的特定实现。应用 HttpWebRequest 可以让用户实现基于 HTTP 协议与服务器的数据交互操作。

在 Windows Phone 中对于非 SOAP 型的数据服务，无法采用集成 Web Service 的方式来访问远程数据服务时，需要通过 HttpWebRequest 进行访问。

在访问过程中，HttpWebRequest 用于向服务器发送数据请求，服务器响应后的返回结果可以通过 HttpResponse 来获取。

HttpWebRequest 提供了 Create 方法，用于创建一个 HttpWebRequest 的实体对象；BeginGetResponse 和 EndGetResponse 方法可以对资源发出异步请求，BeginGetRequest Stream 和 EndGetRequestStream 方法提供对发送数据流的异步访问。

以下示例，演示了应用 HttpWebRequest 从新浪网 RSS 站点下载体育焦点新闻数据的过程。程序页面包括两个文本框（TextBox）和一个按钮（Button）。第一个文本框用于输入网页地址，第二个文本框用于显示下载的内容，按钮用于调用 HttpWebRequest 执行数据下载。程序执行过程如图 8-16 所示。

图 8-16　使用 HttpWebRequest 访问远程数据

页面的 XAML 代码如下。

XAML 代码：HttpWebRequest1.xaml

```
Grid x:Name="ContentPanel" Grid.Row="1" Margin="12,0,12,0">
        <Grid.RowDefinitions>
          <RowDefinition Height="70*" />
            <RowDefinition Height="451*" />
        </Grid.RowDefinitions>
          <TextBox Height="72" HorizontalAlignment="Left" Margin="0,5,0,0"
Name="TextBox1" Text=" " VerticalAlignment="Top" Width="374" />
          <Button  Content="Go"  Height="72"  HorizontalAlignment="Left"
Margin="366,6,0,0" Name="Button1" VerticalAlignment="Top" Width="84" />
          <TextBox Grid.Row="1"  HorizontalAlignment="Stretch"  Margin=
"8" Name="TextBox2" Text="" VerticalAlignment="Stretch" VerticalScrollBarVisibility=
"Visible" />
    </Grid>
```

页面对应的程序代码如下。

VB.net 代码：　HttpWebRequest1.xaml.vb

```
 Imports System.Net
Imports System.IO
Partial Public Class HttpWebRequest1
    Inherits PhoneApplicationPage


    Public Sub New()
        InitializeComponent()
    End Sub


    Private Sub Button1_Click(sender As System.Object, e As System.Windows.
RoutedEventArgs) Handles Button1.Click
        Dim req As HttpWebRequest = HttpWebRequest.Create(New Uri(Me.TextBox1.
Text.Trim, UriKind.Absolute))
        req.BeginGetResponse(New AsyncCallback(AddressOf responseend), req)
    End Sub
    '回调过程
```

```
        Private Sub responseend(ByVal result As IAsyncResult)
            Dim req1 As HttpWebRequest = result.AsyncState
            '返回结果
            Dim response1 As HttpWebResponse = req1.EndGetResponse(result)
            Dim sr As StreamReader = New StreamReader(response1.
GetResponseStream)
            Dim rrstring As String = sr.ReadToEnd
            '线程调用，更新 TextBox2
            If Dispatcher.CheckAccess() Then
                SetText(TextBox2, rrstring)
            Else
                Dispatcher.BeginInvoke(New SetTextDelegate(AddressOf SetText),
TextBox2, rrstring)
            End If
        End Sub
        '使用委托，实现跨线程调用
        Private Delegate Sub SetTextDelegate(ByVal p As TextBox, ByVal text As
String)
        Private Sub SetText(ByVal p As TextBox, ByVal text As String)
            p.Text = text
        End Sub
    End Class
```

代码虽然不长，但有许多值得注意的地方：

（1）HttpWebRequest 对象的实例由 HttpWebRequest.Create 方法来创建，参数是 Uri 类型，即创建了针对网络某一资源的 HttpWebRequest 实例。

（2）HttpWebRequest 同样只能通过异步调用来实现。因此，也需要通过回调过程来实现数据下载，BeginGetResponse 开始对远程数据的异步请求，并将执行转到回调过程 responseend。

（3）回调过程中，HttpWebRequest.EndGetResponse(result)创建了 HttpWebResponse 对象，用于返回远程数据。并通过 GetResponseStream 将远程数据流保存到 StreamReader 对象中，然后通过 StreamReader 的 ReadToEnd 方法把数据转化为字符串。

（4）由于 HttpWebRequest 回调线程与 UI（界面）线程不是同一线程。因此，无法直接在回调线程中更新 UI，即下载的数据不能直接写到 TextBox 中。此处使用委托来实现这一要求。委托声明为 SetTextDelegate(ByVal p As TextBox, ByVal text As String)，对应的处理过程为

SetText(ByVal p As TextBox, ByVal text As String)，使用 Dispatcher 调用委托。

从上述过程可以看出，HttpWebRequest 虽然提供了远程数据访问的方法，但是实现过程比较复杂。

8.3.3　使用 WebClient 访问远程数据

与 HttpWebRequest 类似，WebClient 也基于 WebRequest 类，并实现了基于 HTTP 协议的网络访问特性，且比 HttpWebRequest 更为简单易用。事实上，可以将 WebClient 看做是 HttpWebRequest 的高级封装。

与 HttpWebRequest 不同的是，WebClient 是基于事件驱动的异步编程模型。虽然从远程服务器下载数据时，同样需要使用回调过程来获取结果，但事件驱动使结构化程序的实现更加方便。另外，WebClient 的回调线程与 UI 线程是相同的，因此，可以方便地直接在回调过程中更新 UI，而不需要通过相对较为复杂的委托，使应用 WebClient 实现远程数据访问的代码显得更加简单。

WebClient 还提供了一系列方法与事件实现数据的下载与上传，并可以监控下载与上传过程的进度，例如可以使用进度条显示数据下载或上传的进度。这些方法与事件包括 DownLoadStringAsync、UploadStringAsnc、OpenReadAsync 和 OpenWriteAsync 等。

- DownLoadStringAsync，以异步方式下载字符串形式的网络资源，下载完成后将触发 DownloadStringCompleted 事件。已下载的字符串保存在 DownloadStringCompletedEventArgs 的 Result 属性中。
- UploadStringAsnc，以字符串形式异步上传数据到指定的网络资源，上传完成后会触发 UploadStringCompleted 事件。因此，可以将上传完成后需要执行的操作代码置于 UploadStringCompleted 事件中。
- OpenReadAsync，以流形式异步下载指定网络资源的数据，下载完成后将触发 OpenReadCompleted 事件。
- OpenWriteAsync，以流形式将数据上传到指定的网络资源，这一过程也是异步实现的，对应也会触发 OpenWriteCompleted 事件。

另外，WebClient 类还提供了 DownloadProgressChanged、UploadProgressChanged 和 WriteStreamClosed 等事件，可用于执行在上传或下传等过程中（或者完毕时）触发的操作。

以下示例，同样实现了对新浪网 RSS 站点下载体育焦点新闻数据的过程，只是此处使用的是 WebClient 类，并且加入了进度条，用于显示下载的进度。

程序界面的 XAML 代码如下。

XAML 代码：WebClient1.xaml

```xml
<Grid x:Name="ContentPanel" Grid.Row="1" Margin="12,0,12,0">
        <Grid.RowDefinitions>
            <RowDefinition Height="70*" />
            <RowDefinition Height="451*" />
            <RowDefinition Height="40*" />
        </Grid.RowDefinitions>
        <TextBox Height="72" HorizontalAlignment="Left" Margin="0,5,0,0"
Name="TextBox1" Text="http://rss.sina.com.cn/news/allnews/sports.xml"
VerticalAlignment="Top" Width="374" />
        <Button  Content="Go"  Height="72"  HorizontalAlignment="Left"
Margin="366,6,0,0" Name="Button1" VerticalAlignment="Top" Width="84" />
        <TextBox Grid.Row="1"  HorizontalAlignment="Stretch"  Margin=
"8" Name="TextBox2" Text="" VerticalAlignment="Stretch" VerticalScrollBarVisibility=
"Visible" />
        <ProgressBar Name="progress1" Grid.Row="2"/>
      <TextBlock Name="progresstext" Grid.Row="2" HorizontalAlignment=
"Center" VerticalAlignment="Stretch" Text=""/>
    </Grid>
```

程序代码比使用 HttpWebRequest 下载资源要简洁很多，程序执行结果如图 8-17 所示。

VB.net 代码：WebClient1.xaml.vb
```vbnet
Partial Public Class WebClient1
    Inherits PhoneApplicationPage

    Public Sub New()
        InitializeComponent()
    End Sub

    Private Sub Button1_Click(sender As System.Object, e As
System.Windows.RoutedEventArgs) Handles Button1.Click
        Dim uri As Uri = New Uri(Me.TextBox1.Text, UriKind.Absolute)
        '定义 WebClient 实例
        Dim webclient As WebClient = New WebClient
        AddHandler webclient.DownloadStringCompleted, AddressOf webclient_
DownloadStringCompleted
        AddHandler webclient.DownloadProgressChanged, AddressOf webclient_
DownloadProgressChanged
        '异步下调资源数据
```

```
            webclient.DownloadStringAsync(uri)
        End Sub
        Private Sub webclient_DownloadStringCompleted(ByVal sender As Object,
ByVal e As DownloadStringCompletedEventArgs)
            '回调过程，从下载完成后 e.Result 获取下载的数据
            Me.TextBox2.Text = e.Result
        End Sub
        Private Sub webclient_DownloadProgressChanged(ByVal sender As Object,
ByVal e As DownloadProgressChangedEventArgs)
            ' 显示下载进度
            Me.progress1.Value = e.ProgressPercentage
            Me.progresstext.Text = e.ProgressPercentage.ToString & "%"
        End Sub
    End Class
```

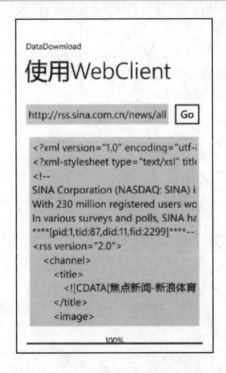

图 8-17　使用 WebClient 下载远程资源

8.3.4　播放远程媒体

流媒体（如视频、音频）是最受欢迎的网络资源之一，Windows Phone 手机硬件配置高，具有良好的视频和音频的播放能力。因此，访问和播放远程媒体成为 Windows Phone 手机用户的一项经常性的应用。

但是由于 Windows Phone 系统目前尚不支持 Flash，Windows Phone 手机中无法直接通过内置浏览器访问以 Flash 形式提供的视频、音频网站实现对媒体的播放。因此，通过客户端工具访问并播放媒体成为必然的选择，前文提及的土豆、奇艺等客户端就属于此类应用。

Windows Phone 提供的 MediaElement 和 MediaPlayerLauncher 等组件可以播放存放在本地独立存储空间中的视频与音频，也可以访问和播放远程网络上的视频与音频。但是 Windows Phone 对媒体的编码格式存在一定的限制，这也为开发全格式的远程媒体播放客户端应用程序带来了很大难度。

以下内容，以实例方式介绍远程媒体播放在 Windows Phone 中的实现过程。

本例以远程 MP3 音频作为播放对象，采用 MediaElement 控件作为播放器，为简便起见将远程 MP3 音频写在列表中，作为 ListBox 绑定的对象。

程序包括两个页面，第一页面是主页面用于显示资源列表，当选择某一音频资源时，会打开播放页面，播放页面会下载远程音频文件，然后采用 MediaElement 控件进行播放。

程序主页面的 XAML 代码如下。

```
XAML 代码: MediaPlayMain.XAML
<Grid x:Name="ContentPanel" Grid.Row="1" Margin="12,0,12,0">
        <ListBox Name="MusicList1" HorizontalAlignment="Stretch"
VerticalAlignment="Stretch">
            <ListBox.ItemTemplate>
                <DataTemplate>
                    <StackPanel Orientation="Horizontal" Margin="15" >
                        <Image Source="{Binding Picture}" Height="120"
Width="120" Stretch="UniformToFill"></Image>
                        <StackPanel Orientation="Vertical" Margin="5" Width=
"320">
                        <TextBlock Text="{Binding artist}" HorizontalAlignment=
"Left"/>
                        <TextBlock Text="{Binding public_time}" HorizontalAlignment=
"Left" />
```

```
                          </StackPanel>
                        </StackPanel>
                      </DataTemplate>
                    </ListBox.ItemTemplate>
                 </ListBox>
             </Grid>
```

此页面对应的程序代码如下。

VB.net 代码： MediaPlayMain.XAML.vb

```vbnet
Partial Public Class MediaPlayMain
    Inherits PhoneApplicationPage
    Dim Musiclist As List(Of Music)
    Public Sub New()
        InitializeComponent()
    End Sub


    Private Sub PhoneApplicationPage_Loaded(sender As System.Object, e As
System.Windows.RoutedEventArgs) Handles MyBase.Loaded
        Musiclist = New List(Of Music)
        Dim mst As Music
        mst = New Music With {.artist = "王子面(阿信;孙燕姿)", .Picture =
"http://img3.douban.com/mpic/s4718016.jpg", .url =
"http://mr3.douban.com/201111072115/8135f383f6918541d805e2a7cba42f72/view/so
ng/small/p182689.mp3", .public_time = "2003"}
        Musiclist.Add(mst)
        mst = New Music With {.artist = "想把我唱给你听(老狼)", .Picture =
"http://img3.douban.com/mpic/s4716237.jpg", .url =
"http://mr3.douban.com/201111072115/adc357c8d1b6b50c0bd2feb306f5362f/view/so
ng/small/p961938.mp3", .public_time = "2007"}
        Musiclist.Add(mst)
        mst = New Music With {.artist = "旅行的意义(陈绮贞)", .Picture =
"http://img3.douban.com/mpic/s1440221.jpg", .url =
"http://mr3.douban.com/201111072115/4d647b7c8145f211359ae8ba282e539b/view/so
ng/small/p191887.mp3", .public_time = "2003"}
```

```vb
        Musiclist.Add(mst)
        mst = New Music With {.artist = "野孩子(杨千嬅)", .Picture =
http://img3.douban.com/mpic/s4102447.jpg", .url =
"http://mr3.douban.com/201111072115/0ae7b8baf53d03a2ea72c856fab470cd/view/so
ng/small/p1451876.mp3", .public_time = "2003"}
        Musiclist.Add(mst)
        '绑定列表到 ListBox
        Me.MusicList1.ItemsSource = Musiclist
    End Sub
    '当列表项切换时，导航到 MediaPlay1.xam 并传递参数
    Private Sub MusicList1_SelectionChanged(sender As System.Object, e As
System.Windows.Controls.SelectionChangedEventArgs) Handles MusicList1.
SelectionChanged
        Try
            Dim music1 As Music = Me.MusicList1.SelectedItem
            If music1.url <> "" Then
                NavigationService.Navigate(New Uri("/MediaPlay1.xaml?url=" &
music1.url & "&Picture=" & music1.Picture, UriKind.Relative))
            End If
        Catch ex As Exception
        End Try
    End Sub
End Class

'Music 类的定义
Public Class Music
    Private _url As String
    Public Property url() As String
        Get
            Return _url
        End Get
        Set(ByVal value As String)
            _url = value
        End Set
```

```
    End Property
    Private _Picture As String
    Public Property Picture() As String
        Get
            Return _Picture
        End Get
        Set(ByVal value As String)
            _Picture = value
        End Set
    End Property
    Private _artist As String
    Public Property artist() As String
        Get
            Return _artist
        End Get
        Set(ByVal value As String)
            _artist = value
        End Set
    End Property
    Private _public_time As String
    Public Property public_time() As String
        Get
            Return _public_time
        End Get
        Set(ByVal value As String)
            _public_time = value
        End Set
    End Property
End Class
```

程序播放页面 MediaPlay1.XAML 的 XAML 代码如下。

XAML 代码：MediaPlay1.XAML

```
<Grid x:Name="ContentPanel" Grid.Row="1" Margin="12,0,12,0">
        <Image Name="Artistpicture" Margin="119,108,93,318" Width="180"
```

```
Height="180"></Image>
          <MediaElement x:Name="meMain"></MediaElement>
          <Button x:Name="btnPause" Margin="108,308,250,218">
            <Image  Margin="2"  Source="icons/appbar.transport.pause.rest.png"
Width="Auto"/>
          </Button>
          <Button x:Name="btnPlay" Margin="195,309,162,218" >
            <Image  Margin="2"  Source="icons/appbar.transport.play.rest.png"
Width="Auto"/>
          </Button>
          <Button x:Name="btnStop" Margin="286,309,74,218">
              <Image Margin="2" Source="icons/appbar.stop.rest.png"
Width="Auto"/>
          </Button>
      </Grid>
```

对应的程序代码如下。

VB.net 代码： MediaPlay1.XAML.vb

```
Imports System.Windows.Media.Imaging

Partial Public Class MediaPlay1
    Inherits PhoneApplicationPage
    Public Sub New()
        InitializeComponent()
    End Sub
    Private Sub btnPlay_Click(sender As System.Object, e As System.Windows.
RoutedEventArgs) Handles btnPlay.Click
        If meMain.CurrentState = MediaElementState.Paused Or meMain.
CurrentState = MediaElementState.Stopped Then
            meMain.Play()
            Me.btnPause.IsEnabled = True
            Me.btnStop.IsEnabled = True
        End If
    End Sub
```

```vb
        Private Sub PhoneApplicationPage_Loaded(sender As System.Object, e As
System.Windows.RoutedEventArgs) Handles MyBase.Loaded
            If NavigationContext.QueryString.ContainsKey("url") Then
                Dim urlstring As String = NavigationContext.QueryString("url")
                '根据参数地址从远程下载图片
                Me.Artistpicture.Source = New BitmapImage(New Uri(NavigationContext.
QueryString("Picture"), UriKind.RelativeOrAbsolute))
                If urlstring <> "" Then
                    '以远程音频网址作为地址, 下载音频并播放
                    meMain.Source = New Uri(urlstring, UriKind.RelativeOrAbsolute)
                    meMain.Play()
                    Me.btnPlay.IsEnabled = False
                    Me.btnPause.IsEnabled = True
                    Me.btnStop.IsEnabled = True
                End If
            End If
        End Sub
        Private Sub btnPause_Click(sender As System.Object, e As
System.Windows.RoutedEventArgs) Handles btnPause.Click
            If meMain.CurrentState = MediaElementState.Playing Then
                meMain.Pause()
                Me.btnPlay.IsEnabled = True
                Me.btnPause.IsEnabled = False
                Me.btnStop.IsEnabled = True
            End If
        End Sub

        Private Sub btnStop_Click(sender As System.Object, e As System.Windows.
RoutedEventArgs) Handles btnStop.Click
            If meMain.CurrentState = MediaElementState.Playing Or meMain.
CurrentState = MediaElementState.Paused Then
                meMain.Stop()
                Me.btnPlay.IsEnabled = True
                Me.btnPause.IsEnabled = False
```

```
            Me.btnStop.IsEnabled = False
        End If
    End Sub
End Class
```

程序执行的界面效果如图 8-18 所示。

另外，还可以使用 MediaPlayerLauncher 播放远程媒体。这是 Windows Phone 自带的播放组件，但在设计时此组件不会出现在工具箱（ToolBaox）中，需要通过代码调用。这也是 Windows Phone 诸多启动器（Launcher）中的一种。有关 MediaPlayerLauncher 启动器的使用将在第 9 章中介绍。

需要说明的是，本例为简便起见，以列表方式保存音频列表，并不能充分反映对远程媒体资源访问的全部特性。并且由于访问的 MP3 资源来自豆瓣，豆瓣提供的音频地址会随访问时间不同发生变化，因此上述 MP3 音频列表有可能出现无法播放的问题。

为相对全面反映对远程媒体访问的过程，在本章 8.4 节数据处理中，以豆瓣 FM 为例开发了一个相对完整的远程媒体资源播放的实例——豆瓣 FM 播放器。

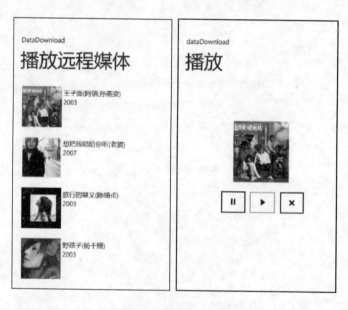

图 8-18　播放远程媒体

8.4 ●数据处理

Windows Phone 系统需要访问远程服务来获取所需的数据资源。虽然现在网络上，具有非常丰富的服务资源，为 Windows Phone 手机提供了充足的应用来源。

但是很多远程服务，如 Web Service、SOAP、REST 等类型资源都是以一定的编码格式提供下载。如常见 RSS 服务提供的是 XML 格式的数据，豆瓣 FM 提供的是 JSON 格式的数据，为了在手机的应用程序端能够正确识别这些数据，需要将这些数据进行解析，即从原始下载数据中抽取需要的有用的数据。

目前，网络服务中最常用的数据格式主要是 JSON、XML 和 HTML。Silverlight for Windows Phone 提供了多种方法解析这些数据格式。其中，解析 JSON 常用的方法为 DataContractJsonSerializer 和 LINQ to Json；解析 XML 的常用方法为 XMLReader、LINQ to XML 和 XmlSerializer。而 HTML 是目前网页设计的语言，但是由于灵活性高，事实上格式并不严谨，一般也用于网页为主，在数据服务中使用不多。对于 HTML 类数据主要还是以浏览器组件 WebBrowser 解析为主。

8.4.1　解析 Json 应用：豆瓣 FM

Json，即 JavaScript Object Notation，是一种纯文本格式的数据交换语言，基于 JavaScript 程序设计的语言。Json 起先是为 JavaScript 提供的轻量型的对象表示方法，应用 JavasCript 系统提供的函数可以方便地编码和解码各种简单的对象，如 Boolean、String 等，以及各种复杂对象，如数组、Object 等。

由于 Json 编码和解码快捷方便，尤其是与 Web 服务器结合紧密，能方便地转化成为服务器可识别的编码，并且可以被支持 Json 的浏览器解析。因此，Json 已成为除 XML 外另一应用广泛的数据交换格式，网络上很多服务都以 Json 格式提供返回结果。如土豆网 API、豆瓣 FM 的 API 等。

以下以豆瓣 FM 为例，介绍 Json 格式数据的解析。

豆瓣 FM 的 API 提供了客户端访问接口，可供开发客户端工具使用，访问接口地址为 http://douban.fm/j/mine/playlist?type=n&h=&channel=1&from=mainsite&r=817526080 ，其中 channel 参数表示地区或语言、流派、年代、品牌等不同的类别，网站提供了华语、欧美、粤语、法语、日语、韩语，以及民谣、摇滚等多种类别，可以采用整型数字表示上述不同类别，参数 r 是个随机数，似乎 API 是通过参数 r 来控制返回歌曲地址的有效性。

如访问上述接口地址，返回的 Json 格式的结果数据如下。

豆瓣 FM 的 API 返回的 Json 数据：

{"r":0,"song":[{"picture":"http:\/\/img3.douban.com\/mpic\/s4717772.jpg","albumtitle":"橄榄树","company":"新格唱片","rating_avg":4.55833,"public_time":"1979","ssid":"ee87","album":"\/subject\/1417739\/","like":"0","artist":"齐豫","url":"http:\/\/mr3.douban.com\/201111091145\/d29d432b18cb3aac72d1ef46e6e67fce\/view\/song\/small\/p967826.mp3","title":"橄榄树","subtype":"","length":224,"sid":"967826","aid":"1417739"},{"picture":"http:\/\/img3.douban.com\/mpic\/s3232271.jpg","albumtitle":"七","company":"EEG","rating_avg":4.68525,"public_time":"2003","ssid":"3210","album":"\/subject\/1406094\/","like":"0","artist":"陈奕迅","url":"http:\/\/mr3.douban.com\/201111091145\/54310a45588b721c0be35637c37c8980\/view\/song\/small\/p1022998.mp3","title":"K 歌之王","subtype":"","length":218,"sid":"1022998","aid":"1406094"},{"picture":"http:\/\/img3.douban.com\/mpic\/s1418840.jpg","albumtitle":"Stefanie","company":"珠影白天鹅音像出版社","rating_avg":4.27941,"public_time":"2004","ssid":"83e2","album":"\/subject\/1406256\/","like":"0","artist":"孙燕姿","url":"http:\/\/mr3.douban.com\/201111091145\/56c225d53ed2511eec3ebef667c45ccc\/view\/song\/small\/p262387.mp3","title":"我也很想他","subtype":"","length":258,"sid":"262387","aid":"1406256"},{"picture":"http:\/\/img3.douban.com\/mpic\/s3885797.jpg","albumtitle":"王妃","company":"華納音樂","rating_avg":3.8267,"public_time":"2009","ssid":"2818","album":"\/subject\/3803120\/","like":"0","artist":"萧敬腾","url":"http:\/\/mr4.douban.com\/201111091145\/999d958f53a26e2b478a1dbb0176fbbb\/view\/song\/small\/p1394953.mp3","title":"王妃","subtype":"","length":221,"sid":"1394953","aid":"3803120"},{"picture":"http:\/\/img3.douban.com\/mpic\/s3564218.jpg","albumtitle":"许美静.Review.1996-1...","company":"上华","rating_avg":4.5824,"public_time":"1999","ssid":"91d6","album":"\/subject\/1404748\/","like":
…
}]}

从上述返回的数据中可以见到，第一部分是最外部一对大括号以内的数据，由 r 和 song 两部分组成，第二部分是中括号内的数据，也是 song 的数据。song 数据是一个数组，每一个数组元素由若干项组成，这些项是每一个 MP3 音频的信息。因此，客户端需要的数据就是从 song 数组中抽取出这些 MP3 信息，并将远程 MP3 资源交由客户端播放工具播放。

解析上述 Json 工具可以使用 DataContractJsonSerializer 类，这是一个既可以将对象线性化 Json 格式数据，也可以将 Json 数据转化为对象的类。在 Silverlight for Windows Phone 中没有包含此类，但是可以调用 Silverlight 中的相应类来实现。因此，在解析前，需要引用 System.Servicemodel.Web 组件，如图 8-19 所示；并在代码中添加对 System.Runtime. Serialization.Json 名称空间的引用。

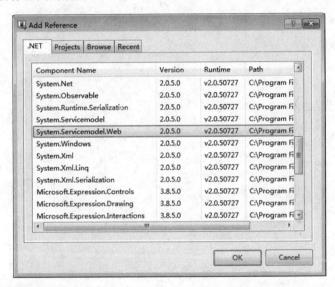

图 8-19　引用 System.Servicemodel.Web 组件到项目中

接下来此项目的设计过程如下：

设计主界面。 主界面页面用于访问豆瓣 FM 的 API，并由接口地址下载 Json 数据，然后解析这些数据，使需要的数据呈现在程序页面中。此页面采用 ListBox 控件，用于显示解析后的 song 信息，其中使用到了 DataTemplate 和数据绑定。另外，页面底端添加了 ApplicationBar，包括一个 ApplicationButton 和数个 ApplicationBarMenuItem，ApplicationButton 用于刷新当前页面中的数据，ApplicationBarMenuItem 对应数个 FM 的 Channel。页面的 XAML 代码如下。

XAML 代码：MediaPlayMain.XAML

```
    <Grid x:Name="ContentPanel" Grid.Row="1" Margin="12,0,12,0">
        <ListBox    Name="MusicList1"    HorizontalAlignment="Stretch"
VerticalAlignment="Stretch">
```

```
            <ListBox.ItemTemplate>
                <DataTemplate>
                    <StackPanel Orientation="Horizontal" Margin="20">
                        <Image Source="{Binding picture}" Height="80"
Width="80"></Image>
                        <StackPanel Orientation="Vertical" Margin="5"
Width="320" VerticalAlignment="Bottom" >
                            <TextBlock Text="{Binding title}"
HorizontalAlignment="Left" FontSize="26" FontWeight="Bold" />
                            <StackPanel Orientation="Horizontal">
                            <TextBlock Text="{Binding artist}"
HorizontalAlignment="Left" TextWrapping="Wrap" FontSize="20" />
                                <TextBlock Text="{Binding public_time}"
HorizontalAlignment="Left" TextWrapping="Wrap" FontSize="20" />
                            </StackPanel>
                        </StackPanel>
                    </StackPanel>
                </DataTemplate>
            </ListBox.ItemTemplate>
        </ListBox>
    </Grid>
</Grid>


<phone:PhoneApplicationPage.ApplicationBar>
    <shell:ApplicationBar IsVisible="True" IsMenuEnabled="True"
Opacity="0.5" >
        <shell:ApplicationBarIconButton IconUri="/icons/appbar.refresh.
rest.png" Text="刷新" Click="ApplicationBarIconButton_Click"/>
        <shell:ApplicationBar.MenuItems>
        <shell:ApplicationBarMenuItem Text="华语 MHz" Click=
"ApplicationBarMenuItem_Click"/>
            <shell:ApplicationBarMenuItem Text="欧美 MHz" Click=
"ApplicationBarMenuItem_Click" />
            <shell:ApplicationBarMenuItem Text="粤语 MHz" Click=
```

```
"ApplicationBarMenuItem_Click"/>
                <shell:ApplicationBarMenuItem Text="法语 MHz" Click=
"ApplicationBarMenuItem_Click"/>
                <shell:ApplicationBarMenuItem Text="日语 MHz" Click=
"ApplicationBarMenuItem_Click"/>
                <shell:ApplicationBarMenuItem Text="韩语 MHz" Click=
"ApplicationBarMenuItem_Click"/>
            </shell:ApplicationBar.MenuItems>
        </shell:ApplicationBar>
    </phone:PhoneApplicationPage.ApplicationBar>
```

程序代码中，添加了对 System.Runtime.Serialization.Json 及其他名称空间的引用，代码如下：

```
Imports System.Net
Imports System.Runtime.Serialization.Json
Imports System.IO
```

编写公用的音频列表代码如下，代码采用 WebClient 访问 API 接口，并下载 Json 格式数据。下载方式为异步下载，代码包含在 webclient_DownloadStringCompleted 过程中。

```
Private Sub loadDouBanFM()
        Dim rdm As Random = New Random()
        Dim r As Integer = rdm.Next
        Dim uri As Uri = New Uri("http://douban.fm/j/mine/playlist?type=
n&h=&channel=" & channel.ToString & "&from=mainsite&r=" & r, UriKind.Absolute)
        '定义 WebClient 实例
        Dim webclient As WebClient = New WebClient
        AddHandler webclient.DownloadStringCompleted, AddressOf
webclient_DownloadStringCompleted
        '异步下载资源数据
        webclient.DownloadStringAsync(uri)
    End Sub
```

webclient_DownloadStringCompleted 过程代码，以及 DataContractJsonSerializer 类解析数据的代码如下。解析过程中，调用了 DataContractJsonSerializer 类的 ReadObject 将流数据转化成为 Musics 类对象。

```
    Private Sub webclient_DownloadStringCompleted(ByVal sender As Object,
```

```
ByVal e As DownloadStringCompletedEventArgs)
        '回调过程，从下载完成后 e.Result 获取下载的数据
        Dim Buffer() As Byte = System.Text.Encoding.UTF8.GetBytes(e.Result.
Replace("\/", "/"))
        Dim ms As MemoryStream = New MemoryStream(Buffer)
        Dim mss As New Musics
    '调用 DataContractJsonSerializer 解析数据
        Dim serializer As DataContractJsonSerializer = New
DataContractJsonSerializer(mss.[GetType]())
        mss = TryCast(serializer.ReadObject(ms), Musics)
        ms.Close()
        Me.MusicList1.ItemsSource = mss.song
    End Sub
    Public Shared Function Deserialize(Of T)(stream As Stream) As T
        Dim serializer As New DataContractJsonSerializer(GetType(T))
        Return DirectCast(serializer.ReadObject(stream), T)
    End Function
```

与之对应的，Musics 类和 song 类定义如下。其中 song 的属性设置与下载的 Json 数据中的项目相对应，实际上 DataContractJsonSerializer 解析数据时，生成的对象是以定义的对象为参照的，本例中与之对应的是 Musics 类和 song 类。

```
    Public Class Musics
    Private _r As Integer
    Public Property r() As Integer
        Get
            Return _r
        End Get
        Set(ByVal value As Integer)
            _r = value
        End Set
    End Property
    Private _song As List(Of song)
    Public Property song() As List(Of song)
        Get
```

```
            Return _song
        End Get
        Set(ByVal value As List(Of song))
            _song = value
        End Set
    End Property
End Class
Public Class song
    Private _picture As String
    Public Property picture() As String
        Get
            Return _picture
        End Get
        Set(ByVal value As String)
            _picture = value
        End Set
    End Property
    Private _albumtitl As String
    Public Property albumtitl() As String
        Get
            Return _albumtitl
        End Get
        Set(ByVal value As String)
            _albumtitl = value
        End Set
    End Property
    Private _company As String
    Public Property company() As String
        Get
            Return _company
        End Get
        Set(ByVal value As String)
            _company = value
        End Set
```

```
    End Property
    Private _rating_avg As Double
    Public Property rating_avg() As Double
        Get
            Return _rating_avg
        End Get
        Set(ByVal value As Double)
            _rating_avg = value
        End Set
    End Property
    Private _public_time As String
    Public Property public_time() As String
        Get
            Return _public_time
        End Get
        Set(ByVal value As String)
            _public_time = value
        End Set
    End Property
    Private _ssid As String
    Public Property ssid() As String
        Get
            Return _ssid
        End Get
        Set(ByVal value As String)
            _ssid = value
        End Set
    End Property
    Private _album As String
    Public Property album() As String
        Get
            Return _album
        End Get
        Set(ByVal value As String)
```

```
            _album = value
        End Set
    End Property
      Private _artist As String
    Public Property artist() As String
        Get
            Return _artist
        End Get
        Set(ByVal value As String)
            _artist = value
        End Set
    End Property
    Private _url As String
    Public Property url() As String
        Get
            Return _url
        End Get
        Set(ByVal value As String)
            _url = value
        End Set
    End Property
    Private _title As String
    Public Property title() As String
        Get
            Return _title
        End Get
        Set(ByVal value As String)
            _title = value
        End Set
    End Property
End Class
```

　　程序在页面载入时，自动以"华语 MHz"作为默认 channel 下载数据。刷新按钮可以刷新由当前 channel 指定的歌曲列表，各 ApplicationBarMenuItem 可以载入各自指定 channel 的数据列表。其中 channel 为页面程序的公共变量，相关代码如下：

```
    'ApplicationBarMenuItem 菜单可以载入指定 channel 的数据列表
    Private Sub ApplicationBarMenuItem_Click(sender As System.Object, e As
System.EventArgs)
        Dim applicationmenu As ApplicationBarMenuItem = sender
        channel = 1
        If applicationmenu.Text = "华语 MHz" Then
            channel = 1
        ElseIf applicationmenu.Text = "欧美 MHz" Then
            channel = 2
        ElseIf applicationmenu.Text = "粤语 MHz" Then
            channel = 3
        ElseIf applicationmenu.Text = "法语 MHz" Then
            channel = 4
        ElseIf applicationmenu.Text = "日语 MHz" Then
            channel = 5
        ElseIf applicationmenu.Text = "韩语 MHz" Then
            channel = 6
        End If
        loadDouBanFM()
    End Sub
    '刷新当前页面的列表
    Private Sub PhoneApplicationPage_Loaded(sender As System.Object, e As
System.Windows.RoutedEventArgs) Handles MyBase.Loaded
        loadDouBanFM()
    End Sub
```

单击或者切换 ListBox 的选择项时，导航到播放页面下载并播放指定的 MP3 音频。本程序继续调用到上节播放远程媒体中使用过的页面 MediaPlay1.xam，列表切换的代码如下：

```
    Private Sub MusicList1_SelectionChanged(sender As System.Object, e As
System.Windows.Controls.SelectionChangedEventArgs) Handles
MusicList1.SelectionChanged
        Try
            Dim song1 As song = Me.MusicList1.SelectedItem
```

```
        If song1.url <> "" Then
            NavigationService.Navigate(New Uri("/MediaPlay1.xaml?url=" &
song1.url & "&Picture=" & song1.picture, UriKind.Relative))
        End If
    Catch ex As Exception
    End Try
End Sub
```

程序执行效果如图 8-20 所示。

图 8-20　豆瓣 FM 播放器

8.4.2　解析 XML：新浪体育 RSS 新闻

　　XML，即可扩展标记语言（eXtensible Markup Language），是一种广泛应用于数据转换与数据传输的标记语言。与 Json 类似，XML 也是一种轻量型的纯文本标记的格式语言，其主要作用是为需要严格标记并用于表示对象的各种应用提供定义语言。

　　虽然早先的 HTML 语言同样是一种标记语言，但是由于 HTML 过于灵活不够严谨，并且为了表达丰富的界面效果，加入很多复杂标记，使 HTML 并不适宜用于数据定义。而 XML 弥补了上述不足，在标记的定义上非常严格，可以针对数据的内容，通过不同的格式化描述手段（XSLT、CSS 等）完成最终的形式表达（如生成对应的 HTML、PDF 或者其他的文件格式）。同时，简单的纯文本语言又具有优越的跨平台特性。因此，XML 成为了应用最广泛的跨平台、数据定义与传输语言。如众多 Web Service 服务、RSS 资讯服务等都采用 XML 作为数据提供格式。

在 Silverlight for Windows Phone 中可以通过 XmlReader、LINQ to XML 等来解析 XML 语言。在 8.3.3 中介绍了通过 WebClient 下载新浪体育 RSS 站点信息的例子，下载的数据采用 XML 格式来标记。以下示例使用 LINQ to XML 对上述实例中下载到的数据进行解析，以得到需要的内容。

首先，可以先简单分析一下新浪体育 RSS 的 XML 结构，其部分代码如下。从中不难发现 XML 代码由<xml>标记起头，表示此文档为 XML 文档，文档内容的根节点为<rss>，并由</rss> 结尾。<channel></channel>标记用于定义 RSS 频道的信息，此频道中包含了标题（由<title></title> 标记定义）、图片（由<image></image>标记定义，图片标记内还定义了图片的文字标题<title> 和图片的所属站点链接<link>与图片文件的地址<url>）。然后是频道下的 RSS 条目，由<item> 和</item>定义，这样的 RSS 条目在同一个 XML 文档中可以出现多次。每一个 RSS 条目下，又定义了标题（由<title></title>标记定义）、链接地址（由<link></link>定义）、作者（由 <author></author>定义）、Guid 编号（由<guid></guid>定义）、类别（由<category></category> 定义），以及出版日期 pubDate 和描述 description 等。

```xml
<?xml version="1.0" encoding="utf-8"?>
<?xml-stylesheet type="text/xsl" title="XSL Formatting" href="/show_new_final.xsl" media="all"?>
…
<rss version="2.0">
<channel>
    <title>
        <![CDATA[焦点新闻-新浪体育]]>
    </title>
    <image>
        <title>
            <![CDATA[体育焦点新闻]]>
        </title>
        <link>http://sports.sina.com.cn</link>

<url>http://www.sinaimg.cn/home/deco/2009/0330/logo_home.gif</url>
    </image>
    <description>
        <![CDATA[体育焦点新闻]]>
```

```
    </description>
    <link>http://sports.sina.com.cn</link>
    <language>zh-cn</language>
    <generator>WWW.SINA.COM.CN</generator>
    <ttl>5</ttl>
    <copyright>
        <![CDATA[Copyright 1996 - 2011 SINA Inc. All Rights Reserved]]>
    </copyright>
    <pubDate>Thu, 10 Nov 2011 01:50:03 GMT</pubDate>
    <category>
        <![CDATA[]]>
    </category>
    <item>
        <title>
            <![CDATA[球衣号码系列之 33 号：群星闪耀 大鸟天勾不朽传奇]]>
        </title>
    <link>http://go.rss.sina.com.cn/redirect.php?url=http://sports.sina.com.
cn/k/2011-11-10/09345823439.shtml</link>
        <author>SINA.com</author>


    <guid>http://go.rss.sina.com.cn/redirect.php?url=http://sports.sina.com.
cn/k/2011-11-10/09345823439.shtml</guid>
        <category>
            <![CDATA[体育新闻]]>
        </category>
        <pubDate>Thu, 10 Nov 2011 01:34:13 GMT</pubDate>
        <comments></comments>
        <description>
            <![CDATA[    和 32 号一样，翻开史上 33 号球员的名册，同样要小心被星光闪了
双眼。要从中仅选出 5 位代表人物，可谓是"幸福的烦恼"。
    1、拉里-伯德
    三三得六，提及 33 号和 6 号，绿军球迷免不了心旌摇曳。6 号是比尔-拉塞尔，33 号则是伯
德。1978 年，明言要在 NCAA 再打一年的他，就已....]]>
        </description>
```

```
        </item>
    <item>
        <title>
            <![CDATA[女排前五轮中国进攻火力足 拦网不给力一传要加油]]>
        </title>

<link>http://go.rss.sina.com.cn/redirect.php?url=http://sports.sina.com.
cn/o/2011-11-10/09295823422.shtml</link>
        <author>SINA.com</author>

<guid>http://go.rss.sina.com.cn/redirect.php?url=http://sports.sina.com.
cn/o/2011-11-10/09295823422.shtml</guid>
        <category>
            <![CDATA[体育新闻]]>
        </category>
        <pubDate>Thu, 10 Nov 2011 01:29:32 GMT</pubDate>
        <comments></comments>
        <description>
            <![CDATA[      截至 9 日在广岛以 3-0 战胜阿根廷，中国女排 (微博) 在前两个阶
段的 5 场比赛中，4 胜 1 负积 12 分、排名第三，为自己最终冲击世界杯前三奠定了较好基础。前面的比
赛，中国队进攻发挥得最为出色，在前五轮的技术排名中，她们有四人跻身进攻榜前十，就是证明。查
看单项技术排名五....]]>
        </description>
    </item>
    …
</channel>
</rss>
```

因此，要从上述 XML 中解析需要的 RSS 信息，实际就是从各相应标记对中取出其中的内容。LINQ to XML 定义了 XElement 类，可以对应 XML 文档中的标记对，将 XElement 设定为其中的某一标记，然后就可以方便地从中取出内容。如以下代码表示取出标题<title></title>中的内容。

```
Dim item As XElement
Dim txttitle As TextBlock = New TextBlock With {.Text =
```

```
item.Element("title").Value, .FontSize = 28}
```

由于 XML 文档的标记是分层次的，LINQ to XML 在取值时，需要先根据层次定义到准确的标记，才能解析出准确的值。LINQ to XML 提供的 XElement 类也是可以层次查询的。如以下代码，从根 XElement 节点，向下搜索"channel"节点，然后再搜索到"item"，最后定位到 RSS 条目的列表节点<item>。

```
rootElement.Element("channel").Elements("item")
```

因此，使用 LINQ to XML 解析 XML 文档，就是需要应用 XElement 类逐层定位到目标标记。在前面的例子中，采用 ListBox 显示列表数据时，都是采用了 DataTemplate 结合数据绑定实现的，本例采用代码应用控件模板来实现，即将子元素逐个定义并添加到 ListBoxitem 项内，最后成为 ListBox 的内容。

程序界面的 XAML 代码如下。

XAML 代码：SinaSportRss.xaml
```xml
<Grid x:Name="ContentPanel" Grid.Row="1" Margin="12,0,12,0">
        <Grid.RowDefinitions>
            <RowDefinition Height="70*" />
            <RowDefinition Height="451*" />
            <RowDefinition Height="40*" />
        </Grid.RowDefinitions>
        <TextBox Height="72" HorizontalAlignment="Left" Margin="0,5,0,0"
Name="TextBox1" Text=http://rss.sina.com.cn/news/allnews/sports.xml
VerticalAlignment="Top" Width="374" />
        <Button  Content="Go"  Height="72"  HorizontalAlignment="Left"
Margin="366,6,0,0" Name="Button1" VerticalAlignment="Top" Width="84" />
        <ListBox Grid.Row="1" Name="ListBox1"/>
        <ProgressBar Name="progress1" Grid.Row="2"/>
        <TextBlock Name="progresstext" Grid.Row="2" HorizontalAlignment=
"Center" VerticalAlignment="Stretch" Text=""/>
    </Grid>
```

程序使用 LINQ to XML 进行数据解析，因此，需要引用 Imports System.Xml.Linq 名称空间。完整的程序代码如下。

VB.net 代码：SinaSportRss.xaml.vb
```vb
Imports System.Xml.Linq
```

```vb
    Partial Public Class SinaSportrss
        Inherits PhoneApplicationPage

        Public Sub New()
            InitializeComponent()
        End Sub

        Private Sub Button1_Click(sender As System.Object, e As System.Windows.
RoutedEventArgs) Handles Button1.Click
            Dim uri As Uri = New Uri(Me.TextBox1.Text, UriKind.Absolute)
            '定义 WebClient 实例
            Dim webclient As WebClient = New WebClient
            AddHandler webclient.DownloadStringCompleted, AddressOf webclient_
DownloadStringCompleted
            AddHandler webclient.DownloadProgressChanged, AddressOf webclient_
DownloadProgressChanged
            '异步下调资源数据
            webclient.DownloadStringAsync(uri)
        End Sub
        Private Sub webclient_DownloadStringCompleted(ByVal sender As Object,
ByVal e As DownloadStringCompletedEventArgs)
            '回调过程，从下载完成后 e.Result 获取下载的数据，然后对数据进行解析
            Dim rootElement As XElement = XElement.Parse(e.Result)
            Dim itemElements As IEnumerable(Of XElement) = From items In
rootElement.Element("channel").Elements("item") Select items
            Dim item As XElement
            Dim listboxitem As ListBoxItem
            Dim border As Border
            Dim stackpanel As StackPanel
            Dim stackpanelinner As StackPanel
            For Each item In itemElements
            Dim txttitle As TextBlock = New TextBlock With {.Text =
item.Element("title").Value, .FontSize = 28}
                Dim txtdescription As TextBlock = New TextBlock With {.Text =
```

```vb
item.Element("description").Value, .FontSize = 20, .TextWrapping =
TextWrapping.Wrap}
            Dim txtauthor As TextBlock = New TextBlock With {.Text =
item.Element("author").Value, .FontSize = 20, .HorizontalAlignment =
Windows.HorizontalAlignment.Right}
            Dim txtpubDate As TextBlock = New TextBlock With {.Text = " (" &
item.Element("pubDate").Value & ")", .FontSize = 20, .HorizontalAlignment =
Windows.HorizontalAlignment.Right}
            stackpanelinner = New StackPanel
            stackpanelinner.Orientation = Controls.Orientation.Horizontal
            stackpanelinner.Children.Add(txtauthor)
            stackpanelinner.Children.Add(txtpubDate)
            stackpanel = New StackPanel
            stackpanel.Orientation = Controls.Orientation.Vertical
            stackpanel.Margin = New Thickness(12)
            stackpanel.Children.Add(txttitle)
            stackpanel.Children.Add(txtdescription)
            stackpanel.Children.Add(stackpanelinner)
            border = New Border With {.BorderBrush = New
SolidColorBrush(Colors.Yellow), .BorderThickness = New Thickness(2), .Margin =
New Thickness(12)}
            border.Child = stackpanel
            listboxitem = New ListBoxItem
            listboxitem.Tag = item.Element("link").Value
            listboxitem.Content = border
            Me.ListBox1.Items.Add(listboxitem)
        Next
    End Sub
    Private Sub webclient_DownloadProgressChanged(ByVal sender As Object,
ByVal e As DownloadProgressChangedEventArgs)
        ' 显示下载进度
        Me.progress1.Value = e.ProgressPercentage
        Me.progresstext.Text = e.ProgressPercentage.ToString & "%"
    End Sub
```

347

```
End Class
```

程序执行效果如图 8-21 所示。

图 8-21   使用 LINQ to XML 解析 XML

　　XML 文档还有其他多种解析的方法，但相对而言 LINQ to XML 简洁明了，具有较高的效率，而且 LINQ to XML 还可以实现对标记的检索过滤等功能。因此，LINQ to XML 是 Silverlight for Windows Phone 中解析 XML 文档最有效的方法之一。

8.5 —●本章小结

　　手机系统受存储空间的限制，使手机不可能如同计算机一样存储大量的数据，并且随着"云技术"、"云应用"的逐步成熟和日益推广，基于网络的资源提供方式必将成为手机应用的重要方向。因此，从网络访问远程资源，下载数据并对其进行解析，然后在手机端保存和显示需要的信息，是手机应用程序的重要功能特征。

　　本章介绍了 Silverlight for Windows Phone 应用开发中常用数据绑定、独立存储、远程数据访问、数据解析等内容，是实现数据处理的基础，也是开发 Windows Phone 数据应用程序的重要内容。

在图片浏览器中集成照相功能、在新闻阅读器中集成短消息分享等，这时需要用到 Windows Phone 提供的选择器（Chooser）和启动器（Launcher）

09 选择器与启动器

> Windows Phone 系统作为智能手机操作系统，一方面协调和管理各种软/硬件资源，为应用程序的正常运行提供了基础平台。另一方面，Windows Phone 系统本身也集成了多项的应用程序，如联系人（People）管理、短消息（Message）、邮件（E-mail）管理、照相（Camera）管理、日历（Calendar）管理等功能模块，为用户实现这些应用提供了方便。
>
> 在 Windows Phone 应用程序开发中，有时需要调用 Windows Phone 系统自带的应用模块，如在图片浏览器中集成照相功能、在新闻阅读器中集成短消息分享等，这时需要用到 Windows Phone 提供的选择器（Chooser）和启动器（Launcher）。本章介绍选择器（Chooser）、启动器（Launcher）的相关应用及在应用程序中集成的方法。

本章要点

- 选择器的类型与应用。
- 启动器的类型与应用。

9.1 选择器与启动器概述

在前文中，已经介绍了 Windows Phone 中用户数据的存储方式是独立存储，即每个应用程序单独使用自己的存储空间来保存数据，其他应用程序无法访问本程序存储的数据；本程序也无法访问其他程序与数据。这种独立存储的模式虽然为系统安全性提供了有效保障，但也为应用程序功能集成，如对系统自带的联系人管理、短消息、邮件管理、照相管理、日历管理等公用功能模块的调用和集成带来了不少困难。

为解决上述问题，Windows Phone 提供了选择器（Chooser）和启动器（Launcher）等应用程序接口 API。通过各种选择器和启动器 API 将各种公用功能模块曝露出来，可以供用户调用和集成。调用选择器和启动器是安全的，不是对独立存储的破坏，而是有益的补充。

选择器（Chooser）是指一类可供应用程序调用，并能提供应用程序返回值的应用程序接口。Windows Phone 提供的选择器包括 AddressChooserTask、CameraCaptureTask、EmailAddressChooserTask、GameInviteTask、PhoneNumberChooserTask、PhotoChooserTask、SaveContactTask、SaveEmailAddressTask、SavePhoneNumberTask、SaveRingtoneTask 等多种。

- AddressChooserTask。即联系人地址选择器，调用此选择器，会打开 Windows Phone 内置的 Contacts 程序，供用户选择某一联系人，并将选定的联系人地址返回到调用的程序。因此，在应用程序中集成 AddressChooserTask，可获取手机系统中联系人的地址。

- CameraCaptureTask。即照像（摄像）捕捉选择器，应用程序调用此选择器，可以启动内置的照像程序，并将照片数据返回到应用程序中。因此，CameraCaptureTask 可集成于需要调用摄像头的应用程序中。

- EmailAddressChooserTask。即 E-mail 地址选择器，应用程序启动此选择器，将会启动内置的 Contacts 程序，用户可以选择联系人的 E-mail 地址，并将选中的 E-mail 地址返回到应用程序。

- GameInviteTask。即游戏邀请选择器，应用程序调用此选择器，会打开一个游戏邀请界面，并可以邀请玩家参加多用户的游戏。

- PhoneNumberChooserTask。即电话号码选择器，应用程序调用此选择器，同样会启动 Contacts 程序，供用户从联系人中选择联系人的电话号码，选中的电话号码会返回到应用程序中。

- PhotoChooserTask。即相片选择器，应用程序调用此选择器，会启动内置的相片选择程序，供用户从已保存的相片中选择需要的相片并返回到应用程序中。

- SaveContactTask。即保存联系人选择器，应用程序调用此选择器，会启动内置的 Contacts 程序，用户可以将应用程序中设定的联系人信息保存到 Contacts，保存的结果状态会返回给应用程序。

- SaveE-mailAddressTask。即保存 E-mail 地址选择器，与 SaveContactTask 类似，只是保存的是 E-mail 地址。

- SavePhoneNumberTask。即保存联系人电话号码选择器，也与 SaveContactTask 类似，只是保存的是电话号码。

- SaveRingtoneTask。即保存铃声选择器，应用程序调用此选择器可以启动 Ringtones 程序，将选定的铃声保存到铃声列表中供用户使用。

　　启动器（Launcher）是指一类可供应用程序调用的内置程序的 API 接口，用以完成某项特定任务。与选择器不同的是，启动器并不会向调用的应用程序返回结果。Windows Phone 中提供的启动器包括 BingMapsDirectionsTask、BingMapsTask、ConnectionSettingsTask、E-mailComposeTask、MarketplaceDetailTask、MarketplaceHubTask、MarketplaceReviewTask、MarketplaceSearchTask、MediaPlayerLauncher、PhoneCallTask、SearchTask、ShareLinkTask、ShareStatusTask、SmsComposeTask、WebBrowserTask 等项。

- BingMapsDirectionsTask。调用此项启动器，会启动 Bing Maps 程序，用于显示两点间的方向，用户可以设定开始点和结束点两点位置或者只设定其中的一点。如果只指定一点，当前用户所在的位置会成为起点。

- BingMapsTask。与 BingMapsDirectionsTask 类似，调用此项启动器，会启动 Bing Maps 程序。不同的是用户可以输入关键词，Bing Maps 程序会从地图的一定区域内检索符合关键词的信息。用户也可以指定检索地域的中心点，如果未指定，当前手机的位置会成为检索中心点。如关键词是 Oil，则以手机所在地点为中心的区域内的加油站等与"Oil"有关的信息会显示在 Bing Maps 程序上。

- ConnectionSettingsTask。调用此项启动器，会启动 Setting 程序，供用户调整网络设置。

- E-mailComposeTask。调用此项启动器，会启动 E-mail 程序，供用户发送 E-mail 给指定的联系人。

- MarketplaceDetailTask。调用此项启动器，会启动 Windows Phone Marketplace 在手机中的客户端程序，并显示指定应用程序的详细信息。即会从 Marketplace 中检索指定应用程序的信息。

- MarketplaceHubTask。调用此项启动器，同样会启动 Windows Phone Marketplace 的客户端程序，显示符合指定类别条件的应用程序列表。例如，指定类别为 Music，则显示的是音乐类的应用程序，如音乐播放器等。

- MarketplaceReviewTask。此项启动器同样会启动 Windows Phone Marketplace 的客户端程序，并显示指定应用程序的评论信息（Reviews）。

- MarketplaceSearchTask。此项启动器也同样会启动 Windows Phone Marketplace 的客户端程序，并且显示符合指定搜索条件的应用程序列表。

- MediaPlayerLauncher。调用此项启动器会启动内置的媒体播放器，并播放指定的媒体。

- PhoneCallTask。调用此项启动器会启动电话（Phone）程序，并可以拨打指定的电话号码。

- SearchTask。调用此项启动器会启动网页搜索程序。

- ShareLinkTask。调用此启动器，可以将指定链接信息共享给社交网络中的其他用户。

- ShareStatusTask。调用此项启动器，可以将状态信息共享给社交网络中的其他用户。

- SmsComposeTask。此项启动器会调用 Message 程序，并将 Message 信息发送给指定的联系人。

● WebBrowserTask。调用此项启动器，会启动网页浏览器，打开指定地址的网页。

选择器与启动器虽然为应用程序开发提供了调用系统内置程序与资源的途径，但是由于调用这些 API 时，会启动内置程序，而原应用程序会被 TombStoning，运行会被中止；在启动器与选择器程序执行完毕后，原应用程序才会被重新激活。这就为应用程序开发带来了需要额外处理的两个问题，一是保存被中止前的状态，以便在启动器或选择器程序执行完毕后能够恢复到原先状态；二是处理用户可能的意外操作，如选择器会返回值给调用程序，但用户可能关闭选择器，而不进行任何操作，比如在 PhoneNumberChooserTask 选择器界面上，不选择电话号码，而是直接后退或者返回 Windows Phone 首页面，导致应用程序得不到选择器返回的结果值。如果对上述两个问题不进行预先考虑，都可能会导致应用程序运行异常。

9.2 ●选择器的应用

Windows Phone 提供了 AddressChooserTask 等 10 个选择器，这些选择器可以为应用程序提供对内置程序调用的接口，可有效提升应用程序开发的效率及与系统之间集成的紧密性。以下介绍部分常用选择器的应用与集成。

9.2.1　AddressChooserTask

调用 AddressChooserTask 可以使应用程序打开内置的 Contacts 程序并返回选中的地址给应用程序。因此，如果需要从手机联系人信息中获取地址，使用 AddressChooserTask 是一个很好的选择。

以下示例演示了 AddressChooserTask 的简单应用，单击按钮可以启动 AddressChooserTask 并返回地址到文本框中。程序的 XAML 代码如下。

```
XAML 代码：AddressChooserTask1.xaml
<Grid x:Name="ContentPanel" Grid.Row="1" Margin="12,0,12,0">
        <Grid.RowDefinitions>
            <RowDefinition Height="97*" />
            <RowDefinition Height="104*" />
            <RowDefinition Height="434*" />
        </Grid.RowDefinitions>
        <TextBlock Height="30" HorizontalAlignment="Left" Margin="28,4
```

```
4,0,0" Name="TextBlock1" Text="联系人名称: " VerticalAlignment="Top" />
        <TextBox Height="72" HorizontalAlignment="Left" Margin="135,25,
0,0" Name="txtContactName" Text="" VerticalAlignment="Top" Width="315" />
        <TextBlock Height="30" HorizontalAlignment="Left" Margin="28,4
6,0,0" Name="TextBlock2" Text="联系人地址: " VerticalAlignment="Top" Grid.Row=
"1" />
        <TextBox Grid.Row="1" Height="72" HorizontalAlignment="Left" Ma
rgin="135,21,0,0" Name="txtContactAddress" Text="" VerticalAlignment="Top" W
idth="315" />
        <Button Content="获取联系人信息" Grid.Row="2" Height="72"  Horizo
ntalAlignment ="Left" Margin="92,15,0,0" Name="Button1" VerticalAlignment="T
op" Width="279" />
    </Grid>
```

程序代码中引入了 AddressChooserTask 所在的名称空间 Microsoft.Phone.Tasks，绑定了选择器执行完毕后的事件。执行返回的数据保存在 AddressResult 中，完整代码如下。

VB.NET 代码：AddressChooserTask1.xaml.vb

```
'引用名称空间
Imports Microsoft.Phone.Tasks
Partial Public Class AddressChooserTask1
    Inherits PhoneApplicationPage


    Public Sub New()
        InitializeComponent()
    End Sub


    Private  Sub  Button1_Click(sender  As  System.Object,  e  As
System.Windows.RoutedEventArgs) Handles Button1.Click
        '定义 AddressChooserTask
        Dim addchoosertask As AddressChooserTask = New AddressChooserTask
        '绑定选择器执行完毕后返回时的事件
        AddHandler addchoosertask.Completed, AddressOf addchoosertask_
completed
        Try
```

```
            '通过 Show 方法，启动选择器
            addchoosertask.Show()
        Catch ex As Exception
        End Try
    End Sub
    Private Sub addchoosertask_completed(ByVal sender As Object, ByVal e As
AddressResult)
        '如果选择器执行正常，从选择器返回的 AddressResult 中取出 DispalyName 和
Address
        If e.TaskResult = TaskResult.OK Then
            Me.txtContactName.Text = e.DisplayName
            Me.txtContactAddress.Text = e.Address
        End If
    End Sub
End Class
```

程序执行结果如图 9-1 所示。

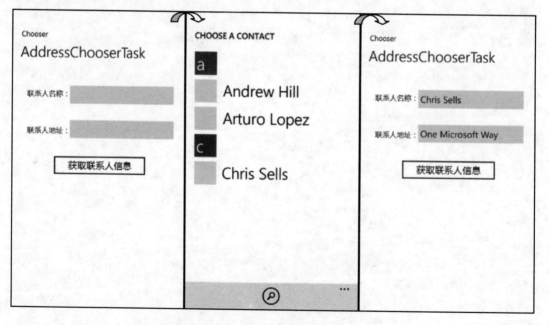

图 9-1　使用 AddressChooserTask 获取联系人地址与姓名

9.2.2　CameraCaptureTask

CameraCaptureTask 可以调用照相程序，捕捉拍到相片，并返回给原调用的应用程序。因此，可以用于需要实时获取相片的应用程序中。如在会员注册程序中，如果需要在上传注册信息的同时上传个人相片，应用 CameraCaptureTask 是个不错的选择。

以下示例，演示了调用 CameraCaptureTask 选择器，并显示相片到图片（image）控件中的应用。由于 Windows Phone 模拟器未携带摄像头，无法实时拍照，实际使用时需要部署到手机上才能调试。模拟器给出一个模拟的方案，可以模拟拍照，但传回应用程序的是一个默认的图片。

本程序的界面较为简单，包括一个图片（Image）控件，用于显示返回的相片；另一个对象是 Button 按钮，用于调用选择器，XAML 代码如下。

```
XAML 代码：CameraCaptureTask1.xaml
<Grid x:Name="ContentPanel" Grid.Row="1" Margin="12,0,12,0">
        <Grid.RowDefinitions>
            <RowDefinition Height="404*" />
            <RowDefinition Height="210*" />
        </Grid.RowDefinitions>
        <Image Height="316" HorizontalAlignment="Left" Margin=
"51,39,0,0" Name="Image1" Stretch="Fill" VerticalAlignment="Top" Width="355" />
        <Button Content="使用 CameraCaptureTask" Grid.Row="1" Height="72"
HorizontalAlignment        ="Left"        Margin="51,28,0,0"        Name="Button1"
VerticalAlignment="Top" Width="342" />
    </Grid>
```

程序代码中，引用了 Microsoft.Phone.Tasks 和 System.Windows. Media.Imaging 两个相关的名称空间，分别用于引入 CameraCaptureTask 和 BitmapImage。返回的相片保存在 PhotoResult 对象的ChosenPhoto 属性中，本例以 Stream 方式加载此相片到BitMapIamge对象，并显示在Image 控件中，程序代码如下。

```
VB.NET 代码：CameraCaptureTask1.xaml.vb
'引用名称空间
Imports Microsoft.Phone.Tasks
Imports System.Windows.Media.Imaging
Partial Public Class CameraCaptureTask1
    Inherits PhoneApplicationPage
```

```vb
    Public Sub New()
        InitializeComponent()
    End Sub


    Private    Sub    Button1_Click(sender    As    System.Object,    e    As
System.Windows.RoutedEventArgs) Handles Button1.Click
        '调用选择器 CameraCaptureTask
        Dim cameracapturetask As CameraCaptureTask = New CameraCaptureTask
    '绑定返回时执行的事件
        AddHandler cameracapturetask.Completed, AddressOf cameraCaptureTask_
Completed
        Try
            cameracapturetask.Show()
        Catch ex As Exception
        End Try
    End Sub
    Private    Sub    cameraCaptureTask_Completed(sender    As    Object,    e    As
PhotoResult)
        If e.TaskResult = TaskResult.OK Then
    '如果返回正常，将返回相片以 Stream 形式加载到 BitmapImage，并通过 Image 控件显示
        Dim btmp As BitmapImage
        btmp = New BitmapImage
        btmp.SetSource(e.ChosenPhoto)
        Me.Image1.Source = btmp
        End If
    End Sub
End Class
```

程序执行结果如图 9-2 所示。

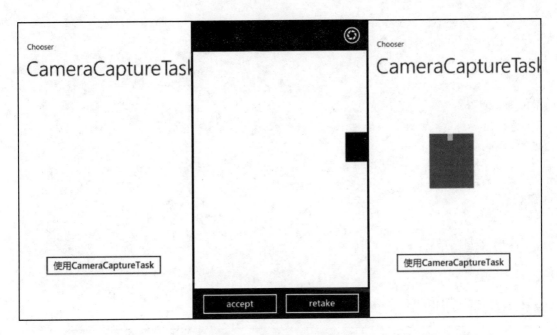

图 9-2　使用 CameraCaptureTask（中间图是模拟器模拟拍照，右图返回一默认图片）

9.2.3　E-mailAddressChooserTask

E-mailAddressChooserTask 与 AddressChooserTask 类似，同样会启动 Contacts 程序，并从现有联系人中将选中的联系人的 E-mail 返回给调用程序。不同的是，返回的结果保存在 E-mailResult 对象中。

以下示例程序的界面与图 9-1 所示界面类似，包含两个文本框和一个按钮。程序代码中，同样需要定义 E-mailAddressChooserTask 实例，并绑定执行完毕后的事件，然后将返回的结果，即 E-mailResult 中的 DisplayName 和 E-mail 显示在文本框中。

页面 XAML 代码请参见附件光盘，程序代码如下。

```
VB.NET 代码：E-mailAddressChooserTask1.xaml.vb
Private Sub Button1_Click(sender As System.Object, e As System.Windows.
RoutedEventArgs) Handles Button1.Click

        Dim E-mailAddChooserTask As E-mailAddressChooserTask

        E-mailAddChooserTask = New E-mailAddressChooserTask

        AddHandler E-mailAddChooserTask.Completed, AddressOf E-mailAddChooserTask_
Completed

        Try
```

```
        E-mailAddChooserTask.Show()
        Catch ex As ArgumentException

        End Try
    End Sub
    Private  Sub  E-mailAddChooserTask_Completed(sender  As  Object,  e  As
E-mailResult)
    '如果选择器执行正常，从选择器返回的 E-mailResult 中取出 DispalyName 和 E-mail
        If e.TaskResult = TaskResult.OK Then
            Me.txtContactName.Text = e.DisplayName
            Me.txtContactAddress.Text = e.E-mail
        End If
    End Sub
```

程序执行结果如图 9-3 所示。

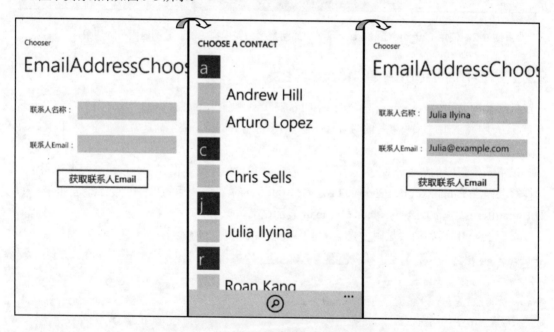

图 9-3　使用 E-mailAddressChooserTask

另外，PhoneNumberChooserTask 的使用方法也与之类似，只是返回结果保存在 PhoneNumberResult 对象中。可参照 E-mailAddressChooserTask 和 CameraCaptureTask 的使用

方式。

9.2.4 PhotoChooserTask

PhotoChooserTask 会启动相片选择程序，并将选中的相片返回给调用它的应用程序。因此，适合用于需要从已保存的相片中取用相片的应用。如在新浪微博的客户端中可以抽取相片并上传到微博空间，就使用了相关的技术。

以下示例使用 PhotoChooserTask 获取相片，并将取出的相片显示到 Image 控件的应用。程序界面与图 9-2 所示界面类似，相应 XAML 代码请参见源代码。程序代码也与 9.2.2 节中使用 CameraCaptureTask 的程序代码类似，主要的区别在于返回的结果会保存在 PhotoResult 对象中，完整的程序代码如下。

```vb
VB.net 代码：PhotoChooserTask1.xaml.vb
Imports Microsoft.Phone.Tasks
Imports System.Windows.Media.Imaging
Partial Public Class PhotoChooserTask1
    Inherits PhoneApplicationPage

    Public Sub New()
        InitializeComponent()
    End Sub


    Private Sub Button1_Click(sender As System.Object, e As System.Windows.
RoutedEventArgs) Handles Button1.Click
        Dim photochoosertask As PhotoChooserTask
        photochoosertask = New PhotoChooserTask()
        AddHandler photochoosertask.Completed, AddressOf photoChooserTask_
Completed
        Try
            photoChooserTask.Show()
        Catch ex As Exception
        End Try
    End Sub
    Private Sub photochoosertask_Completed(sender As Object, e As
PhotoResult)
```

```
        If e.TaskResult = TaskResult.OK Then
            '如果返回正常，将返回 PhotoResult 中相片以 Stream 形式加载到
'BitmapImage，并通过 Image 控件显示
            Dim btmp As BitmapImage
            btmp = New BitmapImage
            btmp.SetSource(e.ChosenPhoto)
            Me.Image1.Source = btmp
        End If
    End Sub
```

程序执行结果如图 9-4 所示。

图 9-4　使用 PhotoChooserTask

9.2.5　SaveContactTask

调用 SaveContactTask 可以保存联系人信息，保存的结果会返回给调用的应用程序。保存的结果包括保存成功（TaskResult.OK）、用户取消保存（TaskResult.Cancel）或者用户没有执行 Contacts 程序（TaskResult.None）。

完整的联系信息包括 FirstName、LastName、MiddleName、MobilePhone、WorkPhone、HomePhone、WorkE-mail、PersonalE-mail、JobTitle 等多项，在应用程序中可以设置上述信息项目，并通过 SaveContactTask 保存到 Contacts 中。

以下示例演示了 SaveContactTask 的使用方法。程序界面中添加了多个 TextBlock 和 TextBox，用于输入联系人的部分信息，Button 按钮用于调用 SaveContactTask。

程序页面的 XAML 代码如下。

XAML 代码：SaveContactTask1.xaml

```xaml
<Grid x:Name="ContentPanel" Grid.Row="1" Margin="12,0,12,0">
        <Grid.RowDefinitions>
            <RowDefinition Height="92*" />
            <RowDefinition Height="72*" />
            <RowDefinition Height="70*" />
            <RowDefinition Height="70*" />
            <RowDefinition Height="74*" />
            <RowDefinition Height="60*" />
            <RowDefinition Height="165*" />
        </Grid.RowDefinitions>
        <TextBlock Height="30" HorizontalAlignment="Left" Margin="28,40,0,0"
Name="TextBlock1" Text="姓: " VerticalAlignment="Top" />
        <TextBox Height="72" HorizontalAlignment="Left" Margin="74,20,0,0"
Name="LastName" Text="" VerticalAlignment="Top" Width="146" />
        <TextBlock Height="30" HorizontalAlignment="Left" Margin="244,40,0,0"
Name="TextBlock3" Text="名: " VerticalAlignment="Top" Width="50" />
        <TextBox Height="72" HorizontalAlignment="Left" Margin="282,20,0,0"
Name="FirsttName" Text="" VerticalAlignment="Top" Width="144" />
        <TextBlock Height="30" HorizontalAlignment="Left" Margin="28,24,0,0"
Name="TextBlock2" Text="移动电话: " VerticalAlignment="Top" Grid.Row="1" />
        <TextBox Grid.Row="1" Height="72" HorizontalAlignment="Left"
Margin="135,0,0,0" Name="txtMobileTel" Text="" VerticalAlignment="Top" Width="315" />
        <TextBlock Height="30" HorizontalAlignment="Left" Margin="28,20,0,0"
Name="TextBlock4" Text="工作电话: " VerticalAlignment="Top" Grid.Row="2" />
        <TextBox Grid.Row="2" Height="72" HorizontalAlignment="Left"
Name="txtWorkTel" Text="" VerticalAlignment="Top" Width="315" Margin="134,0,0,0"
```

```
Grid.RowSpan="2" />
            <TextBlock Height="30" HorizontalAlignment="Left" Margin="28,20,0,
0" Name="TextBlock5" Text="住宅电话: " VerticalAlignment="Top" Grid.Row="3" />
            <TextBox Grid.Row="3" Height="72" HorizontalAlignment="Left" Na
me="txtHomeTel" Text="" VerticalAlignment="Top" Width="315" Margin="134,0,0,
0" Grid.RowSpan="2" />
            <TextBlock Height="30" HorizontalAlignment="Left" Margin="20,22,0,
0" Name="TextBlock6" Text="工作 E-mail: " VerticalAlignment="Top" Grid.Row="4" />
            <TextBox Grid.Row="4" Height="72" HorizontalAlignment="Left" Name=
"txtE-mail" Text="" VerticalAlignment="Top" Width="315" Margin="134,0,0,0" />
            <TextBlock Height="30" HorizontalAlignment="Left" Margin="28,16,0,
0" Name="TextBlock7" Text="工作岗位: " VerticalAlignment="Top" Grid.Row="5" />
            <TextBox Grid.Row="4" Height="72" HorizontalAlignment="Left" Na
me="txtjob" Text="" VerticalAlignment="Top" Width="315" Margin="134,72,0,0"
Grid.RowSpan="3" />
        <Button Content="保存联系人信息" Grid.Row="6" Height="72" HorizontalA
lignment="Left" Margin="92,25,0,0" Name="Button1" VerticalAlignment="Top" Wi
dth="279" />
    </Grid>
```

程序代码中，同样引入了 Microsoft.Phone.Tasks 名称空间，并将页面文本框中输入的值对应赋值给 SaveContactTask 对象的各项联系人属性，保存结果通过 SaveContactResult 返回，完整代码如下。

VB.NET 代码: SaveContactTask1.xaml.vb

```
Imports Microsoft.Phone.Tasks
Partial Public Class SaveContactTask1
    Inherits PhoneApplicationPage

    Public Sub New()
        InitializeComponent()
    End Sub

    Private Sub Button1_Click(sender As System.Object, e As System.Windows.
```

```
RoutedEventArgs) Handles Button1.Click
        Dim savecontacttask As SaveContactTask
        savecontacttask = New SaveContactTask()
      AddHandler savecontacttask.Completed, AddressOf savecontacttask_Completed
      Try
          savecontacttask.FirstName = Me.FirsttName.Text
          savecontacttask.LastName = Me.LastName.Text
          savecontacttask.MobilePhone = Me.txtMobileTel.Text
          savecontacttask.WorkPhone = Me.txtWorkTel.Text
          savecontacttask.HomePhone = Me.txtHomeTel.Text
          savecontacttask.WorkE-mail = Me.txtE-mail.Text
          savecontacttask.JobTitle = Me.txtjob.Text
          savecontacttask.Show()
      Catch ex As Exception
      End Try
    End Sub
    Private Sub savecontacttask_Completed(sender As Object, e As SaveContactResult)
      If e.TaskResult = TaskResult.Cancel Then
        MessageBox.Show("联系人未保存，请核对！", "信息提示", MessageBoxButton.OK)
      Else
          MessageBox.Show("联系人保存完毕！", "信息提示", MessageBoxButton.OK)
      End If
    End Sub
End Class
```

程序执行的效果如图 9-5 所示。

另外， SaveE-mailAddressTask 和 SavePhoneNumberTask 选择器的使用方法与
SaveContactTask 类似，可以参照上述方法使用。其中调用 SaveE-mailAddressTask 时，可以通过
设置其 E-mail 属性值，将指定 E-mail 地址保存到 Contacts 中。调用 SavePhoneNumberTask 时，
可以设置 PhoneNumber 属性值为实际的电话号码，从而保存电话号码到 Contacts 中。

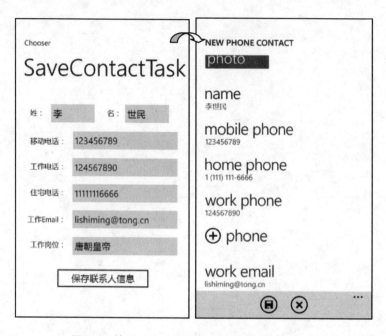

图 9-5　使用 SaveContactTask 保存联系人信息

9.2.6　SaveRingtoneTask：铃声设置

调用 SaveRingtoneTask 可以将指定铃声文件保存到系统的铃声列表中，并可以把指定的铃声文件设置为系统的默认铃声。同样，加入列表中的铃声也可以设置为特定联系人的铃声。在 Windows Phone 系统中用户要自定义铃声并不是一件太方便的事，需要通过 Zune 程序将铃声文件同步到手机，并且需要修改铃声文件的属性，然后才能在铃声列表中找到铃声文件。

SaveRingtoneTask 为开发系统铃声设置的客户端工具提供了解决办法。但是 Windows Phone 系统对铃声文件有较为严格的限制：首先，铃声文件必须是 MP3 或 WMA 格式的文件；第二，铃声文件必须小于 1MB 大小；第三，铃声文件的播放长度必须在 40s 以内；最后，铃声文件不能有数字版权保护。

以下示例演示了使用 SaveRingtoneTask 将指定铃声文件设置为系统铃声的方法。程序页面中添加了一个 ListBox 用于显示可用的铃声文件列表，这些铃声文件保存在程序的 RingTons 文件夹中。ListBox 采用 DataTemplate 和数据绑定的方法来显示这些铃声。与之前的绑定方法不同，此次绑定的是字符串量，使用<system:String></system:String>来定义。

页面的头部添加了对相应名称空间的引用（代码中的粗体部分）；同时这些字符串与铃声文件的名称对应。程序页面中还添加了一个 MediaElement 控件，用于播放选中的铃声，用户可以预听选中的铃声文件，然后再决定是否采用此铃声文件。程序页面的 XAML 代码如下。

XAML 代码：SaveRingtoneTask1.xaml

```xml
<phone:PhoneApplicationPage
    x:Class="ChooserAndLauncher.SaveRingtoneTask1"
    …
    shell:SystemTray.IsVisible="True"
    xmlns:system="clr-namespace:System;assembly=mscorlib">

    <Grid x:Name="LayoutRoot" Background="Transparent">
        <Grid.RowDefinitions>
            <RowDefinition Height="Auto"/>
            <RowDefinition Height="*"/>
        </Grid.RowDefinitions>

        <StackPanel x:Name="TitlePanel" Grid.Row="0" Margin="12,17,0,28">
            <TextBlock x:Name="ApplicationTitle" Text="Chooser" Style=
"{StaticResource PhoneTextNormalStyle}"/>
            <TextBlock x:Name="PageTitle" Text="铃声设置" Margin="9,7,0,0"
Style="{StaticResource PhoneTextTitle1Style}" FontSize="56" />
        </StackPanel>

        <Grid x:Name="ContentPanel" Grid.Row="1" Margin="12,0,12,0">
            <Grid.RowDefinitions>
                <RowDefinition Height="434*" />
                <RowDefinition Height="67*" />
            </Grid.RowDefinitions>
            <ListBox FontSize="{StaticResource PhoneFontSizeLarge}" Name=
"ListBox1">
                <ListBox.ItemTemplate>
                    <DataTemplate>
                        <TextBlock Text="{Binding}" Margin="20,0,0,0"/>
                    </DataTemplate>
                </ListBox.ItemTemplate>
                <system:String>105300.wma</system:String>
```

```xml
            <system:String>88500.wma</system:String>
            <system:String>89500.wma</system:String>
            <system:String>91300.wma</system:String>
            <system:String>Alarm-01.wma</system:String>
            <system:String>Alarm-04.wma</system:String>
            <system:String>Alarm-06.wma</system:String>
            <system:String>Alert-01.wma</system:String>
            <system:String>Alert-03.wma</system:String>
            <system:String>Alert_SMS.wma</system:String>
            <system:String>Alert_voicE-mail.wma</system:String>
            <system:String>Ring03.wma</system:String>
            <system:String>Ring04.wma</system:String>
        </ListBox>
        <Button Content="设为系统铃声" Grid.Row="1" Height="72"
HorizontalAlignment="Left" Margin="92,11,0,0" Name="Button1" VerticalAlignment=
"Top" Width="279" />
        <MediaElement Grid.Row="1" Height="40" HorizontalAlignment="Left"
Margin="9,23,0,0" Name="MediaElement1" VerticalAlignment="Top" Width="84" />
    </Grid>
    </Grid>
</phone:PhoneApplicationPage>
```

本程序代码主要包括两方面，一是当 ListBox 列表的选中项切换时，播放当前选中的铃声文件；二是单击按钮时调用 SaveRingtoneTask，启动铃声设置程序将选中的铃声文件设置为系统铃声。程序代码如下，程序执行结果如图 9-6 所示。

VB.NET 代码：SaveRingtoneTask1.xaml.vb

```vbnet
Imports Microsoft.Phone.Tasks
Partial Public Class SaveRingtoneTask1
    Inherits PhoneApplicationPage

    Public Sub New()
        InitializeComponent()
    End Sub
```

```vb
    Private    Sub    Button1_Click(sender    As    System.Object,    e    As
System.Windows.RoutedEventArgs) Handles Button1.Click
        If Me.ListBox1.SelectedItems.Count > 0 Then
            Dim saveRingtoneChooser As SaveRingtoneTask
            saveRingtoneChooser = New SaveRingtoneTask()
        AddHandler saveRingtoneChooser.Completed, AddressOf saveRingtoneChooser_
Completed

            Try
                Dim s As String = Me.ListBox1.SelectedItem
                saveRingtoneChooser.Source = New Uri("/Ringtons/" & s)
                saveRingtoneChooser.DisplayName = s    '显示为铃声文件名，可以定制
                saveRingtoneChooser.Show()
            Catch ex As Exception
            End Try
        End If
    End Sub
    Private    Sub    saveRingtoneChooser_Completed(sender    As    Object,    e    As
TaskEventArgs)
        If e.TaskResult = TaskResult.OK Then
            MessageBox.Show("铃声设置完成！")
        End If
    End Sub
    Private    Sub    ListBox1_SelectionChanged(sender    As    System.Object,    e    As
System.Windows.Controls.SelectionChangedEventArgs) Handles ListBox1.SelectionChanged
        '播放选中的铃声文件，让用户预听铃声
        Dim s As String = Me.ListBox1.SelectedItem
    '生成铃声文件的路径，由于铃声文件保存在 Ringtons 文件夹中，因此需要添加此文件夹路径
        Dim ringsfile As String = "/Ringtons/" & s
        Me.MediaElement1.Source = New Uri(ringsfile, UriKind.Relative)
        Me.MediaElement1.Play()
    End Sub
End Class
```

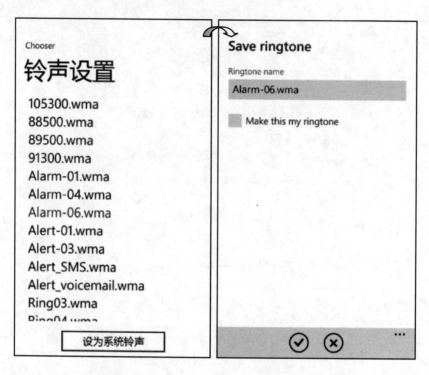

图 9-6   使用 SaveRingtoneTask 开发系统铃声设置程序

9.3 ●启动器的应用

与选择器一样，启动器为应用程序调用和集成系统内置功能模块提供了 API 接口。Windows Phone 目前提供的启动器多达 15 个，非常丰富。充分应用这些编程接口，也可以加快应用程序开发，提升应用程序的性能。本节介绍部分常用的启动器的使用方法。

9.3.1   PhoneCallTask

调用 PhoneCallTask，可以启动手机拨号程序，可以拨打指定的号码。因此，集成 PhoneCallTask 可以为需要实时拨打电话的应用程序提供方便。如在客户关系管理系统的 Windows Phone 手机端应用程序中，在调出某一客户信息后，假设需要与客户实时通话，集成 PhoneCallTask 后就不需要再将电话号码复制到拨号程序中使用，直接就可以拨打，因此能有效提高工作效率。

　　PhoneCallTask 的调用非常简单，以下示例指定了联系人名称和联系人电话，然后调用 PhoneCallTask 实现拨打电话。程序界面与 9.2.1 节非常类似，请参照完成，XAML 代码请参见源代码文件。

　　程序代码中新建了 PhoneCallTask 实例，并将页面中输入的联系人名称和联系电话号码分别赋值给 PhoneCallTask 对象的 PhoneNumber 和 DisplayName，然后调用 Show 方法启动 PhoneCallTask 启动器，完整的程序代码如下。

```
VB.NET 代码：PhoneCallTask1.xaml.vb
Imports Microsoft.Phone.Tasks
Partial Public Class PhoneCallTask1

    Inherits PhoneApplicationPage


    Public Sub New()

        InitializeComponent()

    End Sub


    Private  Sub  Button1_Click(sender  As  System.Object,  e  As
System.Windows.RoutedEventArgs) Handles Button1.Click

        Dim phonecalltask As PhoneCallTask = New PhoneCallTask()

        phonecalltask.PhoneNumber = Me.txtContactTel.Text

        phonecalltask.DisplayName = Me.txtContactName.Text

        phonecalltask.Show()

    End Sub

End Class
```

　　程序执行结果如图 9-7 所示。

　　在模拟器中只是模拟拨打电话的场景，而不会真的拨打电话。如果需要测试实际使用效果，需要将程序部署到真实手机上。

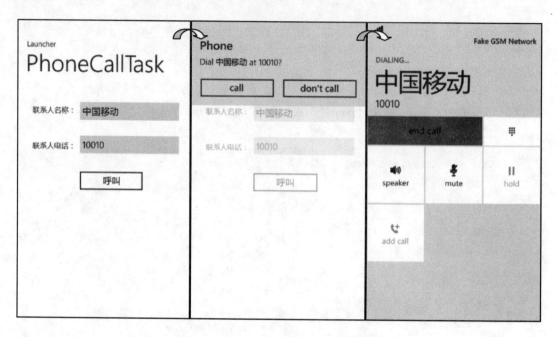

图 9-7 使用 PhoneCallTask 拨打电话

9.3.2 SmsComposeTask

调用 SmsComposeTask，可以集成消息发送程序。在有些场合，如对某一条新闻比较感兴趣想要跟朋友分享，或者需要从客户信息管理页面中直接向当前客户发送短消息时，应用 SmsComposeTask 可以很方便地调用系统消息发送程序，实现消息发送。

SmsComposeTask 对象的 To 属性可以指定收信人的电话号码，Body 属性可以设置发送的消息内容。以下示例，以第 7 章中设计的网页浏览器为基础，在页面底部 ApplicationBar. MenuItems 区添加了一个 ApplicationBarMenuItem 用于将当前页面发送给好友，分享网页地址，这一应用模拟了系统内置 IE 浏览器的 "Share Page" 功能。新增加的页面 XAML 代码非常简单。

XAML 代码：新增加的代码

```
    <shell:ApplicationBarMenuItem Text="Share Page" Click=
"ApplicationBarMenuItem_Click"/>
```

程序代码中，新增了此菜单项单击事件的处理代码。处理代码中调用了 SmsComposeTask，需添加对 Microsoft.Phone.Tasks 名称空间的引用，新增的代码如下。

VB.NET 代码：

```
Imports Microsoft.Phone.Tasks
```

```
….
Private Sub ApplicationBarMenuItem_Click(sender As System.Object, e As
System.EventArgs)
        Dim smsComposeTask As SmsComposeTask = New SmsComposeTask()
    'To 属性可以指定收件人，此处保留空白，在实际发送时需要设定
    smsComposeTask.To = ""
    '将当前网页的地址，作为消息内容发送给联系人
        smsComposeTask.Body = "这个网页内容很有意思，可能您也会感兴趣！" &
Me.txturl.Text.ToString
        smsComposeTask.Show()
    End Sub
```

程序执行结果如图 9-8 所示。

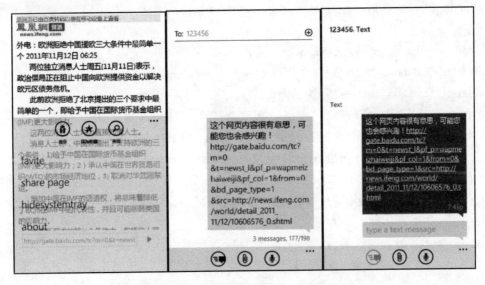

图 9-8　使用 SmsComposeTask 分享页面链接

在模拟器中消息发送只是模拟发送，也不会真的把消息发送出去。

9.3.3　MediaPlayerLauncher

在第 8 章中设计豆瓣 FM 应用时，曾经提到对于远程视频、音频等媒体资源也可以调用 MediaPlayerLauncher 启动器实现播放。MediaPlayerLauncher 启动器提供了全套的播放媒体的控制按钮，不再像 MediaElement 控件那样需要手工添加各控制按钮。因此，使用

MediaPlayerLauncher 实现媒体播放更加方便简洁。

MediaPlayerLauncher 的 Media 属性可以设置为媒体的 Uri，Location 属性用于设置媒体资源文件存放的位置，此属性是一个 MediaLocationType 类型的枚举项，有以下 3 种取值：MediaLocationType.Data、MediaLocationType.Install 和 MediaLocationType.None。分别表示：

- MediaLocationType.Data，表示媒体文件保存在应用程序的独立存储空间。
- MediaLocationType.Install，表示媒体文件是应用程序的组成部分，嵌入在 XAP 文件中。如果是本地媒体文件，文件的 Build Action 选项需设置为 Content。
- MediaLocationType.None，媒体文件不在存储空间中，Show 方法会抛出异常。

MediaPlayerLauncher 的 Controls 属性可以设置 MediaPlayerLauncher 显示的控制按钮，取值为 MediaPlaybackControls 类型的枚举值。Controls 属性的取值包括 All、None、Pause、Stop、Skip、FastForward、Rewind 等项，分别表示显示全部按钮、不显示按钮、暂停按钮、停止、跳过、快进、回退等。除 All 与 None 外，其他项可以进行组合，组合可以采用 Or，如 MediaPlaybackControls.Pause Or MediaPlaybackControls.FastForward 表示同时显示暂停和快进按钮。

MediaPlayerLauncher 的 Orientation 属性可以设置播放器放置的方向，取值为 MediaPlayerOrientation 类型的枚举值，MediaPlayerOrientation.Landscape 表示为横向，MediaPlayerOrientation.Portrait 表示为纵向。

本例在第 8 章"豆瓣 FM"播放器实例基础上，将列表页面选中的音频文件通过 MediaPlayerLauncher 播放，演示了 MediaPlayerLauncher 的使用过程。

程序页面继续采用 8.4.1 节的 MediaPlayMain.XAML 页面，XAML 代码保持不变，修改的是程序代码中 MusicList1_SelectionChanged 事件代码，原先需要导航到另一播放页面来播放选中的音频。此例中，由于调用的是系统内置的媒体播放程序，不需要额外设计播放页面。修改后的程序代码如下。

```vbnet
VB.NET 代码：MediaPlayerLauncher1.xaml.vb
Imports Microsoft.Phone.Tasks
….
Private Sub MusicList1_SelectionChanged(sender As System.Object, e As
System.Windows.Controls.SelectionChangedEventArgs) Handles MusicList.
SelectionChanged
        Try
            Dim song1 As song = Me.MusicList.SelectedItem
            If song1.url <> "" Then
                Dim songuri As Uri = New Uri(song1.url, UriKind.Absolute)
```

```
        Dim    mediaplaylauncher   As   MediaPlayerLauncher   =   New
MediaPlayerLauncher
        mediaplaylauncher.Media = songuri
        mediaplaylauncher.Location = MediaLocationType.Data
        mediaplaylauncher.Controls = MediaPlaybackControls.None
        mediaplaylauncher.Orientation = MediaPlayerOrientation.
Landscape
        mediaplaylauncher.Show()
      End If
    Catch ex As Exception
    End Try
  End Sub
```

程序运行结果如图 9-9 所示。

需要说明的是，在模拟器中可以正常打开并播放音频文件，但是视频文件无法正常播放。因此，如果需要测试使用 MediaPlayerLauncher 播放视频文件的情况，需要将程序部署到实体手机系统中。

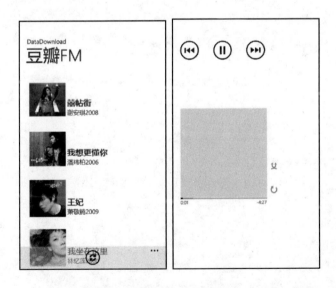

图 9-9　使用 MediaPlayerLauncher 播放豆瓣 FM 音频

9.3.4　SearchTask

调用 SearchTask，可以启动 Windows Phone 内置的 Web 搜索引擎，查找指定字符串条件的网页内容。因此，在有些需要实时通过 Web 搜索引擎获取指定关键词内容的应用程序中，调用 SearchTask，可以实现集成 Web 搜索引擎的应用。例如，在一些书籍阅读器（电子书）中集成网络字典查询的功能，就可以通过集成 SearchTask 来实现。

如本例中，使用 TextBox 显示文本，当用户选中文本框中的部分文本，并保持触压一定时间，会弹出 ContextMenu。通过 ContextMenu 菜单绑定的事件可以调用 SearchTask，启动网页搜索引擎，查找选定文本内容的网页。

由于使用到了 ContextMenu 控件，因此，需要将 Microsoft.Phone. Controls.Toolkit 添加引用到项目的 References 文件夹，并在页面 XAML 代码头部添加引用名称空间的代码。程序页面的 XAML 代码如下。

```
XAML 代码: SearchTask1.xaml
<phone:PhoneApplicationPage
   x:Class="ChooserAndLauncher.SearchTask1"
xmlns:toolkit="clr-namespace:Microsoft.Phone.Controls;assembly=Microsoft
.Phone.Controls.Toolkit"
   …
   shell:SystemTray.IsVisible="True">
      <Grid x:Name="ContentPanel" Grid.Row="1" Margin="12,0,12,0">
         <Grid x:Name="ContentPanel" Grid.Row="1" Margin="2,0,2,0">
            <TextBox Height="600" VerticalAlignment="Top" HorizontalAlignment=
"Stretch" Margin="5" Name="TextBox1" Text="The 3rd International Conference on
Engineering Design and Optimization (ICEDO 2012), to be held in Shaoxing, China,
25-27 May, 2012, is organized by Ningbo University, Physical Technical Institute
of the National Academy of Sciences of Belarus, and Ningbo Institute of Technology
of Zhejiang University. Topics of interest for submission include, but are not
limited to, engineering design theories and methodologies, simulation and
engineering optimization, manufacturing systems modeling and optimization, and
advanced machining and materials forming technologies. " Width="438"
TextWrapping="Wrap" FontSize="20" >
               <toolkit:ContextMenuService.ContextMenu >
                  <toolkit:ContextMenu x:Name="Searchmenu" VerticalOffset=
```

```
"200">
                    <toolkit:MenuItem Header="Search"  Click="MenuItemAdd_
Click"/>
                </toolkit:ContextMenu>
            </toolkit:ContextMenuService.ContextMenu>
        </TextBox>
    </Grid>
  </Grid>
 </phone:PhoneApplicationPage>
```

程序代码包括两部分内容：第一部分代码是判断文本框中是否有字符或字符串被选中，如果选中则允许弹出 ContextMenu，即将菜单的 Visibility 属性设置为 Windows.Visibility.Visible，否则为 Windows. Visibility.Collapsed；第二部分代码是在菜单项单击事件中调用 SearchTask，启动 Web 搜索引擎，从网页中查找符合选定字符或字符串条件的内容，完整代码如下。

VB.NET 代码：SearchTask1.xaml.vb

```
Imports Microsoft.Phone.Tasks
Partial Public Class SearchTask1
    Inherits PhoneApplicationPage

    Public Sub New()
        InitializeComponent()
    End Sub
    Private Sub TextBox1_SelectionChanged(sender As System.Object, e As
System.Windows.RoutedEventArgs) Handles TextBox1.SelectionChanged
        Dim textbox As TextBox = CType(sender, TextBox)
        '如果选中字符串，弹出 ContextMenu
        If textbox.SelectedText <> "" Then
            Me.Searchmenu.Visibility = Windows.Visibility.Visible
        Else
            Me.Searchmenu.Visibility = Windows.Visibility.Collapsed
        End If
    End Sub

    Private  Sub  MenuItemAdd_Click(sender  As  System.Object,  e  As
```

```
System.Windows.RoutedEventArgs)
        '启动 SearchTask 查找选中字符串的内容
        Dim searchtask As SearchTask = New SearchTask()
        searchtask.SearchQuery = Me.TextBox1.SelectedText.Trim
        searchtask.Show()
    End Sub
End Class
```

程序执行结果，如图 9-10 所示。

图 9-10　使用 SearchTask 实现文本查询

9.3.5　与 Marketplace 相关的启动器

Windows Phone 提供的 MarketplaceDetailTask、MarketplaceHubTask、MarketplaceReview Task、MarketplaceSearchTask 等启动器都是与 Marketplace 相关的启动器。这些启动器可分别提供对市场中应用程序的检索、查看指定应用程序的详细资料与评论信息等。

MarketplaceHubTask 的 ContentType 属性用于指定查看的市场应用的类型，取值包括：MarketplaceContentType.Applications 和 MarketplaceContentType.Music。前者表示对市场中的应

用程序进行查看，后者表示对市场中的数字音乐进行查看。

MarketplaceDetailTask 可以根据 ContentIdentifier 属性指定的程序编号和 ContentType 指定的应用类别，查看指定程序的详细信息。应用程序编号是指每个应用程序生成时，同时生成的全局唯一的编号，可用于标识应用程序身份。ContentType 属性的含义和取值与 MarketplaceHubTask 的 ContentType 属性相同。

MarketplaceReview 可以查看当前应用程序在市场中的用户评论。用户发表评论需要先使用 Windows Live ID 登录，在模拟器中由于没有 Windows Live ID，会出现错误。

MarketplaceSearchTask 可以查找由 SearchTerms 属性指定条件和 ContentType 属性指定类型的应用。ContentType 属性与 MarketplaceHubTask 的 ContentType 属性相同。SearchTerms 的取值可以是字符串值。

以下示例，演示了上述 4 项 Marketplace 相关启动器的使用方法。程序页面的 XAML 代码如下。

```
XAML 代码：MarketplaceHubTask1.xaml
<Grid x:Name="ContentPanel" Grid.Row="1" Margin="12,0,12,0">
        <Grid.RowDefinitions>
            <RowDefinition Height="159*" />
            <RowDefinition Height="180*" />
            <RowDefinition Height="184*" />
            <RowDefinition Height="123*" />
        </Grid.RowDefinitions>
        <Border Grid.Row="0" BorderBrush="Blue" BorderThickness="2" Ma
rgin="5">
        <Canvas>
        <TextBlock Canvas.Left="13" Canvas.Top="11">MarketplaceHubTas
k 应用</TextBlock>
        <RadioButton Content="应用程序" Height="72" HorizontalAlignment=
"Left" Margin="37,32,0,0" Name="RadioButton1" VerticalAlignment="Top" IsChec
ked="True" Canvas.Left="-4" Canvas.Top="17" FontSize="20" />
        <RadioButton Content="音乐" Height="72" Margin="183,32,0,0" Nam
e="RadioButton2" Canvas.Left="-4" Canvas.Top="17" FontSize="20" />
        <Button Content="Go" Height="72" HorizontalAlignment="Left" Ma
rgin="37,110,0,0" Name="Button1" VerticalAlignment="Top" Width="112" Canvas.
Left="276" Canvas.Top="-61" FontSize="20" />
```

```
                </Canvas>
              </Border>
            <Border Grid.Row="1" BorderBrush="Blue" BorderThickness="2" Mar
gin="5">
                <Canvas>
                    <TextBlock Canvas.Left="13" Canvas.Top="11">MarketplaceD
etailTask 应用</TextBlock>
                    <TextBlock Canvas.Left="13" Canvas.Top="49">应用程序 Ident
ifier: </TextBlock>
                    <TextBox Canvas.Left="179" Canvas.Top="33" Height="64" N
ame="TextBox1" Text="acfdf8a0-27de-df11-a844-00237de2db9e" Width="267" FontS
ize="20" />
                    <Button Content="Go" Height="72" HorizontalAlignment="Le
ft" Margin="37,110,0,0" Name="Button2" VerticalAlignment="Top" Width="113" C
anvas.Left="273" Canvas.Top="-17" FontSize="20" />
                    <RadioButton Canvas.Left="27" Canvas.Top="94" Content="
应用程序" Height="72" IsChecked="True" Name="RadioButton3" FontSize="20" />
                    <RadioButton Canvas.Left="173" Canvas.Top="94" Content="
音乐" Height="72" Name="RadioButton4" FontSize="20" />
                </Canvas>
              </Border>
            <Border Grid.Row="2" BorderBrush="Blue" BorderThickness="2" Mar
gin="5">
                <Canvas>
                    <TextBlock Canvas.Left="13" Canvas.Top="11">MarketplaceS
earchTask 应用</TextBlock>
                    <TextBlock Canvas.Left="19" Canvas.Top="50">查询条件：</T
extBlock>
                    <TextBox Canvas.Left="119" Canvas.Top="33" Height="64" N
ame="TextBox3" Text="" Width="317" FontSize="20" />
                    <Button Content="查询" Height="72" HorizontalAlignment="
Left" Margin="37,110,0,0" Name="Button3" VerticalAlignment="Top" Width="227"
 Canvas.Left="69" Canvas.Top="-17" FontSize="20" />
                </Canvas>
```

```
    </Border>
    <Border Grid.Row="3" BorderBrush="Blue" BorderThickness="2" Mar
gin="5">
        <Canvas>
            <TextBlock Canvas.Left="13" Canvas.Top="9">MarketplaceRe
view 应用</TextBlock>
            <Button Content="使用 MarketplaceReview" Grid.Row="3" Hei
ght="72" HorizontalAlignment="Left" Margin="134,27,0,0" Name="Button4" Verti
calAlignment="Top" Width="330" Canvas.Top="6" Canvas.Left="-49" />
        </Canvas>
    </Border>
</Grid>
```

程序代码中，绑定了 4 个按钮的单击事件，这些事件调用启动器，并给启动器设置了部分参数，完整的程序代码如下。

VB.NET 代码：MarketplaceHubTask1.xaml.vb

```
Imports Microsoft.Phone.Tasks
Partial Public Class MarketplaceHubTask1
    Inherits PhoneApplicationPage

    Public Sub New()
        InitializeComponent()
    End Sub
    Private Sub Button1_Click(sender As System.Object, e As System.Windows.
RoutedEventArgs) Handles Button1.Click
        '调用 marketplaceHubTask
        Dim marketplaceHubTask As MarketplaceHubTask = New MarketplaceHubTask()
        If Me.RadioButton1.IsChecked Then
            marketplaceHubTask.ContentType = MarketplaceContentType.
Applications
        ElseIf Me.RadioButton2.IsChecked Then
            marketplaceHubTask.ContentType = MarketplaceContentType.Music
        End If
        marketplaceHubTask.Show()
```

```
        End Sub

        Private Sub Button2_Click(sender As System.Object, e As System.Windows.
RoutedEventArgs) Handles Button2.Click
            '调用 marketplaceDetailTask
            Dim marketplaceDetailTask As MarketplaceDetailTask = New Marketplace-
DetailTask()
            marketplaceDetailTask.ContentIdentifier = Me.TextBox1.Text.Trim
            If Me.RadioButton3.IsChecked Then
                marketplaceDetailTask.ContentType = MarketplaceContentType.
Applications
            ElseIf RadioButton4.IsChecked Then
                marketplaceDetailTask.ContentType = MarketplaceContentType.
Music
            End If
            marketplaceDetailTask.Show()
        End Sub

        Private Sub Button3_Click(sender As System.Object, e As System.Windows.
RoutedEventArgs) Handles Button3.Click
            '调用 marketplaceSearchTask
            Dim marketplaceSearchTask As MarketplaceSearchTask = New Marketplace-
SearchTask()
            marketplaceSearchTask.SearchTerms = Me.TextBox3.Text.Trim
            marketplaceSearchTask.Show()
        End Sub

        Private Sub Button4_Click(sender As System.Object, e As System.Windows.
RoutedEventArgs) Handles Button4.Click
            '调用 marketplaceReviewTask
            Dim marketplaceReviewTask As MarketplaceReviewTask = New Marketplace-
ReviewTask()
            marketplaceReviewTask.Show()
```

```
    End Sub
End Class
```

程序执行结果如图 9-11 与图 9-12 所示。

图 9-11　使用 MarketplaceHubTask 查看市场中的应用程序

图 9-12　使用 MarketplaceDetailTask 和 MarketplaceSearchTask 查看市场中的应用程序

9.3.6 WebBrowserTask

调用 WebBrowserTask 可以启动内置的 Internet Explorer 浏览器，访问指定网址的网页。因此，WebBrowserTask 比较适合集成于需要即时访问远程网页资源的应用程序中。如在新浪新闻阅读器中，新闻内容页面的底部菜单中含有一项"使用浏览器打开本网页"，就是调用 WebBrowserTask 实现的。

WebBrowserTask 提供了一个与网址有关的属性 Uri，这是一个 Uri 类型的属性，用于设置目标网页地址。另有一个字符串（String）的属性 Url，但是此属性已过期不建议使用。

本例程序代码非常简单，通过调用 WebBrowserTask 访问地址文本框中输入的地址，打开指定的网页。页面代码请参见源代码文件，程序代码如下。

```vb
VB.NET 代码：WebBrowserTask1.xaml.vb
Imports Microsoft.Phone.Tasks
Partial Public Class WebBrowserTask1
    Inherits PhoneApplicationPage


    Public Sub New()
        InitializeComponent()
    End Sub


    Private Sub Button1_Click(sender As System.Object, e As System.Windows.
RoutedEventArgs) Handles Button1.Click
        '调用 webBrowserTask 启动器，访问由 TextBox1 指定地址的网页
        Dim webBrowserTask As WebBrowserTask = New WebBrowserTask()
        webBrowserTask.Uri = New Uri(Me.TextBox1.Text.Trim, UriKind.
Absolute)
        webBrowserTask.Show()
    End Sub
End Class
```

程序执行结果如图 9-13 所示。

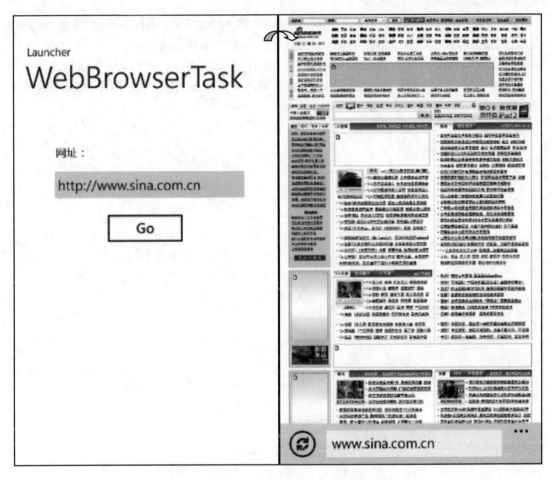

图 9-13　使用 WebBrowserTask 访问指定网页

　　在 Windows Phone 提供的启动器中，还有 BingMapsDirectionsTask、BingMapsTask、ConnectionSettingsTask、ShareLinkTask 和 ShareStatusTask 等，使用也非常简单，可参照完成。

9.4 本章小结

　　Windows Phone 提供了众多选择器和启动器，使应用程序开发中可以集成使用系统内置的多项实用程序。这一方面有利于提高应用程序开发的效率，另一方面也提高了应用程序与 Windows Phone 系统集成的紧密性。

　　本章结合实际使用场景，介绍了 Windows Phone 的 AddressChooserTask、SaveRingtoneTask、CameraCaptureTask 、 E-mailAddressChooserTask 、 SavePhoneNumberTask 等 多 个 选 择 器 和 E-mailComposeTask 、 MarketplaceDetailTask 、 MarketplaceHubTask 、 MediaPlayerLauncher 、 PhoneCallTask、SearchTask、WebBrowserTask 等多个启动器的使用方法。熟练使用这些选择器和启动器，可以达到事半功倍的效果。

10 高级主题

应用这些组件技术，可以开发出高级应用

Silverlight for Windows Phone 还提供了 Pivot、Panorama、Bing Maps、Accelerometer、Tile、Push Notification Service 等高级主题。应用这些组件技术，可以开发出高级应用。如 Pivot 和 Panorama 控件，可以扩展应用程序的界面空间，使狭小的手机屏幕可以布置更多内容；Bing Maps 可以集成地图应用，Push Notification Service 可以以推送方式向手机客户端提供通知信息。

本章介绍 Pivot、Panorama、Bing Maps、Tile、Push Notification Service 等高级主题的应用开发。

本章要点

- Pivot 与 Panorama 控件的应用。
- Bing Maps 的应用。
- Accelerometer 的应用。
- Tile 的类别与应用。
- Push Notification Service 的原理与应用。

10.1 Pivot 与 Panorama

狭小的手机屏幕，使在应用程序开发时布局页面内容成了一项较为困难的事。在内容较多的应用程序中，如果采用 PhoneApplicationPage 分隔程序内容，只能通过将内容分别布置在不同页面，然后通过页面间的导航与切换来实现完整内容的呈现。这一方面会让用户对应用程序的体验产生不良的效果；而另一方面也会因为页面间的频繁切换与数据传递，增加对系统资源的开支，尤其会造成电量的过多消耗。

为解决这一问题，Silverlight for Windows Phone 提供了 Pivot 和 Panorama 控件。通过应用 Pivot 和 Panorama 控件，可以在同一页面中利用更多的空间。这两种控件类似于 Windows Form 应用程序中的选项卡控件，通过选项卡顶部标签的切换，来切换到不同的区域，从而呈现更多内容。

这种采用 Pivot 和 Panorama 控件布置内容的方式，避免了采用多个 PhoneApplicationPage 页面时，需要频繁关闭或打开页面的弊端。且由于是在同一 PhoneApplicationPage 页面中切换内容，因此，也可以提高系统响应的速度和节约能耗。

在 Windows Phone 系统内置的应用程序中，有多项应用程序采用了 Pivot 和 Panorama 控件。如 Message、E-mail、Setting 采用的是 Pivot，Music+Videos、MarketPlace、XBOX LIVE（Game）采用的是 Panorama。现有已开发的很多应用程序，如奇艺影视、土豆网客户端、新浪微博等都采用了 Pivot 或 Panorama 控件。因此，熟练掌握 Pivot 和 Panorama 控件的应用，是开发更高级用户体验应用程序的一个重要途径。

10.1.1　Pivot 控件

Pivot 控件也被称为轴枢控件，其意思是说，分隔成多块的页面内容，可以围绕着一个轴转动，如同门绕着一侧的门轴转动一样，转到某一门面就显示该门面的内容。Pivot 控件中用来布置不同内容的区块称为 PivotItem，这是一个包含标题头 Header 的容器对象，Header 可以设置为 PivotItem 的标题，PivotItem 的内容区可以添加多个子对象，如可以把 ListBox 控件作为 PivotItem 的内容。在 Pivot 控件中，可以根据需要添加多个 PivotItem 项（但最多不要超过 7 个），用户可以水平划动屏幕，或者单击头部标题来切换 PivotItem。

如图 10-1 所示为 Setting 中使用的 Pivot 控件。左图是"System"项 PivotItem 的内容，右图是"Application"项 PivotItem 的内容。从中可以看出每个 PivotItem 项是相互独立的，可以布置相互关联的内容，也可以布置没有关联、独立的内容，格式也可以不同。如左图是列表加数据模板，右侧是单纯的文本列表。

以下示例，演示了 Pivot 控件的使用方法。页面中创建了 3 个 PivotItem，标题分别为"字体"、"内容"和"颜色"。"字体"项 PivotItem 包含一个 ListBox1 控件，其中添加了若干字体列表；"内容"项 PivotItem 含有一个 TextBlock 控件，放置了一些文本；"颜色"项 PivotItem 采用 ListBox2 控件构造了一个包含数个颜色项的列表。当在 ListBox1 中选择某一字体时，页面会切换到"内容"项 PivotItem，并且其中的字符串会应用 ListBox1 选中的字体。在"颜色"项 PivotItem 上选择不同颜色时，同样会切换到"内容"项 PivotItem，并应用所选的颜色。

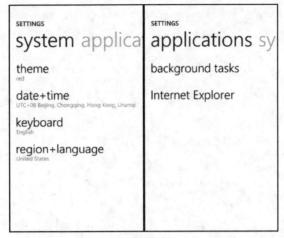

图 10-1　Pivot 控件在 Setting 中的应用

　　本程序页面的 XAML 代码如下。代码中引用两个名称空间，一个用于使用 Pivot 控件，另一个用于构建< sys:String >型的字符串列表。

```
XAML 代码：PivotPage1.xaml
<phone:PhoneApplicationPage

    x:Class="Andvance.PivotPage1"

    xmlns:controls="clr-namespace:Microsoft.Phone.Controls;assembly=Microsoft.Phone.Controls"

    …

    xmlns:sys="clr-namespace:System;assembly=mscorlib">


    <Grid x:Name="LayoutRoot" Background="Transparent">
        <controls:Pivot Title="MY APPLICATION" Name="pivot1">
        <controls:PivotItem Header="字体选择">
            <ListBox FontSize="{StaticResource PhoneFontSizeLarge}" Name="ListBox1">

                <ListBox.ItemTemplate>
                    <DataTemplate>
                        <TextBlock Text="{Binding}"
                        FontFamily="{Binding}" />
                    </DataTemplate>
                </ListBox.ItemTemplate>
```

```xml
                    <sys:String>Arial</sys:String>
                    <sys:String>Arial Black</sys:String>
                    <sys:String>Calibri</sys:String>
                    <sys:String>Comic Sans MS</sys:String>
                    <sys:String>Courier New</sys:String>
                    <sys:String>Georgia</sys:String>
                    <sys:String>Lucida Sans Unicode</sys:String>
                    <sys:String>Portable User Interface</sys:String>
                    <sys:String>Segoe WP</sys:String>
                    <sys:String>Segoe WP Black</sys:String>
                    <sys:String>Segoe WP Bold</sys:String>
                    <sys:String>Segoe WP Light</sys:String>
                    <sys:String>Segoe WP Semibold</sys:String>
                    <sys:String>Segoe WP SemiLight</sys:String>
                    <sys:String>Tahoma</sys:String>
                    <sys:String>Times New Roman</sys:String>
                    <sys:String>Trebuchet MS</sys:String>
                    <sys:String>Verdana</sys:String>
                </ListBox>
            </controls:PivotItem>
            <controls:PivotItem Header="内容">
        <TextBlock Text="Secondary tiles enable users to promote interesting
content and deep links—a reference to a specific location inside of the pinnin
g app—from Metro style apps onto the Start screen. Secondary tiles enable user
s to personalize their Start screen experience with playlists, photo albums,
friends, and other items important to them.

    The option to create a secondary tile is seen most often in UI as the Pin t
o start option. To pin content is to create a secondary tile for it. This opti
on is often presented as a glyph on the app bar.

    Selecting the secondary tile through a touch or a click launches into the
 parent app to reveal a focused experience centered on the pinned content or c
ontact."  TextWrapping="Wrap" Name="t2" Style="{StaticResource PhoneTextExtr
aLargeStyle}" FontSize="22" />
            </controls:PivotItem>
```

```
            <controls:PivotItem Header="颜色">
            <ListBox FontSize="{StaticResource PhoneFontSizeLarge}" Name="Li
stBox2">
                        <sys:String>Red</sys:String>
                        <sys:String>Blue</sys:String>
                        <sys:String>Black</sys:String>
                        <sys:String>Yellow</sys:String>
                        <sys:String>Cyan</sys:String>
                        <sys:String>Navy</sys:String>
            </ListBox>
        </controls:PivotItem>
    </controls:Pivot>
  </Grid>
</phone:PhoneApplicationPage>
```

程序代码比较简单，主要是通过绑定两个 ListBox 控件的 SelectionChanged 事件，实现将所选的字体与颜色应用到"内容"项 PivotItem 的文本上。同时，将门轴转到"内容"项 PivotItem（使用到 Pivot 控件的 SelectedIndex 属性）。

VB.NET 代码：PivotPage1.xaml.vb

```
Private Sub ListBox1_SelectionChanged(sender As System.Object, e As
System.Windows.Controls.SelectionChangedEventArgs) Handles ListBox1.
SelectionChanged
    Dim fontname As String = Me.ListBox1.SelectedItem
    Me.t2.FontFamily = New FontFamily(fontname)
    Me.pivot1.SelectedIndex = 1
End Sub


Private Sub ListBox2_SelectionChanged(sender As System.Object, e As
System.Windows.Controls.SelectionChangedEventArgs) Handles ListBox2.
SelectionChanged
    Dim colorname As String = Me.ListBox2.SelectedItem
    Dim colorValue As String = ""
    Select Case colorname
      Case "Red"
```

```vb
                    colorValue = "#FFFF0000"
                Case "Blue"
                    colorValue = "#FF0000FF"
                Case "Black"
                    colorValue = "#FF000000"
                Case "Yellow"
                    colorValue = "#FFFFFF00"
                Case "Cyan"
                    colorValue = "#FF00FFFF"
                Case "Navy"
                    colorValue = "#FF000080"
        End Select
        colorValue = colorValue.Replace("#", String.Empty)
    Dim cvalue As Integer = Integer.Parse(colorValue, System.Globalization.NumberStyles.HexNumber)
        Dim colorm As Color = New Color
        If colorValue.Length = 8 Then
        Dim a As Byte = Byte.Parse(colorValue.Substring(0, 2), Globalization.NumberStyles.HexNumber)
        Dim r As Byte = Byte.Parse(colorValue.Substring(2, 2), Globalization.NumberStyles.HexNumber)
        Dim g As Byte = Byte.Parse(colorValue.Substring(4, 2), Globalization.NumberStyles.HexNumber)
        Dim b As Byte = Byte.Parse(colorValue.Substring(6, 2), Globalization.NumberStyles.HexNumber)
            colorm = Color.FromArgb(a, r, g, b)
        End If
        Me.t2.Foreground = New SolidColorBrush(colorm)
        Me.pivot1.SelectedIndex = 1
    End Sub
```

程序执行结果如图 10-2 所示。

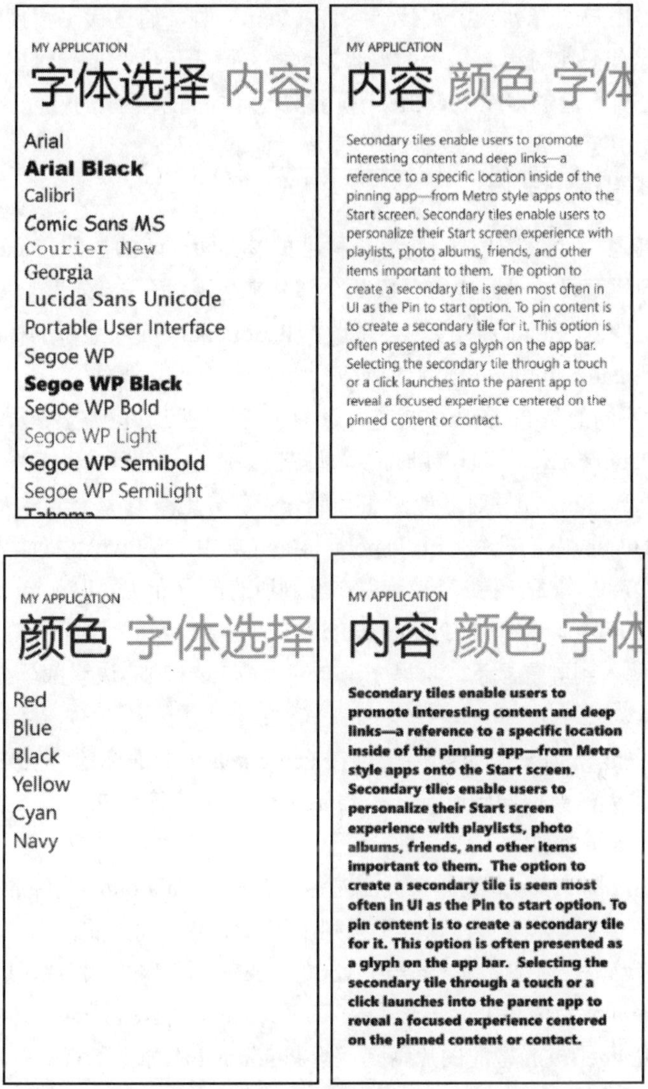

图 10-2　使用 Pivot

右下图显示了当字体与颜色选择不同值时，文本格式发生的变化。

从上例中可以发现 Pivot 控件的 Title 显示在页面的顶部，与原先页面中 ApplicationTitle 的位置与尺寸相同，相应的每一个 PivotItem 项的 Header 出现在原 PhoneApplicationPage 页面的 PageTitle 位置，尺寸、样式也与之相同。

另外，从上例还可以看到 PivotItem 项之间可以通过代码进行切换，这一特性也有助于实现类似如下的应用：在首个 PivotItem 项中显示条目（Item）列表，在第二个 PivotItem 项中显示条目的详细内容，当用户选择列表中的某一条目（Item）时，通过代码直接切换到详细内容的 PivotItem 项，并通过代码实时更新显示的内容。这样，原先可能需要通过多个页面实现的应用程序，现在可以在一个页面的多个 PivotItem 项上实现，提高了程序的性能。

10.1.2 Panorama 控件

Panorama 控件也称为全景图控件，是另一种可扩展页面空间的控件。Panorama 控件与 Pivot 控件的相似之处是同样可以把页面内容分成几个部分来呈现，每个部分为一个 PanoramaItem 项；每个 PanoramaItem 项也有 Header 属性，可以设置 PanoramaItem 项显示的标题；用户同样可以通过左右划动来实现 PanoramaItem 项的切换。

但与 Pivot 控件不同的是 Panorama 具有背景图，背景图可以覆盖整个屏幕，甚至更大，如跨越多个屏幕。当 PanoramaItem 项切换时，背景图也会移动，使部分背景图显示在页面上。因此，用户划动整个 Panorama 控件时，如同在一部分一部分地查看一个非常大的全景图。并且，PanoramaItem 项的 Header 分布在每一个 PanoramaItem 项中，与 Pivot 相对集中在屏幕左上角的情形是不相同。因此，Pivot 控件更容易让用户看到所有的分布项。Panorama 控件为了弥补多个 Header 分隔过远的问题，将每个 PanoramaItem 项的宽度定义为小于屏幕宽度，这样当某一个 PanoramaItem 项移入到屏幕显示时，另一个 PanoramaItem 项的边缘部分会出现在屏幕右侧，可以引起用户的注意。

Panorama 控件也具有 Title 属性，用于设置 Panorama 页面的标题。但与 Pivot 不同的是，Panorama 的标题非常大，会扩展到所有 PanoramaItem 项中，每个 PanoramaItem 项上会显示部分标题，与背景图的效果类似。

以下示例，使用上例 Pivot 中类似的页面内容，演示了 Panorama 控件的使用过程。

程序页面的代码与上例基本类似，以下只列出了其中不同部分的代码，相同部分的代码省略了。与 Pivot 程序代码相比，Panorama 与 Pivot 的 XAML 代码非常相似，只需要将 Pivot 替换为 Panorama，PivotItem 替换成为 PanoramaItem 即可。除此之外，Panorama 还提供了 Background 属性，可以设置为 ImageBrush 型的图片画刷，给 Panorama 添加全景背景图片。

```
XAML 代码：PanoramaPage1.xaml
<controls:Panorama Title="Panorama 控件使用" Name="panorama1">
        <controls:PanoramaItem Header="字体">
      …
      </controls:PanoramaItem>
    <controls:PanoramaItem  Header=" 内 容 "  Orientation="Horizontal"
Width="460">
        …
```

```
            </controls:PanoramaItem>
            <controls:PanoramaItem Header="颜色">
...
            </controls:PanoramaItem>
                <controls:Panorama.Background>
                <ImageBrush ImageSource="Lighthouse.jpg"/>
                </controls:Panorama.Background>
            </controls:Panorama>
```

与页面对应的程序代码，也与上例 Pivot 代码非常相似，不同之处在于 Panorama 控件中的 SeletedIndex 属性是只读的。因此，要选中"内容"项 PanoramaItem，不能使用：

```
Me. Panorama1.SelectedIndex=1
```

而需要使用：

```
   Me. panorama1.DefaultItem = Me.panorama1.Items(1)
```

程序执行结果如图 10-3 所示。

图 10-3   使用 Panorama 控件

虽然 Panorama 控件可以放置多个 PanoramaItem 项，但一般不要超过 4 个。

　　由上述 Pivot 控件和 Panorama 控件的应用示例可见，这两种控件可以实现类似的效果，即将内容通过水平分隔布置在同一页面中。但是两者在页面风格上存在明显的差别。Pivot 控件更适合用于呈现相对严肃的内容，如新闻等；而 Panorama 控件更适合用于呈现相对休闲的内容，如游戏、视频等。

　　另外，虽然技术上允许在 Panorama 中放置 Pivot，或在 Pivot 中放置 Panorama，但建议不要这么做，原因是用户体验效果并不好。同时，也不要使用 Pivot 和 Panorama 控件来设计向导，因为向导一般不允许从最末尾的步骤直接回到起始步骤。

10.2　Bing Maps

　　随着 GPS 模块越来越普遍地集成在手机系统中，越来越多基于地理位置的应用逐步在手机端发展起来。这些应用主要包括以下几方面：

- 定位应用，即通过手机可以获取当前所在的地理位置，这一方面可用于指明方位，另一方面也为相应的周边服务应用提供了基础，如街旁、Foursquare 等应用，为用户提供了搜索周边各种服务信息的功能。
- 地图导航，即通过手机内置或网络地图，为用户提供行程路线的服务。GPS 导航就是其中最典型的应用。

　　在 Silverlight for Windwos Phone 中提供了 Bing Maps 组件，这是一个可以实现基于地图的信息服务的应用组件。即用户可以在 Bing Maps 组件基础上，结合定位服务与数据提供服务开发类似于街旁等手机应用。

　　以下示例，演示了 Bing Maps 的使用方法。

　　程序页面由 3 部分组成：上部的程序标题和页面标题，中部的 Bing Maps 控件，底部的应用程序栏。单击应用程序工具栏左侧的"路线"按钮，Bing Maps 控件会以路线模式显示地图；单击右侧"航测"按钮，Bing Maps 控件会以航测模式显示地图；单击中间的"放大"和"缩小"按钮，Bing Maps 控件会放大或缩小地图。

　　程序页面的 XAML 代码如下，为了在 XAML 中加载 Map 控件，需要先在 XAML 代码头部添加对相应名称空间的引用，如代码中的粗体部分。

```
XAML 代码：BingMaps.xaml
<phone:PhoneApplicationPage
x:Class="Advance.BingMaps"
…
```

```
    xmlns:my="clr-namespace:Microsoft.Phone.Controls.Maps;assembly=Microsoft
.Phone.Controls.Maps"
       shell:SystemTray.IsVisible="True">


       <Grid x:Name="LayoutRoot" Background="Transparent">
         <Grid.RowDefinitions>
           <RowDefinition Height="Auto"/>
           <RowDefinition Height="*"/>
         </Grid.RowDefinitions>


         <StackPanel x:Name="TitlePanel" Grid.Row="0" Margin="12,17,0,18">
             <TextBlock x:Name="ApplicationTitle" Text="Advance" Style=
"{StaticResource PhoneTextNormalStyle}"/>
             <TextBlock x:Name="PageTitle" Text="Bing Maps" Margin="9,-7,0,0"
Style="{StaticResource PhoneTextTitle1Style}"/>
         </StackPanel>
         <my:Map   Grid.Row="1" HorizontalAlignment="Stretch"   Margin="6"
Name="map1" VerticalAlignment="Stretch" />
       </Grid>


       <phone:PhoneApplicationPage.ApplicationBar>
          <shell:ApplicationBar IsVisible="True" IsMenuEnabled="True">
             <shell:ApplicationBarIconButton IconUri="/icons/appbar.edit.
rest.png" Text="路线" Click="ApplicationBarIconButton4_Click" />
             <shell:ApplicationBarIconButton IconUri="/icons/appbar.new.rest.
png" Text="放大" Click="ApplicationBarIconButton3_Click" />
             <shell:ApplicationBarIconButton IconUri="/icons/appbar.minus.
rest.png" Text="缩小" Click="ApplicationBarIconButton2_Click" />
             <shell:ApplicationBarIconButton IconUri="/icons/appbar.feature.
camera.rest.png" Text="航测" Click="ApplicationBarIconButton1_Click" />
          </shell:ApplicationBar>
       </phone:PhoneApplicationPage.ApplicationBar>
    </phone:PhoneApplicationPage>
```

程序代码也非常简单，主要是 4 个按钮的单击事件处理代码。

VB.NET 代码：BingMaps.xaml.vb

```vbnet
Imports Microsoft.Phone.Controls.Maps
Partial Public Class BingMaps
    Inherits PhoneApplicationPage


    Public Sub New()
        InitializeComponent()
    End Sub


    Private Sub ApplicationBarIconButton4_Click(sender As System.Object, e
As System.EventArgs)
        '设置为路线模式
        map1.Mode = New RoadMode()
    End Sub
    Private Sub ApplicationBarIconButton3_Click(sender As System.Object, e
As System.EventArgs)
        '放大地图
        Dim zoom = map1.ZoomLevel
        zoom += 5
        map1.ZoomLevel = zoom
    End Sub


    Private Sub ApplicationBarIconButton2_Click(sender As System.Object, e
As System.EventArgs)
        '缩小地图
        Dim zoom = map1.ZoomLevel
        zoom -= 5
        map1.ZoomLevel = zoom
    End Sub


    Private Sub ApplicationBarIconButton1_Click(sender As System.Object, e
As System.EventArgs)
```

```
        '设置为航测模式
        map1.Mode = New AerialMode()
    End Sub
End Class
```

程序执行结果如图 10-4 所示。

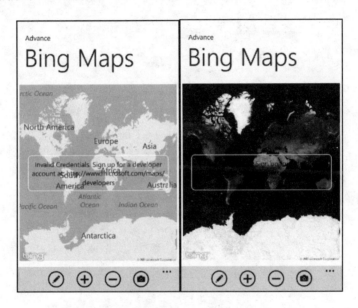

图 10-4　使用 Bing Maps 构建地图应用（左图为路线模式，右图为航测模式）

从图 10-4 中可以发现，地图中间有一条提示信息，其意思是说证书无效，这是因为默认情况程序没有获得使用许可的缘故。这个问题可以通过注册开发人员账号，并获取一个 Bing Map API 密钥来解除提示信息。另外，地图的底部还有一个 bing 的图标和版权声明，这也可以通过代码去除。

以下过程可以解决上述两个问题。

1．去除证书无效提示信息

为了去除地图上的证书无效提示信息，需要到以下地址注册一个开发人员账号：http://www.bingmapsportal.com/，账号注册是免费的。

引用 IE 浏览器访问上述地址，在 bingmapsportal 首页中，单击 "New User" 项的 "Create" 按钮，可以注册一个 Windows Live ID 账号。如果已经有了 Windows Live ID 账号，可以直接登录。

登录后，在如图 10-5 所示的页面中，输入账号的详细信息，并且勾选下面的同意协议复选框。然后单击"Save"按钮保存详细信息。

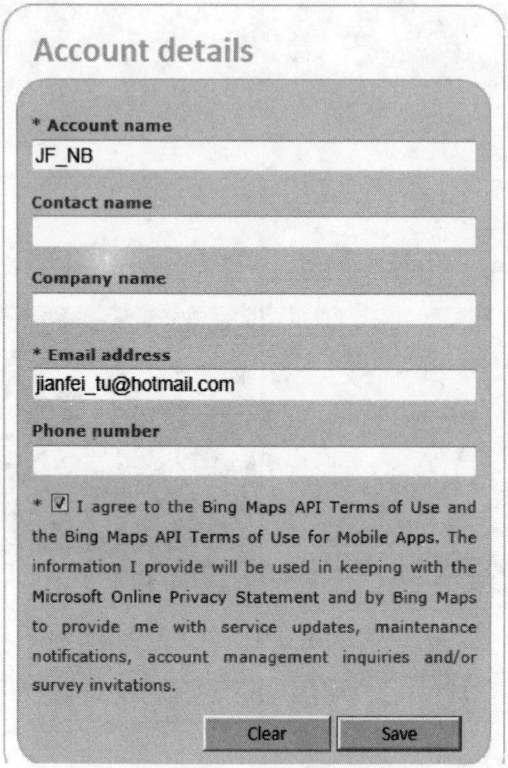

图 10-5　账号详细信息

在如图 10-6 所示的页面中，单击左侧的"Create or view keys"链接，创建新的密钥。

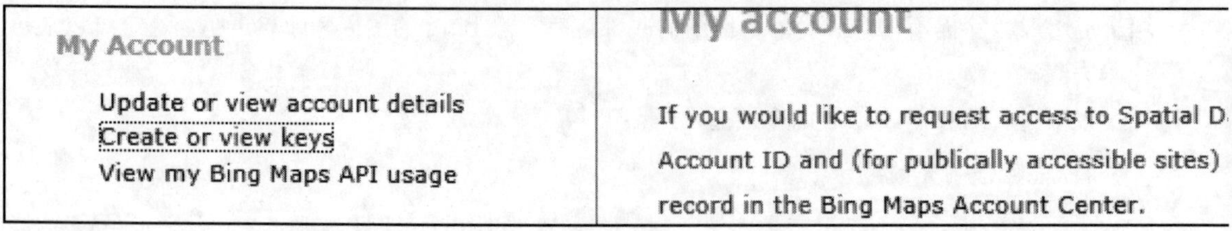

图 10-6　单击"Create or view keys"链接

再在如图 10-7 所示的创建密钥页面中，输入相应内容，然后单击"Submit"按钮提交内容，并获得新的密钥，如图 10-8 所示。

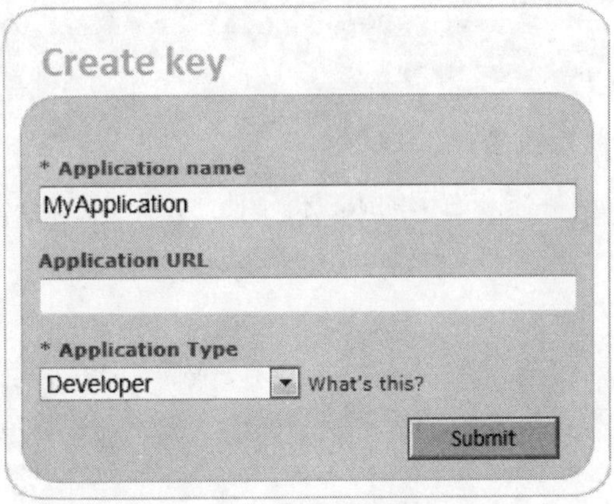

图 10-7　创建密钥

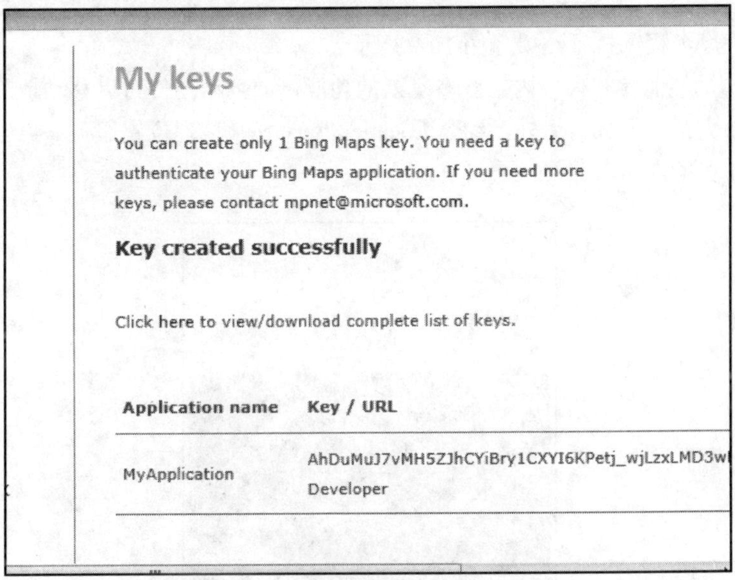

图 10-8　获取新密钥

有了这个密钥后，就可以在程序中使用此密钥获得 Bing Maps 使用证书，去除地图上的证书无效提示。

将页面 XAML 代码中 Bing Maps 控件的定义代码修改如下，即将新获得的密钥赋值给 CredentialsProvider 属性。

XAML 代码：
```
<my:Map  Grid.Row="1"  HorizontalAlignment="Stretch"  Margin="6"  Name=
```

```
"map1" VerticalAlignment="Stretch" CredentialsProvider="AhDuMuJ7vMH5ZJhCYiBry
1CXYI6KPetj_wjLzxLMD3wKqnsRb2pLD2fuK-NxUZ4u" />
```

2. 去除 Bing 标志和版权信息

要去除地图底部的 Bing 标志和右下的版权提示信息，可以通过设置 Bing Maps 控件的属性 CopyrightVisibility="Collapsed" 和 LogoVisibility="Collapsed"来实现。最终完成后的 Bing Maps 控件的 XAML 定义代码如下。

XAML 代码：

```
<my:Map Grid.Row="1" HorizontalAlignment="Stretch" Margin="6" Name="map1"
VerticalAlignment="Stretch" CredentialsProvider="AhDuMuJ7vMH5ZJhCYiBry1CXYI6
KPetj_wjLzxLMD3wKqnsRb2pLD2fuK-NxUZ4u" CopyrightVisibility="Collapsed" LogoV
isibility="Collapsed"/>
```

重新执行程序，程序执行结果如图 10-9 所示。

Bing Maps 功能非常强大，内置众多复杂的功能，如划动控件可以移动地图的区域方位，双击控件可以放大指定区域。另外，结合 Location Service（地理位置服务）可以实现更多复杂的与地理位置相关的应用。

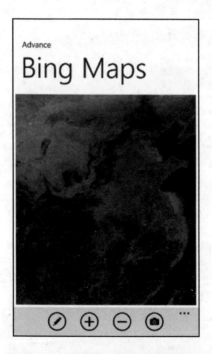

图 10-9　获得证书并隐藏 Bing 图标和版权声明后的地图

10.3 — Accelerometer

重力感应是很多智能手机的一项高级功能。在一些赛车游戏、滚珠迷宫游戏中都使用到了重力感应技术，用户可以通过调整手机的位置与方向，来控制赛车或滚珠移动位置，并且可以实现加速或减速，这是一项让人非常震撼的应用。

在微软制定的 Windows Phone 手机配置标准中，要求所有 Windows Phone 手机必须配备重力加速计，这是一个能够感知重力加速度变化的传感器，是实现重力感应应用的基础。这一规定也确保了 Windows Phone 手机都具备运行重力感应应用程序的能力。

重力感应可以通过三维坐标来表示，如图 10-10 所示。如果将手机水平放置，三维坐标的 X 轴方向为水平从左向右，即手机宽度方向从左向右重力是加大的；Y 轴为手机长度方向，即从底部向顶部重力增加；Z 轴的方向垂直手机屏幕，即由手机背面向正面方向重力增大。坐标值是重力加速度 g 值的相对值，当手机平放且屏幕向上时，Z 轴的值为-1；平放屏幕向下时，Z 轴的值为 1，其他值处于（-1，1）范围内；同样当手机左边高于右边时，X 值为真，当左边达到与水平方向垂直时，X 为 1；Y 轴也与之类似。但这些取值还与手机的放置方向有关，放置方向有 4 种，分别是 Portrait Flat、Portrait Standing、Landscape Standing 和 andscape Flat，上述取值是在 Portrait Standing 方向时的情况。

图 10-10　重力感应的坐标方向

以下示例是一个简单的重力感应的应用程序，演示了 Accelerometer 的使用方法。程序中红球在重力变化时，会向重力重的一方移动。由于需要使用 Accelerometer 对象，因此需要将 Microsoft.Devices.Sensors 添加引用到项目解决方案管理器中的 References 文件夹中。

程序页面只添加了多个 TextBlock，页面的 XAML 代码非常简单，代码如下。

XAML 代码：Accelerometer2.xaml

```
<StackPanel x:Name="TitlePanel" Grid.Row="0" Margin="12,17,0,20">
        <TextBlock x:Name="ApplicationTitle" Text="Advance" Style=
"{StaticResource PhoneTextNormalStyle}"/>
        <StackPanel Orientation="Horizontal">
            <TextBlock VerticalAlignment="Top" Text="x:" Name=
"TextBlock1" Margin="42,12"></TextBlock>
            <TextBlock VerticalAlignment="Top" Text=" " Name="TextBlock2"
Margin="-28,12" Foreground="{StaticResource PhoneAccentBrush}"></TextBlock>
            <TextBlock VerticalAlignment="Top" Text="y:" Name=
"TextBlock3" Margin="42,12"></TextBlock>
            <TextBlock VerticalAlignment="Top" Text=" " Name="TextBlock4"
Margin="-28,12" Foreground="{StaticResource PhoneAccentBrush}"></TextBlock>
            <TextBlock VerticalAlignment="Top" Text="z:" Name=
"TextBlock5" Margin="42,12"></TextBlock>
            <TextBlock VerticalAlignment="Top" Text=" " Name="TextBlock6"
Margin="-28,12" Foreground="{StaticResource PhoneAccentBrush}"></TextBlock>
        </StackPanel>
        </StackPanel>
        <Border Grid.Row="1" BorderThickness="2" BorderBrush="#FFF50D0D"
Margin="9">
        <Canvas Name="canvas1">
            <Image Source="ball.png" Canvas.Left="200" Canvas.Top="280"
Width="48" Height="48" Name="ball1"></Image>
        </Canvas>
    </Border>
    </Grid>
```

程序代码也比较简单，主要包括 3 部分。第一部分是对名称空间的引用，并定义了一个页面级的 Accelerometer 变量。第二部分是在 PhoneApplicationPage_Loaded 事件中实例化

Accelerometer 对象，绑定 ReadingChanged 事件并启动 Accelerometer。第三部分是读取坐标值，并显示在 3 个 TextBlock 对象上。完整的程序代码如下。

```vb
VB.net 代码：Accelerometer2.xaml.vb
Imports Microsoft.Devices.Sensors
Partial Public Class Accelerometer2
    Inherits PhoneApplicationPage
    Private accelerometer As Accelerometer
    Public Sub New()
        InitializeComponent()
    End Sub
    Private Sub PhoneApplicationPage_Loaded(sender As System.Object, e As
System.Windows.RoutedEventArgs) Handles MyBase.Loaded
        accelerometer = New Accelerometer()
        AddHandler accelerometer.ReadingChanged, AddressOf accelerometer_
ReadingChanged
        accelerometer.Start()
    End Sub
    Private Sub accelerometer_ReadingChanged(ByVal sender As Object, ByVal
e As AccelerometerReadingEventArgs)
        '通过 Dispatcher 更新 UI 界面
        Deployment.Current.Dispatcher.BeginInvoke(Sub()
accelerometerReadingChanged(e))
    End Sub
    Private Sub accelerometerReadingChanged(ByVal e As AccelerometerReading-
EventArgs)
        If accelerometer IsNot Nothing Then
            Canvas.SetLeft(ball1, Canvas.GetLeft(ball1) + e.X)
            Canvas.SetTop(ball1, Canvas.GetTop(ball1) + e.Y)
            TextBlock2.Text = e.X.ToString("0.00")
            TextBlock4.Text = e.Y.ToString("0.00")
            TextBlock6.Text = e.Z.ToString("0.00")
        End If
    End Sub
```

```
End Class
```

程序执行结果如图 10-11 所示。右图是 Windows Phone 模拟器中的 Accelerometer 模拟器，拖动 Accelerometer 模拟器中的红色重力球，并调整方向，可以发现顶部程序界面上的 3 个坐标值会随之发生变化，红色球会向重力重的方向移动。Accelerometer 模拟器底部还可设置方向 Orientation，取值包含上述介绍的 4 种，还可以记录重力球移动的数据，并可回放移动过程中数据的变化。

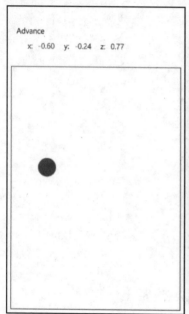

图 10-11　使用 Accelerometer

10.4 起始页的 Tile

　　应用程序的快捷方式以 Tile（瓷块）方式出现在起始页（StartPage），是 Windows Phone 系统不同于其他手机系统的一大特色。但在通常情况下，要使应用程序的快捷方式出现在起始页中，需要手动设置。即在应用程序列表页，触压应用程序，然后在弹出的菜单中选择"pin to start"，才能将应用程序快捷方式添加到起始页中。

　　但在 Mango 系统中，上述操作可以在应用程序中实现，即可以实现类似在 PC 的 Windows 系统中将应用程序快捷方式自动添加到桌面的操作。在 Mango 系统中，起始页中的 Tile 实际上可以分为两种形式，分别为 Application Tiles 和 secondary Tiles。

- Application Tiles，是应用程序建在起始页中的快捷方式，单击每一个 Application Tile 均可以启动对应的应用程序。Application Tile 需要用户在程序列表中通过 "pin to start" 手动创建，且每一个应用程序只能建一个 Application Tile。

- secondary Tiles，是指可由程序创建的 Tile。这种 Tile 的特殊之处在于每个应用程序可以创建多于一个的 secondary Tiles。这些对应同一个应用程序的 secondary Tiles 虽然最终都启动同一个程序，但是可以通过设定不同的参数，使每一个 secondary Tiles 启动的应用程序呈现不同的特征，如数据不同或者界面效果不同等。secondary Tiles 通常用于气象预报、新闻阅读等。如在气象预报程序中，每一个 secondary Tiles 对应不同的区域，单击启动气象预报程序时可以获取特定区域的气象信息；再如在新闻阅读程序中，不同的 secondary Tiles 对应不同的栏目，启动时可以获取不同栏目的新闻内容。

因此，灵活使用 secondary Tiles 可以提高用户使用应用程序的便捷性，提高用户使用的体验。本节介绍 secondary Tiles 的使用。

10.4.1　添加 secondary Tiles 到起始页

在程序代码中，要将应用程序 secondary Tiles 添加到起始页，需要使用 ShellTile 类。ShellTile 类具有 ActiveTiles 和 NavigationUri 两个重要属性。ActiveTiles 属性是起始页上已建应用程序 Tile 的集合，可以从此集合中查找已建的 Tile。例如，要删除一个已建的 Tile，就需要使用此 ActiveTiles。NavigationUri 属性用于设置 Tile 对应的应用程序，如果 Tile 是 secondary Tile，NavigationUri 是一个带有参数的 Uri。

创建新 secondary Tiles 需要使用 Create 方法，此方法用于创建一个新的 secondary Tiles。Create 方法需要使用 NavigationUri 和 initialData 两个参数，前者与上述的 NavigationUri 对应，后者是一个 ShellTileData 类的对象。

ShellTileData 类是指 Tile 的数据信息类。一个 Tile 一般包括正反两面，这两面可以随机切换。因此，一个 Tile 一般包括背景图片、标题、对应的应用程序 Uri、Count 数值（用于提示实时数据信息，如最新新闻的数量等），以及另一面的背景图片、标题等信息。这些数据都保存在 ShellTileData 类对象中，分别对应 Title、BackgroundImage、Count、BackTitle、BackBackgroundImage、BackContent 等属性。图片的大小为 173×173。

如执行以下代码，可创建一个 secondary Tiles 到起始页中，如图 10-12 所示。

VB.NET 代码：

```
Private Sub ApplicationBarIconButton_Click(sender As System.Object, e As
System.EventArgs)
```

```
        Dim data As New StandardTileData() With { _
            .BackgroundImage = New Uri("p1.jpg", UriKind.Relative),
            .Title = "沪市",
            .Count = 2,
    .BackBackgroundImage = New Uri("p2.jpg", UriKind.Relative),
            .BackContent = "股市风云",
            .BackTitle = "深市"
                }
        ShellTile.Create(New
Uri("/GetStockInformation1.xaml?theStockcode=sh600030",    UriKind.Relative),
data)
    End Sub
```

图 10-12　添加 secondary Tiles 到起始页

10.4.2　应用多个 secondary Tiles

一个应用程序可以对应多个 secondary Tiles，以便为用户提供方便、快捷地访问同一个应用程序的不同内容，这也是 secondary Tiles 最主要的应用。

以下示例创建了多个 secondary Tiles 的应用实例，每个 secondary Tiles 对应股市信息中的某一特定股票的信息，来源为 webxml.com.cn 提供的股市信息，Web Service 访问地址为 http://webservice.webxml.com.cn/WebServices/ChinaStockWebService.asmx/getStockImageByCode? theStockCode=，theStockCode 参数用于指定股票代码，如 sh600025 等。返回的是该股票的走势

行情图片。

　　程序的页面中包括输入股票代码的文本框、显示图片的 Image 控件，一个用于获取数据的按钮和用于添加 secondary Tiles 到起始页的 ApplicationBarButton，页面的 XAML 代码如下。

```
XAML 代码：GetStockInformation1.xaml
<Grid x:Name="ContentPanel" Grid.Row="1" Margin="12,0,12,0">
        <Grid.RowDefinitions>
            <RowDefinition Height="120*" />
            <RowDefinition Height="526*" />
        </Grid.RowDefinitions>

        <StackPanel Orientation="Horizontal" Margin="10,20,0,0" Grid.Row=
"0">
            <TextBlock Margin="10,20,0,0" Height="46" Width="130">输入股票
代码: </TextBlock >
            <TextBox   Name="theStockcode"   Width="199"   FontSize="20"
Height="66" Text="sh600001"></TextBox>
            <Button Height="80" HorizontalAlignment="Left" Name=
"GetStock" VerticalAlignment="Top" Width="91">
                <Image Source="appbar.feature.search.rest.png"></Image>
            </Button>
        </StackPanel>

        <Image Height="300" HorizontalAlignment="Left" Margin="36,28,0,0"
Name="Image1" Stretch="Fill" VerticalAlignment="Top" Width="397" Grid.Row="1" />
        </Grid>
    </Grid>

    <phone:PhoneApplicationPage.ApplicationBar>
        <shell:ApplicationBar IsVisible="True" IsMenuEnabled="True">
            <shell:ApplicationBarIconButton IconUri="/icons/appbar.favs.
addto.rest.png" Text="PinToStart" Click="ApplicationBarIconButton_Click"/>
        </shell:ApplicationBar>
    </phone:PhoneApplicationPage.ApplicationBar>
```

程序代码主要包括两部分。第一部分是使用 WebClient 流式下载指定股票代码的行情图片，然后显示在 Image 控件中。为了显示流式内容的图片，代码使用了 WriteableBitmap，并采用 Extensions.SaveJpeg 将流保存为 Jpeg 的数据，同时使用 Extensions.LoadJpeg 载入数据到文件。这部分代码如下。

```vb
VB.NET 代码: GetStockInformation1.xaml.vb
'使用 WebClient 下载行情图片
Private Sub GetStock_Click(sender As System.Object, e As System.Windows.
RoutedEventArgs) Handles GetStock.Click
        downloaddatafrom(Me.theStockcode.Text.Trim)
End Sub


'下载代码设计成子过程，便于重用
    Private Sub downloaddatafrom(ByVal thestockcode As String)
        Dim webclient As WebClient = New WebClient
        AddHandler webclient.OpenReadCompleted, AddressOf webclient_
OpenReadCompleted
        webclient.OpenReadAsync(New
Uri("http://webservice.webxml.com.cn/WebServices/ChinaStockWebService.asmx/g
etStockImageByCode?theStockCode=" & thestockcode))
    End Sub


    '下载完成后的回调过程，保存图片到独立存储空间，文件名取为股票代码，扩展名为 gif，取
'出图片显示在 Image 控件中
    Private Sub webclient_OpenReadCompleted(ByVal sender As Object, ByVal e As
OpenReadCompletedEventArgs)
        Dim store As IsolatedStorageFile = System.IO.IsolatedStorage.
IsolatedStorageFile.GetUserStoreForApplication
        Dim filename As String = Me.theStockcode.Text.Trim & ".gif"
        Dim wbi As WriteableBitmap = PictureDecoder.DecodeJpeg(e.Result)
        Dim fileStream As IsolatedStorageFileStream = store.OpenFile
(filename, FileMode.Create)
```

```
        Extensions.SaveJpeg(wbi, fileStream, 545, 300, 0, 100)
        fileStream.Close()
        Dim fileStream1 As IsolatedStorageFileStream = store.OpenFile
(filename, FileMode.Open)
        Dim wbi1 As WriteableBitmap = New WriteableBitmap(545, 300)
        Extensions.LoadJpeg(wbi1, fileStream1)
        Me.Image1.Source = wbi1
    End Sub
```

第二部分是把采用不同股票代码作为参数的 secondary Tiles 添加到起始页中。在添加之前，先对起始页中的 Tiles 进行检索，如果已经存在对应股票代码参数的 Tile，则不再添加。这一过程使用了 ActiveTiles，检索语句使用了 LINQ 语言。此部分代码添加在 ApllicationBarButton 的单击事件中。

VB.net 代码:

```
Private Sub ApplicationBarIconButton_Click(sender As System.Object, e As
System.EventArgs)
        If Me.theStockcode.Text.Trim <> "" Then
            Try
                Dim thestockcode As String = Me.theStockcode.Text.Trim
                '使用 LINQ 检索是否已存在对应的 Tile
                Dim stocktitle As ShellTile = ShellTile.ActiveTiles.
FirstOrDefault(Function(x) x.NavigationUri.ToString().Contains("stockcode=" &
thestockcode))

                If stocktitle Is Nothing Then
                '定义新的 Tile，并添加到起始页
                    Dim data As New StandardTileData() With { _
                        .BackgroundImage = New Uri("stockimage.jpg", UriKind.
Relative), _

                        .Title = thestockcode
                    }
                    ShellTile.Create(New Uri("/GetStockInformation1.xaml?
theStockcode=" & thestockcode, UriKind.Relative), data)
```

```
              End If
         Catch ex As Exception


              End Try
     End If
```

最后，程序代码中还添加了起始页中的 secondary Tiles 被单击时，导航到本应用程序时的处理代码。这些代码添加在页面载入事件中，代码如下。

VB.NET 代码：

```
Private Sub PhoneApplicationPage_Loaded(sender As System.Object, e As
System.Windows.RoutedEventArgs) Handles MyBase.Loaded
        '取出导航地址参数中的股票代码，然后再下载实时行情图片
     If NavigationContext.QueryString.ContainsKey("theStockcode") Then
         Dim thestockcode As String = NavigationContext.QueryString
("theStockcode")
         Me.theStockcode.Text = thestockcode
         downloaddatafrom(thestockcode)
     End If
     End Sub
```

当然，由于程序代码使用到部分名称空间，需要将相应在名称空间事先引入，引用代码写在程序代码的最顶部。

VB.NET 码：

Imports System.IO

Imports System.Windows.Media.Imaging

Imports System.IO.IsolatedStorage

Imports Microsoft.Phone

本程序执行结果如图 10-13 所示。

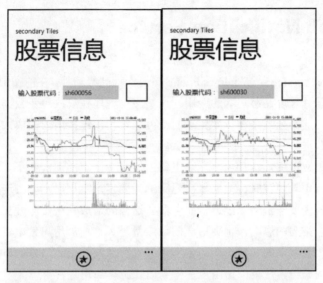

图 10-13　使用 secondary Tile

　　上面两图在输入股票代码后，单击其后的按钮，可以获取行情图片；单击底部应用程序工具栏的按钮，会将 secondary Tiles 添加到起始页中，如下侧左图所示。单击起始页中的某一secondary Tiles 时，会导航到应用程序页面，并获取对应股票代码的行情图片，如下侧右图所示。

10.5 Push Notification Service

Push Notification Service 是 Windows Phone 的另一项高级功能。在前文中，曾经介绍了多个从网络服务下载数据并呈现在客户端的应用，这些应用程序在每次更新数据时，都会从服务器端下载指定的数据。这种模式是客户端主动向服务器端发出连接请求的模式，可以很好地从服务器端获取需要的数据。

但是在另外一种应用中，这种由客户端主动连接服务器端的模式并不合适。例如，安装在手机中的应用程序有更新内容时，如果每次更新都需要客户端程序主动去连接服务器，检查并获取的话，客户端就需要非常频繁地连接服务器。这样会造成系统资源开支较多，尤其是电池的续航能力会受到非常大的影响，也会造成网络流量过大，增加用户使用费用。同样，在某些应用程序中，如果服务器端的数据更新需要客户端及时获取的话，最好的方式是服务器端有更新时，把更新通知发送给客户机，让用户在得到通知时再决定是否更新。

在 Window Phone 中用于实现上述要求的特性是 Push Notification Service，也被称为推送通知服务。Window Phone 中的推送服务是一个相对较为复杂的过程，如图 10-14 所示为推送服务的过程示意图。

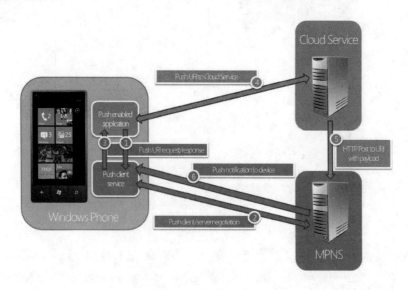

图 10-14　推送服务过程示意图

首先，安装在手机端的应用程序可以通过 Windows Phone 系统的推送客户端服务（Push Client service）产生一个推送通知 URI（Push URI），即图中的步骤 1。推送客户端服务（Push Client service）会与微软推送通知服务器 MPNS（Microsoft Push Notification Service）协商、注册，并向应用程序返回一个推送 URI（Push URI），即图中的步骤 2、3。

其次，应用程序将此 Push URI 发送到云服务（Cloud Service），即图中的步骤 4。云服务可以是应用程序开发方自建的服务（如基于 IIS 的网站或者 Web Service 等），也可以是微软的 Windows Azure 服务等。这些服务可以响应手机端应用程序的请求，并完成更新过程。

再次，当云服务有更新时，会把更新消息及推送 URI（Push URI）发送到 MPNS，即图中的步骤 5。

最后，MPNS 会推送通知给手机设备，即图中的步骤 6。在手机端会显示推送的通知信息。推送通知的类型包括 Toast Notification、Tokens（Tile）Notification 和 Raw Notification 3 种。

- Toast Notification。此类推送通知会显示在手机屏幕的顶部，并保持 10 秒，提醒用户处理通知。如果用户单击此通知信息，对应的应用程序便会打开。Toast Notification 以 XML 格式发送数据，数据包括 Title、Content 和 Parameter，前两者会显示在屏幕顶部。Parameter 虽然不在屏幕显示，但会传送给应用程序，传送的 Parameter 可以是键/值对，也可以是其他用于标识应用程序打开页面的信息等。

- Tokens（Tile）Notification。此类推送通知会更新手机起始页上的 Tile，更新的内容可以是 Tile 的 Title、BackgroundImage、Count、BackTitle、BackBackgroundImage、BackContent 等属性（有关 Tile 的内容请见上一节的相关介绍），这些数据同样被封装在 XML 数据中。

- Raw Notification。此类推送通知可以是各种格式的数据，但是要求在应用程序运行时才能推送。如果应用程序未运行，推送通知会被 Microsoft Push Notification Service 丢弃。

使用推送通知服务除了需要考虑通知的类型，还需要注意以下事项。

（1）每个应用程序只能有一个推送通道，此通道可以接收各种可能的数据。

（2）每个设备（如手机）最多只能建 30 个推送通道。当超过 30 个时，会抛出异常。

（3）在应用程序中使用推送通知服务，需要得到用户的确认，并允许用户取消推送服务。

以下示例为了简化实现过程，分别开发了一个手机端应用程序和云服务器端程序。手机端应用程序用于生成 Push Notification URI 和接收云服务程序发送的信息，云服务器端应用程序向 MPNS 发送需推送通知信息，然后推送服务 MPNS 会把推送通知发回来。由于整个过程需要通过网络完成，因此需要确保网络可用，网速慢时会有一定的延迟。

云服务端应用程序采用 WPF 开发了一个窗体程序，窗体的 XAML 代码如下（源文件在 PushNotification 文件夹中）。

XAML 代码：

```
<Window x:Class="MainWindow"
```

```xml
      xmlns="http://schemas.microsoft.com/winfx/2006/xaml/presentation"
      xmlns:x="http://schemas.microsoft.com/winfx/2006/xaml"
      Title="发送 PushNotification" Height="350" Width="525">
    <Grid>
        <Grid.RowDefinitions>
            <RowDefinition Height="64*" />
            <RowDefinition Height="37*" />
            <RowDefinition Height="41*" />
            <RowDefinition Height="44*" />
            <RowDefinition Height="49*" />
            <RowDefinition Height="76*" />

        </Grid.RowDefinitions>
        <TextBlock Height="38" HorizontalAlignment="Left" Margin=
"186,17,0,0" Name="TextBlock1" Text=" 发 送 消 息 " VerticalAlignment="Top"
FontSize="26" Width="110" />

        <TextBlock Grid.Row="1" Height="18" HorizontalAlignment="Left"
Margin="12,11,0,0" Name="TextBlock2" Text="URI:" VerticalAlignment="Top" />
        <TextBox Grid.Row="1" Height="23" HorizontalAlignment="Left"
Margin="41,8,0,0" Name="TextBox1" VerticalAlignment="Top" Width="442" />
        <TextBlock Height="18" HorizontalAlignment="Left" Margin=
"12,12,0,0" Name="TextBlock3" Text="标题（Title）:" VerticalAlignment="Top"
Grid.Row="2" />

        <TextBox Grid.Row="2" Height="23" HorizontalAlignment="Right"
Margin="0,9,20,0" Name="TextBox2" VerticalAlignment="Top" Width="390" />
        <TextBlock Height="18" HorizontalAlignment="Left" Margin=
"12,13,0,0" Name="TextBlock4" Text="内容（Content）:" VerticalAlignment="Top"
Grid.Row="3" />

        <TextBox Height="23" HorizontalAlignment="Right" Margin="0,10,20,0"
Name="TextBox3" VerticalAlignment="Top" Width="368" Grid.Row="3" />
        <Button Content="发送" Grid.Row="5" Height="23" HorizontalAlignment=
"Left" Margin="206,14,0,0" Name="Button1" VerticalAlignment="Top" Width="160" />
        <TextBlock Grid.Row="4" Height="23" HorizontalAlignment="Left"
Margin="12,15,0,0" Name="TextBlock5" Text="参数（Param）: " VerticalAlignment=
"Top" />
```

```
    <TextBox    Grid.Row="4"    Height="23"    HorizontalAlignment="Left"
Margin="115,12,0,0" Name="TextBox4" VerticalAlignment="Top" Width="368" />
    </Grid>
</Window>
```

程序代码如下。

VB.NET 代码：

```
Imports System
Imports System.NET
Imports System.IO
Imports System.Text
Class MainWindow
    Private Sub Button1_Click(sender As System.Object, e As System.Windows.
RoutedEventArgs) Handles Button1.Click
        Try
            ' 获取推送的 URI，正常使用时，云服务端会监听并从手机客户端获取一个 URI 列
表。本例为简化演示过程，直接输入从模拟器中获取的 URI
            Dim subscriptionUri As String = TextBox1.Text.ToString()
            Dim sendNotificationRequest As HttpWebRequest = CType(WebReques
t.Create(subscriptionUri), HttpWebRequest)
            ' 使用 HTTPWebRequest 将通知发送给 MPNS
            sendNotificationRequest.Method = "POST"
            ' 创建发送的消息内容.
            Dim theMessage As String = "<?xml version=""1.0"" encoding=""ut
f-8""?>" & "<wp:Notification xmlns:wp=""WPNotification"">" & "<wp:Toast>" & "
<wp:Text1>" & TextBox2.Text.ToString() & "</wp:Text1>" & "<wp:Text2>" & TextB
ox3.Text.ToString() & "</wp:Text2>" & "<wp:Param>/Page2.xaml?NavigatedFrom=T
oast Notification</wp:Param>" & "</wp:Toast> " & "</wp:Notification>"
            Dim notificationMessage() As Byte = Encoding.Default.GetBytes(t
heMessage)
            sendNotificationRequest.ContentLength = notificationMessage.Le
ngth
            sendNotificationRequest.ContentType = "text/xml"
            sendNotificationRequest.Headers.Add("X-WindowsPhone-Target", "
```

```
toast")
            sendNotificationRequest.Headers.Add("X-NotificationClass", "2")
            Using requestStream As Stream = sendNotificationRequest.GetRequestStream()
                requestStream.Write(notificationMessage, 0, notificationMessage.Length)
            End Using
            '发送通知并获取返回信息
            Dim response As HttpWebResponse = CType(sendNotificationRequest.GetResponse(), HttpWebResponse)
            Dim notificationStatus As String = response.Headers("X-NotificationStatus")
            Dim notificationChannelStatus As String = response.Headers("X-SubscriptionStatus")
            Dim deviceConnectionStatus As String = response.Headers("X-DeviceConnectionStatus")
            TextBox5.Text = notificationStatus & " | " & deviceConnectionStatus & " | " & notificationChannelStatus
        Catch ex As Exception
        End Try
    End Sub
```

手机端程序为简化演示过程，保持页面 XAML 为默认，并简单修改 ApplicationTitle 和 PageTitle 分别为"Advance"和"PushNotificationService"。手机端的程序代码用于接收推送的消息，代码如下。

```
VB.NET 代码: PushNotification1.xaml.vb
Imports Microsoft.Phone.Notification
Imports System.Text
Partial Public Class PushNotification1
    Inherits PhoneApplicationPage
    Public Sub New()
        ' 创建通道
        Dim pushChannel As HttpNotificationChannel
        Dim channelName As String = "myChannel"
```

```
        InitializeComponent()
        '查找通道，如果命名的通道不存在，则创建此通道并添加相应的处理事件
        pushChannel = HttpNotificationChannel.Find(channelName)
        If pushChannel Is Nothing Then
            pushChannel = New HttpNotificationChannel(channelName)
            AddHandler pushChannel.ChannelUriUpdated, AddressOf PushChannel_
ChannelUriUpdated
            AddHandler pushChannel.ErrorOccurred, AddressOf PushChannel_
ErrorOccurred
            ShellToastNotificationReceived'用于处理，应用程序正在运行中接收推送服务
            AddHandler  pushChannel.ShellToastNotificationReceived,  AddressOf
PushChannel_ShellToastNotificationReceived
            pushChannel.Open()
            '绑定通道
            pushChannel.BindToShellToast()
        Else
            '如果通道已存在，则绑定处理事件
            AddHandler pushChannel.ChannelUriUpdated, AddressOf PushChannel_
ChannelUriUpdated
            AddHandler pushChannel.ErrorOccurred, AddressOf PushChannel_
ErrorOccurred
            AddHandler pushChannel.ShellToastNotificationReceived, AddressOf
PushChannel_ShellToastNotificationReceived
            '显示 URI，主要目的是为演示程序提供 URI，正常情况下这一 URI 应返回到云服务
            System.Diagnostics.Debug.WriteLine(pushChannel.ChannelUri.
ToString())
        End If
    End Sub
    Private Sub PushChannel_ChannelUriUpdated(ByVal sender As Object, ByVal
e As NotificationChannelUriEventArgs)
        '为演示程序提供 URI，通常此处应将 URI 返回给云服务，由于当前的线程非 UI 线程，因
'此为显示提示对话框需要使用 Dispatcher
        Dispatcher.BeginInvoke(Sub()
            System.Diagnostics.Debug.WriteLine(e.ChannelUri.ToString())
```

```
            MessageBox.Show(String.Format("Channel Uri is {0}", e.
ChannelUri.ToString())))

                        end Sub)
    End Sub
    Private Sub PushChannel_ErrorOccurred(ByVal sender As Object, ByVal e As
NotificationChannelErrorEventArgs)
        ' 异常处理
        Dispatcher.BeginInvoke(Function() MessageBox.Show(String.Format("A
push notification {0} error occurred. {1} ({2}) {3}", e.ErrorType, e.Message,
e.ErrorCode, e.ErrorAdditionalData)))
    End Sub
    Private Sub PushChannel_ShellToastNotificationReceived(ByVal sender As
Object, ByVal e As NotificationEventArgs)
        '本事件用于推送消息收到后，执行后续的处理
        Dim message As New StringBuilder()
        Dim relativeUri As String = String.Empty
        message.AppendFormat("Received Toast {0}:" & vbLf, Date.Now.
ToShortTimeString())
        ' 解析数据
        For Each key In e.Collection.Keys
            message.AppendFormat("{0}: {1}" & vbLf, key, e.Collection(key))
            If String.Compare(key, "wp:Param", System.Globalization.
CultureInfo.InvariantCulture, System.Globalization.CompareOptions.IgnoreCase)
= 0 Then
                relativeUri = e.Collection(key)
            End If
        Next key
            Dispatcher.BeginInvoke(Function()
MessageBox.Show(message.ToString()))   '显示数据
    End Sub
    End Class
```

云服务程序执行效果如图 10-15 所示，其中 URI 的内容来源于手机端程序在 Microsoft Visual Studio Express for Windows Phone 中调试时，在 Output 窗口输出的地址值，这是因为程序代码

中使用了 System.Diagnostics.Debug.WriteLine(pushChannel.ChannelUri.ToString())的缘故。

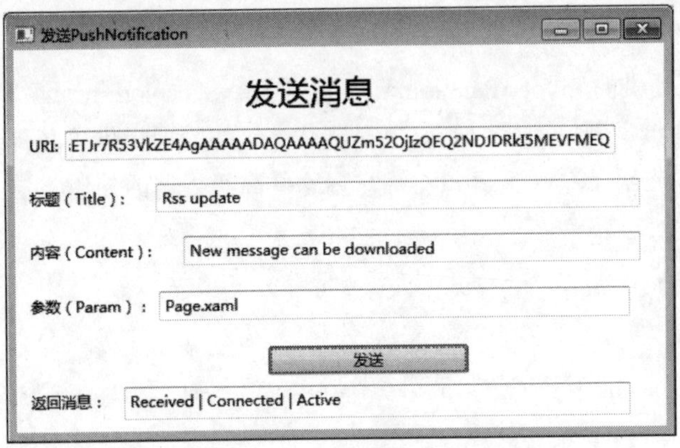

图 10-15　云服务端程序

手机端接收到推送通知的情况如图 10-16 所示，消息显示在屏幕的顶部，这是应用程序未运行的情况。如果当前程序处于运行状态，推送消息会以提示对话框的形式临时中断程序运行，并显示推送的通知信息。

图 10-16　手机端接收到推送通知

10.6 —●本章小结

Windows Phone 提供的 Pivot、Panorama、Bing Maps、Accelerometer、Secondary Tile 和 Push Notification 等多项高级主题，为用户开发更多复杂高级的应用提供了基础。本章详细介绍了这些高级主题的特点与应用，深入了解和熟练掌握这些高级主题的使用方法，有助于用户开发更专业的应用程序。

11 实例开发

实际应用项目开发中，采用的往往不是其中的某一单项组件或技术，而是多种组件与技术的综合应用

在前面各章节中，介绍了 Silverlight for Windows Phone 应用程序开发的各项组件和技术。在实际应用项目开发中，采用的往往不是其中的某一单项组件或技术，而是多种组件与技术的综合应用。

本章以实例形式介绍了两个应用程序实例，分别是 Draw 绘图程序和新浪 RSS 新闻阅读器。通过这两个应用实例，可以学习和掌握 Silverlight for Windows Phone 应用程序开发的完整过程和多项组件的综合应用。

本章要点

- 图形绘制工具的综合应用。
- 远程网络数据下载与数据处理的综合应用。
- Pivot 控件的综合应用。

11.1 Draw 绘图程序设计

绘图程序是一项常见的应用程序，在不同操作系统平台中都会有类似的应用程序，如 Windows 操作系统中的 Paint（画图）程序等。本例采用 Silverlight for Windows Phone 提供的 Path、Transform 和 Brush 组件与技术设计了一款简易的 Draw 绘图程序。

本程序实现的功能如下：

- 绘制图形，包括圆形、矩形、三角形和直线。
- 在屏幕上拖动图形。
- 选择并设定图形的边框颜色和填充颜色。

以下是本程序设计的步骤。

11.1.1 新建项目

在 Windows 操作系统中，选择"开始"→"所有程序"→"Microsoft Visual Studio 2010 Express"→"Microsoft Visual Studio 2010 Express for Windows Phone"命令，启动开发工具。

1. 新建应用程序项目

在"Start Page"页上，单击"New Project…"或者选择"File"→"New Project…"命令。在新建工程"New Project…"窗口中，在左侧项目模板选择"Other Languages"→"Visual Basic"，然后在中间的项目模板列表中选择"Windows Phone Application"，设置项目名称为"Draw"，并指定项目文件存放的路径。单击"OK"按钮，创建新应用程序项目。

2. 选择 Windows Phone Platform

选择目标 Windows Phone 平台为 Windows Phone OS 7.1。单击"OK"按钮，进入项目设计窗口。

11.1.2 修改页面 XAML 代码

1. 修改屏幕方向

在本程序的主窗口中，左侧放置绘图工具栏，右侧是绘图区。因此，最合理的屏幕方向是水平横向放置，这样可以为绘图区提供更多的空间。

在项目设计窗口中，打开 MainPage.xaml 文件，找到"SupportedOrientations"和"Orientation"，将这两项的值分别修改为"PortraitOrLandscape"和"Landscape"，使屏幕水平放置，修改后的代码如下。

```
SupportedOrientations="PortraitOrLandscape"  Orientation="Landscape"
```

2. 删除程序的标题和页面标题

本程序不需要程序标题和页面标题，而且删除程序标题和页面标题也可以为绘图区提供更大的绘图空间。

在 MainPage.xaml 文件中，找到名称为"TitlePanel"的 StackPanel。删除这个 StackPanel 面板及其下的名称为"ApplicationTitle"和"PageTitle"的 TextBlock。

3. 设置页面布局

本程序通过 Grid 面板布局页面。在 MainPage.xaml 文件中，找到名称为"LayoutRoot"的 Grid 面板，修改行列定义代码，将 Grid 分割为左右两列，并将名称为"ContentPanel"的 Grid

面板设置到右侧单元格内。

修改后的 XAML 代码如下：

```
<Grid x:Name="LayoutRoot" Background="Transparent">
        <Grid.RowDefinitions>
           <RowDefinition Height="*" />
        </Grid.RowDefinitions>
        <Grid.ColumnDefinitions>
           <ColumnDefinition Width="90*" />
           <ColumnDefinition Width="667*" />
        </Grid.ColumnDefinitions>
        <Grid    x:Name="ContentPanel"    Grid.Column   ="1"   Margin="2"
Background="Transparent" Grid.RowSpan="2"></Grid>
     </Grid>
```

"ContentPanel" 面板就是程序的绘图区。

4．添加绘图工具栏

屏幕左侧为工具栏，包括 4 种图形的绘制工具（圆形、矩形、三角形和直线）、边框线颜色设置工具和填充颜色设置工具。上述工具采用 Button 控件实现，每个 Button 中包含一个 Image 控件或者矩形对象。工具条采用 StackPanel 面板，面板的背景颜色为 "GreenYellow"，面板内的 Button 控件采用默认的垂直放置。StackPanel 面板放置在 "LayoutRoot" Grid 面板的左侧单元格内。

相应的 XAML 代码如下：

```
<StackPanel Background="GreenYellow" >
        <Button Width="82" Height="82" Background="White" Name="RectaBu
ttonngle" Margin="-5">
             <Image Source="Icons/(00,26).png" Width="32" Height="32"><
/Image>
        </Button>
        <Button Width="82" Height="82" Background="White" Name="Ellipse
Button" Margin="-5">
             <Image Source="Icons/(01,26).png" Width="32" Height="32"></
Image>
        </Button>
```

```
            <Button Width="82" Height="82" Background="White" Name="Trimple
Button" Margin="-5">
                <Image Source="Icons/(30,28).png" Width="32" Height="32"></
Image>
            </Button>
            <Button Width="85" Height="80" Background="White" Name="lineBut
ton" Margin="-5">
                <Image Source="Icons/(10,21).png" Width="32" Height="32"></
Image>
            </Button>

            <Button Width="82" Height="82" BorderBrush="Black" Name="Border
Colorbutton" Margin="-5"></Button>
            <Button Width="82" Height="82" Background="Red" Name="FillColor
button" Margin="-5"></Button>
        </StackPanel>
```

完成上述 XAML 代码修改后，页面呈现的结果如图 11-1 所示。

图 11-1　程序页面

11.1.3　设计程序代码

1. 添加对名称空间的引用

本程序使用到了各种 Geometry 对象和 Popup 控件，因此需要将相关的名称空间引用到应用程序代码。相关代码，添加在 MainPage.xaml.vb 文件代码的顶部。

在解决方案窗口（Solution Explorer）中双击 MainPage.xaml.vb 文件，打开该文件。在文件的顶部添加以下代码：

```
Imports Microsoft.Phone.Controls
Imports System.Windows.Shapes
Imports System.Windows.Controls.Primitives
```

2. 定义页面级公共变量

在页面程序代码中，有部分公共变量被页面程序中的各模块共享使用。这些公共变量包括各种绘图变量、影响绘图流程的逻辑变量等。

公共变量的定义及说明如下：

```
Dim Drawtype As Integer '绘制的几何图形类别, 1: 矩形, 2: 圆形; 3: 三角形; 4: 直线
Dim isDrawing As Boolean = False '判断是否是绘图操作, True: 绘图, False: 非绘图
Dim isDragging As Boolean = False '判断是否是拖动操作, True: 拖动, False: 非拖动

Dim path As Path

Dim ellipseGeo As EllipseGeometry

Dim retangleGeo As RectangleGeometry

Dim linesegeo As LineGeometry

Dim polyseg As PolyLineSegment

Dim pathg As PathGeometry

Dim pathfigure As PathFigure

Dim cnpoint As Point '用户绘图时的屏幕触点

Dim DrawCount As Integer = 0 '绘制图形的数量, 在命名图形时使用
 '拖动时, 拖动图片的类别, 可以使用前述定义的 Drawtype, 本例为简单起见采用两个变量

Dim DragType As Integer = 0
 '图形边框的画刷

Dim BorderSolidColorBrush As SolidColorBrush = New SolidColorBrush
(Colors.Black)

Dim FillSolidColorBrush As SolidColorBrush = New SolidColorBrush
(Colors.Red) '图形填充的画刷

Dim ChooseColorType As Integer = 0 '颜色选择器的目标对象, 1: 边框颜色, 2: 填
'充颜色

Dim pop As Popup '用于定义颜色选择器对话框
```

3. 绑定绘图工具代码

单击绘图工具栏上的绘图按钮，可以指定绘图的类别。绘图工具按钮相当于绘图类别选择器。绘图工具按钮的操作代码绑定在Click事件中，主要包括两部分：一是确定绘图的类型；二是单击某一按钮后，设置当前按钮为选中状态（通过设置按钮的背景来实现，本例将按钮背景颜色从初始颜色更改为Yellow），同时清除其他绘图工具的选中状态（即将背景颜色更改为初始颜色）。

相应按钮的 Click 事件代码如下：

```
    Private Sub RectaButtonngle_Click(sender As System.Object, e As
System.Windows.RoutedEventArgs) Handles RectaButtonngle.Click
        '重置所有绘图工具按钮的背景颜色为初始颜色
        resetButtonBackGround()
        Dim button As Button = CType(sender, Button)
        '设置当前按钮背景颜色为 Yellow
        button.Background = New SolidColorBrush(Colors.Yellow)
        Drawtype = 1 '表示绘制类别为矩形
    End Sub


    Private Sub EllipseButton_Click(sender As System.Object, e As
System.Windows.RoutedEventArgs) Handles EllipseButton.Click
        '重置所有绘图工具按钮的背景颜色为初始颜色
        resetButtonBackGround()
        Dim button As Button = CType(sender, Button)
        '设置当前按钮背景颜色为 Yellow
        button.Background = New SolidColorBrush(Colors.Yellow)
        Drawtype = 2 '表示绘制类别为圆形
    End Sub


    Private Sub TrimpleButton_Click(sender As System.Object, e As
System.Windows.RoutedEventArgs) Handles TrimpleButton.Click
        '重置所有绘图工具按钮的背景颜色为初始颜色
        resetButtonBackGround()
        Dim button As Button = CType(sender, Button)
        '设置当前按钮背景颜色为 Yellow
```

```
        Drawtype = 3 '表示绘制类别为三角形
    End Sub


    Private    Sub    lineButton_Click(sender    As    System.Object,    e    As
System.Windows.RoutedEventArgs) Handles lineButton.Click
        '重置所有绘图工具按钮的背景颜色为初始颜色
        resetButtonBackGround()
        Dim button As Button = CType(sender, Button)
        '设置当前按钮背景颜色为 Yellow
        Drawtype = 4  '表示绘制类别为直线
    End Sub
    Private Sub resetButtonBackGround()
        '重置所有绘图工具按钮的背景颜色为初始颜色
        RectaButtonngle.Background = New SolidColorBrush(Colors.White)
        EllipseButton.Background = New SolidColorBrush(Colors.White)
        lineButton.Background = New SolidColorBrush(Colors.White)
        TrimpleButton.Background = New SolidColorBrush(Colors.White)
     End Sub
```

4. 设计颜色选择器

　　工具栏最底下的两个按钮分别是选择边框颜色按钮和填充颜色按钮，单击时会弹出一个颜色选择器对话框。该颜色选择器由 Popup 对象构造，有白、红、橙、黄、绿、蓝、青、紫、黑 9 种颜色可供用户选择，每种颜色对应一个颜色按钮，每个颜色按钮绑定单击事件过程 butn_click。在 butn_click 过程中，根据颜色选择类型，分别将所选颜色对应的画刷赋值给公共变量 BorderSolidColorBrush 和 FillSolidColorBrush。

　　颜色选择器及颜色按钮绑定的代码如下：

```
 Private Sub ColorChoosePop()
     pop = New Popup() '定义一个 Popup 对象
    '采用 StackPanel 面板作为容器，放置各种颜色
     Dim Panel As StackPanel = New StackPanel()
     Panel.Orientation = System.Windows.Controls.Orientation.Horizontal
     Panel.HorizontalAlignment = HorizontalAlignment.Stretch
     Panel.VerticalAlignment = VerticalAlignment.Center
     Panel.Height = 80
```

```
Panel.Width = 650
Panel.Margin = New Thickness(0, 150, 0, 0)
'取系统增强色作为面板背景
Panel.Background = CType(Me.Resources("PhoneAccentBrush"), Brush)
'添加 9 个颜色选择按钮
Dim butn As Button
butn = New Button
AddHandler butn.Click, AddressOf butn_click
butn.Width = 70
butn.Height = 70
butn.Background = New SolidColorBrush(Colors.White)
Panel.Children.Add(butn)
butn = New Button
AddHandler butn.Click, AddressOf butn_click
butn.Width = 70
butn.Height = 70
butn.Background = New SolidColorBrush(Colors.Red)
Panel.Children.Add(butn)
butn = New Button
AddHandler butn.Click, AddressOf butn_click
butn.Width = 70
butn.Height = 70
butn.Background = New SolidColorBrush(Colors.Orange)
Panel.Children.Add(butn)
butn = New Button
AddHandler butn.Click, AddressOf butn_click
butn.Width = 70
butn.Height = 70
butn.Background = New SolidColorBrush(Colors.Yellow)
Panel.Children.Add(butn)
butn = New Button
AddHandler butn.Click, AddressOf butn_click
butn.Width = 70
butn.Height = 70
```

```
        butn.Background = New SolidColorBrush(Colors.Green)
        Panel.Children.Add(butn)
        butn = New Button
        AddHandler butn.Click, AddressOf butn_click
        butn.Width = 70
        butn.Height = 70
        butn.Background = New SolidColorBrush(Colors.Cyan)
        Panel.Children.Add(butn)
        butn = New Button
        AddHandler butn.Click, AddressOf butn_click
        butn.Width = 70
        butn.Height = 70
        butn.Background = New SolidColorBrush(Colors.Blue)
        Panel.Children.Add(butn)
        butn = New Button
        AddHandler butn.Click, AddressOf butn_click
        butn.Width = 70
        butn.Height = 70
        butn.Background = New SolidColorBrush(Colors.Purple)
        Panel.Children.Add(butn)
        butn = New Button
        AddHandler butn.Click, AddressOf butn_click
        butn.Width = 70
        butn.Height = 70
        butn.Background = New SolidColorBrush(Colors.Black)
        Panel.Children.Add(butn)
        pop.Child = Panel
        '将 Popup 对象添加到 ContentPanel 面板中，这样当 Popup 弹出时，会显示在
'ContentPanel 面板中
        Me.ContentPanel.Children.Add(pop)
    End Sub
    '颜色按钮绑定的事件代码
    Private Sub butn_click(ByVal sender As Object, ByVal e As RoutedEventArgs)
        Dim btn As Button = CType(sender, Button)
```

```
        '如颜色选择类型为边框颜色，将选中颜色对应的画刷赋值给公共变量 BorderSolidColorBrush
        If ChooseColorType = 1 Then
            BorderSolidColorBrush = New SolidColorBrush
            BorderSolidColorBrush = btn.Background
            Me.BorderColorbutton.BorderBrush = BorderSolidColorBrush
        Else
        '如颜色选择类型为填充颜色，将选中颜色对应的画刷赋值给公共变量 FillSolidColorBrush
            FillSolidColorBrush = New SolidColorBrush
            FillSolidColorBrush = btn.Background
            Me.FillColorbutton.Background = FillSolidColorBrush
        End If
        '选择完毕后，关闭 Popup
        pop.IsOpen = False
    End Sub
```

5. 设计颜色选择按钮的执行代码

如前所述，当单击颜色选择按钮时，会弹出颜色选择器。除此之外，两个颜色选择按钮还设置了颜色选择类别（通过设定 ChooseColorType 的值来实现，ChooseColorType=1 选择的是边框颜色，ChooseColorType=2 选择的是填充颜色）。

颜色选择按钮的执行代码如下：

```
    Private Sub BorderColorbutton_Click(sender As System.Object, e As
System.Windows.RoutedEventArgs) Handles BorderColorbutton.Click
        ChooseColorType = 1 '选择边框颜色
        pop.IsOpen = True '打开颜色选择器
    End Sub

    Private Sub FillColorbutton_Click(sender As System.Object, e As
System.Windows.RoutedEventArgs) Handles FillColorbutton.Click
        ChooseColorType = 2 '选择填充颜色
        pop.IsOpen = True '打开颜色选择器
    End Sub
```

6. 设计绘图手势事件代码

绘图时，用户可触点屏幕，在屏幕上划动手指绘成图形。此项操作会触发 Silverlight for Windows Phone 的 3 个非常重要且常用的手势事件：OnManipulationStarted、OnManipulationDelta 和 OnManipulationCompleted。

- OnManipulationStarted，此事件在用户触及屏幕时被触发。
- OnManipulationDelta，用户在屏幕上划动手指时会触发此事件。
- OnManipulationCompleted，用户手指离开屏幕时会触发此事件。

本程序中，实现绘图的代码绑定在上述 3 个事件中。在 OnManipulationStarted 事件中，会根据绘图类别不同，以 args.ManipulationOrigin 为定位点绘制默认大小的图形；在 OnManipulationDelta 事件中，根据手指划动范围缩放已绘制的图形；当绘图结束后，在触发的 OnManipulationCompleted 事件中，为图形填充背景颜色和设置边框颜色。

在上述 3 个事件中，还包括了拖动图形的代码。其中，在 OnManipulationStarted 事件中，通过判断手指触点对象的类别来确定是绘图还是拖动图形，当对象类型为 Path，即表示手指触点的是绘图区域中已绘的图形，会执行拖动图形；如果对象类型为 Grid，即表示手指触点的是绘图区域中的空白区域，会执行绘图。在 OnManipulationDelta 事件，随手指划动位置拖动图形到新位置，在 OnManipulationCompleted 事件中结束图形的拖动操作。

3 个手势事件的代码分别如下：

```
    Protected    Overrides    Sub    OnManipulationStarted(ByVal    args    As
ManipulationStartedEventArgs)
        If (isDrawing Or isDragging) Then
        Return
        End If
        '如果手指触点对应的对象为 Path，获取 Path 内的几何对象，准备拖动图形
        If TypeOf (args.OriginalSource) Is Path Then
            path = TryCast(args.OriginalSource, Path)
            If TypeOf (path.Data) Is EllipseGeometry Then
                ellipseGeo = path.Data
                DragType = 2 '拖动的是圆形
            ElseIf path.Name.IndexOf("rimplePath") > 0 Then
                pathg = path.Data
                DragType = 3 '拖动的是三角形
            ElseIf path.Name.IndexOf("ectangleGeometry") > 0 Then
                retangleGeo = path.Data
```

```
                    DragType = 1 '拖动的是矩形
              ElseIf path.Name.IndexOf("ineGeometry") > 0 Then
                   linesegeo = path.Data
                   DragType = 4 '拖动的是直线
              End If
              '设定操作方式为拖动图形
              isDragging = True
              args.ManipulationContainer = ContentPanel
              args.Handled = True
         ElseIf TypeOf (args.OriginalSource) Is Grid Then
              '如图手指触点为Grid，则根据选择的图形类别，绘制默认大小的图形
              If (TryCast(args.OriginalSource, Grid).Name = "ContentPanel")
Then
                   Dim Originpoint As Point = args.ManipulationOrigin
                   cnpoint = Originpoint
                   DrawCount = DrawCount + 1
                   path = New Path()
                   If Drawtype = 1 Then '绘制矩形
                        retangleGeo = New RectangleGeometry
                        retangleGeo.Rect = New Rect(cnpoint.X, cnpoint.Y, 50, 50)
                        path.Name = "RectangleGeometry" & CStr(DrawCount)
                        path.Stroke = CType(Me.Resources("PhoneForegroundBrush"),
Brush)
                        path.Data = retangleGeo
                   ElseIf Drawtype = 2 Then '绘制圆形
                        ellipseGeo = New EllipseGeometry()
                        ellipseGeo.Center = args.ManipulationOrigin
                        path.Name = "EllipseGeometryPath" & CStr(DrawCount)
                        path.Stroke = CType(Me.Resources("PhoneForegroundBrush"),
Brush)
                        path.Data = ellipseGeo
                   ElseIf Drawtype = 3 Then '绘制三角形
                        pathg = New PathGeometry
                        polyseg = New PolyLineSegment
```

432

```
                    polyseg.Points.Add(New Point(Originpoint.X, Originpoint.Y))
                    polyseg.Points.Add(New Point(Originpoint.X - 32, 55 +
Originpoint.Y))
                    polyseg.Points.Add(New Point(32 + Originpoint.X, 55 +
Originpoint.Y))
                    pathfigure = New PathFigure
                    pathfigure.IsClosed = True
                    pathfigure.StartPoint    =    New    Point(Originpoint.X,
Originpoint.Y)
                    pathfigure.Segments.Add(polyseg)
                    pathg.Figures.Add(pathfigure)
                    path.Name = "TrimplePath" & CStr(DrawCount)
                    path.Stroke = CType(Me.Resources("PhoneForegroundBrush"),
Brush)

                    path.Data = pathg
                ElseIf Drawtype = 4 Then '绘制直线
                    linesegeo = New LineGeometry()
                    linesegeo.StartPoint = args.ManipulationOrigin
                    linesegeo.EndPoint = args.ManipulationOrigin
                    path.Name = "LineGeometry" & CStr(DrawCount)
                    path.Stroke = CType(Me.Resources("PhoneForegroundBrush"),
Brush)

                    path.Data = linesegeo
                End If
                ContentPanel.Children.Add(path)
                isDrawing = True '设置当前操作类型为绘图
                args.Handled = True
            End If
        End If
        MyBase.OnManipulationStarted(args)
    End Sub


    Protected   Overrides   Sub   OnManipulationDelta(ByVal   args   As
ManipulationDeltaEventArgs)
```

```
        Try
            If (isDragging) Then '拖动操作
                If DragType = 1 Then '拖动矩形
                    Dim rwidth As Double = retangleGeo.Rect.Width
                    Dim Rheight As Double = retangleGeo.Rect.Height
                    retangleGeo.Rect = New Rect(retangleGeo.Rect.X + args.
DeltaManipulation.Translation.X, retangleGeo.Rect.Y + args.DeltaManipulation.
Translation.Y, rwidth, Rheight)
                ElseIf DragType = 2 Then  '拖动圆形
                    Dim center As Point = ellipseGeo.Center
                    center.X += args.DeltaManipulation.Translation.X
                    center.Y += args.DeltaManipulation.Translation.Y
                    ellipseGeo.Center = center
                ElseIf DragType = 3 Then   '拖动三角形
                    Dim translate As Point = args.DeltaManipulation.
Translation

                    Dim plys As PolyLineSegment
                    Dim newplys As PolyLineSegment = New PolyLineSegment
                    Dim fgs As PathFigure
                    fgs = pathg.Figures.Item(0)
                    plys = fgs.Segments.Item(0)
                    Dim P As Point
                    Dim newP As Point = fgs.StartPoint
                    For Each P In plys.Points
                        P.X = P.X + translate.X
                        P.Y = P.Y + translate.Y
                        newplys.Points.Add(P)
                    Next
                    fgs.Segments.Clear()
                    fgs.IsClosed = True
                    fgs.StartPoint = New Point(newP.X + translate.X, newP.Y +
translate.Y)

                    fgs.Segments.Add(newplys)
                    pathg.Figures.Clear()
```

```
                    pathg.Figures.Add(fgs)
              ElseIf DragType = 4 Then  '拖动直线
                    Dim translation As Point = args.CumulativeManipulation.
Translation
                    linesegeo.StartPoint = New Point(linesegeo.StartPoint.X +
translation.X, linesegeo.StartPoint.Y + translation.Y)
                    linesegeo.EndPoint = New Point(linesegeo.EndPoint.X +
translation.X, linesegeo.EndPoint.Y + translation.Y)
              End If
              args.Handled = True
         ElseIf (isDrawing) Then '绘图操作
            If Drawtype = 1 Then  '绘制矩形，可根据手指划动范围放大或缩小矩形
                    Dim translation As Point = args.CumulativeManipulation.
Translation
                    retangleGeo.Rect = New Rect(cnpoint.X, cnpoint.Y,
translation.X, translation.Y)
              ElseIf Drawtype = 2 Then '绘制圆形，可根据手指划动范围放大或缩小圆形
                    Dim translation As Point = args.CumulativeManipulation.
Translation
                    Dim radius As Double = Math.Max(Math.Abs(translation.X),
                                 Math.Abs(translation.Y))
                    ellipseGeo.RadiusX = radius
                    ellipseGeo.RadiusY = radius
              '绘制三角形，可根据手指划动范围放大、缩小、或者变换三角形的角度
              ElseIf Drawtype = 3 Then
                    Dim translation As Point = args.CumulativeManipulation.
Translation
                    '缩放变换三角形
                    Dim sctr As ScaleTransform = New ScaleTransform
                    sctr.CenterX = cnpoint.X
                    sctr.CenterY = cnpoint.Y
                    Dim scale As Double = Math.Sqrt(translation.X *
translation.X + translation.Y * translation.Y) / 55
                    sctr.ScaleX = scale
```

```vb
        sctr.ScaleY = scale
        '旋转变换三角形
        Dim rota As RotateTransform = New RotateTransform
        Dim angle As Double
        Dim absX As Double = Math.Abs(translation.X)
        Dim absY As Double = Math.Abs(translation.Y)
        If translation.Y > 0 Then
            If translation.X > 0 Then
                angle = 270 - Math.Atan(absY / absX) / 3.14 * 180
            Else
                angle = 90 + Math.Atan(absY / absX) / 3.14 * 180
            End If
        Else
            If translation.X > 0 Then
                angle = 270 + Math.Atan(absY / absX) / 3.14 * 180
            Else
                angle = 90 - Math.Atan(absY / absX) / 3.14 * 180
            End If
        End If
        rota.Angle = angle
        rota.CenterX = cnpoint.X
        rota.CenterY = cnpoint.Y
        '采用 TransformGroup 实现组合变换()
        Dim transforgroup As TransformGroup = New TransformGroup
        transforgroup.Children.Add(sctr)
        transforgroup.Children.Add(rota)
        path.RenderTransform = transforgroup
    Else
        '以触摸原点为定点，以手指划动点为另一点，绘制直线
        Dim translation As Point = args.CumulativeManipulation.Translation
        linesegeo.EndPoint = New Point(cnpoint.X + translation.X, cnpoint.Y + translation.Y)
    End If
```

```
            args.Handled = True
        End If
        MyBase.OnManipulationDelta(args)
    Catch ex As Exception
    End Try
End Sub


Protected   Overrides   Sub   OnManipulationCompleted(ByVal   args   As
ManipulationCompletedEventArgs)
    If (isDragging) Then
        '完成拖动
        isDragging = False
        args.Handled = True
    ElseIf (isDrawing) Then
        If Not path Is Nothing Then
            '设置颜色
            path.Fill = FillSolidColorBrush
            path.Stroke = BorderSolidColorBrush
            isDrawing = False
            args.Handled = True
        End If
    End If
    MyBase.OnManipulationCompleted(args)
End Sub
```

7. 设计页面载入事件代码

页面载入事件中的代码非常简单，主要任务是初始化颜色选择器，并将颜色选择器设置为关闭状态。代码如下：

```
    Private Sub PhoneApplicationPage_Loaded(sender As System.Object, e As
System.Windows.RoutedEventArgs) Handles MyBase.Loaded
        ColorChoosePop()
        pop.IsOpen = False
    End Sub
```

程序执行结果如图11-2和图11-3所示。

图 11-2　绘制图形

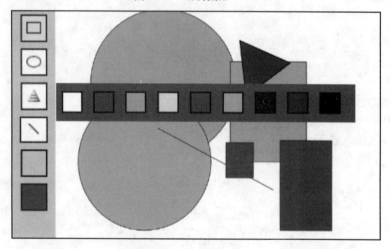

图 11-3　选择颜色

11.2 　新浪 RSS 新闻阅读器

从网络下载数据，并呈现到手机屏幕，是移动智能平台中一项常见的应用。本例以新浪 RSS 新闻数据为目标对象，设计了一款 Windows Phone 新浪 RSS 新闻阅读器。在本例的设计过程中，综合应用了 XML 格式数据下载、处理与呈现的技术。

11.2.1　总体介绍

新浪是国内三大门户网站之一，也是网络新闻的主要提供者之一。新浪网提供了多个 RSS 形式的新闻 API 接口，用户可以开发客户端工具，并将这些新闻频道与新闻内容集成到本地系统中。在第 8 章中，介绍了 XML 格式数据的处理方法，并且提供了新浪体育新闻 RSS 的解析应用。本例是在此基础上实现的完整的新浪 RSS 新闻阅读器。

本程序的功能包括以下几方面：

● 频道管理。程序默认提供了数个新浪新闻 RSS 频道，用户可以根据需要添加更多的频道。实际上，除了新浪的新闻 RSS，本程序同样可以加载其他以 RSS 形式提供的资讯服务。频道列表会保存在本地的独立存储空间中。

● RSS 新闻条目下载。本程序可以下载并处理指定 RSS 频道的新闻条目，单击这些条目可以打开并阅读指定的新闻内容。

● 分享兴趣链接给其他用户。如果用户对指定的新闻内容感兴趣，通过本程序提供的分享模块可以将新闻链接以短消息形式发送给其他用户。

更多有关新浪新闻 RSS 的内容介绍，请访问 http://rss.sina.com.cn/。

如图 11-4 所示为程序运行时的状态。

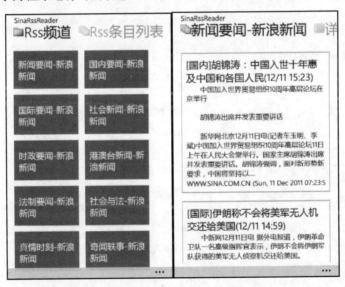

图 11-4　新浪新闻 RSS 阅读器

图 11-4 新浪新闻 RSS 阅读器（续）

在图 11-4 中，左上图是阅读器的 RSS 频道列表，右上图是 RSS 新闻条目列表；左下图为当前打开的某一新闻的网页，右下图是底部的 ApplicationBar。

11.2.2 程序页面设计

本程序由一个 Pivot 控件实现页面内容的布局。此 Pivot 添加了 3 个 PivotItem 项，分别用于布置 RSS 频道、新闻条目列表和新闻内容。同时，页面底部还有一个 ApplicationBar 用于布置常用工具按钮。

本程序页面设计过程如下。

1. 删除程序标题和页面标题

由于本程序使用 Pivot 控件布局页面，因此，不需要页面默认的页面标题和程序标题。在 MainPage.xaml 文件中，找到名称为"TitlePanel"的 StackPanel。删除这个 StackPanel 面板及其下的名称为"ApplicationTitle"和"PageTitle"的 TextBlock。

找到并删除名称为"ContentPanel"的 Grid 面板。

2. 添加 Pivot 控件

在名称为"LayoutRoot"的 Grid 中，添加 Piovt 控件，并在其中添加 3 个 PivotItem 项。命名 Piovt 控件的名称为"Pivot1"，Title 属性为"SinaRssReader"。

接着，修改 PivotItem 项 Header 属性的值分别为 RSS 频道、RSS 条目列表和详细信息。但是在默认情况下，PivotItem 项 Header 字体太大，占据过多空间，且不能显示图片。本例通过使用 ControlTemplate，修改 Header 属性内容。

修改后的 XAML 代码如下：

```
<controls:Pivot Title="SinaRssReader" Name="Pivot1" >
        <!--Pivot item one-->
        <controls:PivotItem >
            <controls:PivotItem.Header>
                <StackPanel Orientation="Horizontal">
                    <Image Source="/Images/Folder.png" Height="32" Width=
"32"/>
                    <TextBlock Text="Rss 频道" FontSize="40" VerticalAlignment=
"Center"/>
                </StackPanel>
            </controls:PivotItem.Header>
        </controls:PivotItem>
        <!--Pivot item two-->
        <controls:PivotItem >
            <controls:PivotItem.Header>
                <StackPanel Orientation="Horizontal">
                    <Image  Source="Images/RssitemList.png"  Height="32"
Width="32"/>
                    <TextBlock  Text="Rss 条 目 列 表 "  FontSize="40"
VerticalAlignment="Center" Name="Rssitem1"/>
                </StackPanel>
            </controls:PivotItem.Header>
        </controls:PivotItem>
        <!--Pivot item three-->
        <controls:PivotItem >
            <controls:PivotItem.Header>
                <StackPanel Orientation="Horizontal">
                    <Image Source="/Images/Detail.png" Height="32" Width=
"32"/>
```

```
                <TextBlock Name="DetailTitle" Text="详细信息" FontSize=
"40" VerticalAlignment="Center"/>
            </StackPanel>
        </controls:PivotItem.Header>
    </controls:PivotItem>
</controls:Pivot>
```

3．"RSS 频道" PivotItem 项设计

"RSS 频道" PivotItem 项的主要作用是显示 RSS 频道，除此之外，还提供了新增 RSS 频道的弹出对话框。因此，"RSS 频道" PivotItem 项中的代码包括两部分：一是用于显示 RSS 频道列表的 ListBox 控件，此 ListBox 控件的名称为"lbRssChannel"；二是用于新增 RSS 频道的弹出对话框（Popup），Popup 对象的名称命名为"SearchRsspop"。在 Popup 对话框中使用 StackPanel 为布局面板，放置了一个用于输入 RSS 频道网址的 TextBox 和一个用于执行处理操作的 Button 控件（Button 内采用 Image 作为内容，即在命令按钮中显示了一个图片）。

ListBox 控件和 Popup 控件放置在一个名称为"ChannelGrid"的 Grid 面板中。修改后的 XAML 代码如下：

```
<controls:PivotItem >
        <controls:PivotItem.Header>
        …
        </controls:PivotItem.Header>
        <Grid Name="ChannelGrid">
            <Popup Width="450" Height="80" IsOpen="False" Name=
"SearchRsspop" >
                <StackPanel Orientation="Horizontal" Background="Cyan">
                    <TextBox Name="txtrssUrl" Text="请输入 Rss 地址"
Width="350"></TextBox>
                    <Button Name="SearchRss" Width="80">
                        <Image Source="Images/appbar.feature.search.
rest.png"></Image>
                    </Button>
                </StackPanel>
            </Popup>
            <ListBox Name="lbRssChannel" Grid.Row="0"></ListBox>
        </Grid>
```

```
            </controls:PivotItem>
```

4. "Rss 条目列表" PivotItem 项设计

"Rss 条目列表" PivotItem 项的主要作用是显示指定 RSS 频道下的 RSS 新闻条目列表。列表采用 ListBox 控件显示，此 ListBox 控件被命名为 "RssItemList"。同时，为了查看从网络下载 RSS 新闻条目的进度，在此项 PivotItem 中，还添加了 Progress 进度条控件和 TextBlock 控件，分别用于指示下载进度，TextBlock 控件以数字方式提示已下载的百分比。

上述内容都布置在一个拆分成两行的 Grid 面板中。

修改完成后，此 PivotItem 项的 XAML 代码如下：

```xaml
<controls:PivotItem >
        <controls:PivotItem.Header>
          …
        </controls:PivotItem.Header>
        <Grid>
            <Grid.RowDefinitions>
                <RowDefinition Height="*" />
                <RowDefinition Height="39" />
            </Grid.RowDefinitions>
            <ListBox Name="RssItemList" Grid.Row="0" />
            <ProgressBar  Name="progress1" Grid.Row="1" />
            <TextBlock  Name="progresstext" HorizontalAlignment=
"Center" VerticalAlignment="Stretch" Text="" Margin="228,0" Grid.Row="1" />
        </Grid>
    </controls:PivotItem>
```

5. "详细信息" PivotItem 项设计

"详细信息" PivotItem 项的主要作用是显示在 "Rss 条目列表" PivotItem 项中指定 RSS 条目的详细内容，即显示新闻的内容。本程序中，为简化程序采用 WebBrowser 控件访问指定网页，实现新闻内容显示。

因此，在 "详细信息" PivotItem 项中主要的内容就是 WebBrowser 控件，此 WebBrowser 控件被命名为 "webBrowser1"，设置属性 HorizontalAlignment="Stretch" 和 VerticalAlignment ="Stretch"，使控件占据最大的可用空间。

修改后的 XAML 代码如下：

```xaml
<controls:PivotItem >
```

```
        <controls:PivotItem.Header>

            …

        </controls:PivotItem.Header>

        <Grid>

            <phone:WebBrowser HorizontalAlignment="Stretch" Margin=
"2" Name="webBrowser1" VerticalAlignment="Stretch"  />

        </Grid>

    </controls:PivotItem>
```

6. 添加 ApplicationBar

本程序的 ApplicationBar 中包含 2 个 ApplicationBarIconButton 和 1 个 ApplicationBarMe nuItem，分别用于新增 RSS 频道、刷新页面数据和分享链接。并且 ApplicationBar 绑定了 StateChanged 事件，此事件中代码的主要作用是在 PivotItem 切换时，设置 ApplicationBar 中按钮是否可用。Mode 属性设置为 Minimized，表示初始状态时，ApplicationBar 以最小化方式显示，即在程序页面底部只显示 "…"。

此 ApplicationBar 的 XAML 代码如下：

```
    <phone:PhoneApplicationPage.ApplicationBar>

        <shell:ApplicationBar IsVisible="True" IsMenuEnabled="True" Opacit
y="0.9" Mode="Minimized" x:Name="ApplicationBar1" StateChanged="ApplicationB
ar_StateChanged">

            <shell:ApplicationBarIconButton x:Name="appbar_button1" IconUr
i="/Images/appbar.add.rest.png" Text="添加" Click="appbar_button1_Click"/>

            <shell:ApplicationBarIconButton x:Name="appbar_button2"
IconUri="/Images/appbar.refresh.rest.png" Text="刷新" Click="appbar_button2_C
lick"/>

            <shell:ApplicationBar.MenuItems>

                <shell:ApplicationBarMenuItem Text="分享链接" Click="Applica
tionBarMenuItem_Click"/>

            </shell:ApplicationBar.MenuItems>

        </shell:ApplicationBar>

    </phone:PhoneApplicationPage.ApplicationBar>
```

11.2.3　RSS 频道数据下载及处理

　　程序初次执行时，会从代码中取出预置的 RSS 频道数据，并显示在"RSS 频道"PivotItem 项内名为"lbRssChannel"的 ListBox 控件中；同时会把这些预置的 RSS 频道数据保存到本地独立存储空间的 Rsssites.xml 文件中。以后，每次执行时都从 Rsssites.xml 文件读取 RSS 频道。

　　此项操作的流程如图 11-5 所示。

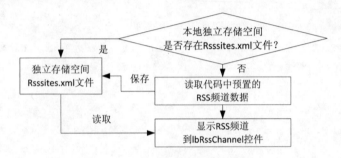

图 11-5　RSS 频道数据处理流程

　　相应的程序代码分成以下 3 部分。

1．读取 RSS 频道数据函数（LoadDataFromLocalStorage）

　　此函数首先判断独立存储空间中是否存在"\DataCache\Rsssites.xml"文件，如果不存在则读取程序代码中预置的 RSS 频道数据，然后使用 StreamWriter 将数据写入到文件中。这样程序再次执行时，独立存储空间就会保存这些预置的频道数据。此函数返回 XML 格式的字符串值。详细代码如下。

```
Private Function LoadDataFromLocalStorage() As String
        Dim filePath As String = "\DataCache\Rsssites.xml"
        Dim storage As IsolatedStorageFile = IsolatedStorageFile.
GetUserStoreForApplication()
        If (Not storage.FileExists(filePath)) Then
          '如果本地独立存储空间没有"\DataCache\Rsssites.xml"文件，则读取程序
'代码预置的 Rss 频道（程序初次执行时）
            If (Not storage.DirectoryExists("\DataCache")) Then
                storage.CreateDirectory("\DataCache")
            End If
            ' 程序代码中预置的 RSS 频道
            Dim xmlstr As String
```

```
            xmlstr = "<Rsssites>"
            xmlstr = xmlstr & "<Rsssite><title>新闻要闻-新浪新闻</title> "
            xmlstr = xmlstr & " <linker>http://rss.sina.com.cn/news/
marquee/ddt.xml</linker>"
            xmlstr = xmlstr & " <Description>新闻中心-新闻要闻</Description>"
            xmlstr = xmlstr & " <updatetime></updatetime>"
            xmlstr = xmlstr & "  </Rsssite>"
            xmlstr = xmlstr & " <Rsssite>"
            xmlstr = xmlstr & "<title>国内要闻-新浪新闻 </title>"
            xmlstr = xmlstr & "<linker>http://rss.sina.com.cn/news/china/
focus15.xml</linker>"
            xmlstr = xmlstr & "<Description>国内要闻-新浪新闻</Description>"
            xmlstr = xmlstr & " <updatetime></updatetime>"
            xmlstr = xmlstr & " </Rsssite>"
            xmlstr = xmlstr & "<Rsssite>"
            xmlstr = xmlstr & "<title>国际要闻-新浪新闻</title>"
            xmlstr = xmlstr & "<linker>http://rss.sina.com.cn/news/world/
focus15.xml</linker>"
            xmlstr = xmlstr & " <Description>国际要闻-新浪新闻</Description>"
            xmlstr = xmlstr & "</Rsssite>"
            xmlstr = xmlstr & "<Rsssite>"
            xmlstr = xmlstr & "<title>社会新闻-新浪新闻</title>"
            xmlstr = xmlstr & "<linker>http://rss.sina.com.cn/news/society/
focus15.xml</linker>"
            xmlstr = xmlstr & " <Description>社会新闻-新浪新闻</Description>"
            xmlstr = xmlstr & "</Rsssite>"
            xmlstr = xmlstr & "  <Rsssite>"
            xmlstr = xmlstr & "  <title>时政要闻-新浪新闻</title>"
            xmlstr = xmlstr & "  <linker>http://rss.sina.com.cn/news/china/
politics15.xml</linker>"
            xmlstr = xmlstr & " <Description>时政要闻-新浪新闻</Description>"
            xmlstr = xmlstr & "</Rsssite>"
            xmlstr = xmlstr & "<Rsssite>"
            xmlstr = xmlstr & " <title>港澳台新闻-新浪新闻</title>"
```

```
        xmlstr = xmlstr & " <linker>http://rss.sina.com.cn/news/china/
hktaiwan15.xml</linker>"
        xmlstr = xmlstr & " <Description>港澳台新闻-新浪新闻</Description>"
        xmlstr = xmlstr & " </Rsssite>"
        xmlstr = xmlstr & "<Rsssite>"
        xmlstr = xmlstr & " <title>法制要闻-新浪新闻</title>"
        xmlstr = xmlstr & " <linker>http://rss.sina.com.cn/legal/
import.xml</linker>"
        xmlstr = xmlstr & " <Description>法制要闻-新浪新闻</Description>"
        xmlstr = xmlstr & " </Rsssite>"
        xmlstr = xmlstr & " <Rsssite>"
        xmlstr = xmlstr & "  <title>社会与法-新浪新闻</title>"
        xmlstr = xmlstr & "<linker>http://rss.sina.com.cn/news/society/
law15.xml</linker>"
        xmlstr = xmlstr & " <Description>社会与法-新浪新闻</Description>"
        xmlstr = xmlstr & " </Rsssite>"
        xmlstr = xmlstr & "<Rsssite>"
        xmlstr = xmlstr & " <title>真情时刻-新浪新闻</title>"
        xmlstr = xmlstr & "<linker>http://rss.sina.com.cn/news/society/
feeling15.xml</linker>"
        xmlstr = xmlstr & " <Description>真情时刻-新浪新闻</Description>"
        xmlstr = xmlstr & "</Rsssite>"
        xmlstr = xmlstr & "<Rsssite>"
        xmlstr = xmlstr & " <title>奇闻轶事-新浪新闻</title>"
        xmlstr = xmlstr & "<linker>http://rss.sina.com.cn/news/society/
wonder15.xml</linker>"
        xmlstr = xmlstr & " <Description>奇闻轶事-新浪新闻</Description>"
        xmlstr = xmlstr & "</Rsssite>"
        xmlstr = xmlstr & "<Rsssite>"
        xmlstr = xmlstr & " <title>股票-新浪博客 </title>"
        xmlstr = xmlstr & "<linker>http://rss.sina.com.cn/blog/index/
stocks.xml</linker>"
        xmlstr = xmlstr & " <Description>股票-新浪博客</Description>"
        xmlstr = xmlstr & "</Rsssite>"
```

```
        xmlstr = xmlstr & " </Rsssites>"
        '将预置的 RSS 频道数据保存到本地独立存储空间的 Rsssites.xml 文件中
        Dim writer As StreamWriter
        writer    =    New    StreamWriter(storage.OpenFile(filePath,
FileMode.Create))
        writer.Write(xmlstr)
        writer.Close()
        Return xmlstr
    Else
        '如果独立存储空间中存在"\DataCache\Rsssites.xml"文件，则读取文件中的数据
        Dim reader As StreamReader
        reader = New StreamReader(storage.OpenFile(filePath, FileMode.
Open))
        Dim xmlstr As String = reader.ReadToEnd()
        reader.Close()
        Return xmlstr
    End If
End Function
```

2. 处理并显示 RSS 频道数据的函数（GetRsssitesListFromXml）

本函数以 LoadDataFromLocalStorage 函数返回的字符串值为参数，使用 LINQ to XML 解析字符串，获取 RSS 频道数据。这些 RSS 频道数据保存在列表集合 RssSiteChannels 中，这是一个以 MyListItemTile 为子项的 ObservableCollection。MyListItemTile 是一个继承自 ListBoxItem 的自定义类，详细内容参见后续代码。

处理完字符串数据后，函数从 RssSiteChannels 集合中，取出 MyListItemTile 子项，添加到 lbRssChannel 控件中。由于 lbRssChannel 控件中每一行显示两个 RSS 频道，因此，需要额外处理 RSS 频道个数为奇数时的情况。

如果 RSS 频道是偶数个，则使用 MyListItemTile 的构造函数 New(ByVal title As String, ByVal link As String, ByVal title1 As String, ByVal link1 As String)，此构造函数可以生成每行含有两个 RSS 频道的 ListBoxItem 项。如果 RSS 频道为奇数个，则前面偶数个 RSS 频道采用上述构造函数构造 MyListItemTile，最后一个 RSS 频道采用构造函数 New(ByVal title As String, ByVal link As String)，这样最后一个 ListBoxItem 项中只含有一个 RSS 频道。

函数代码如下：

```
Private Function GetRsssitesListFromXml(ByVal xmlRsssites As String) As
```

```
Boolean
        Try
            '定义 RSS 频道列表集合变量，集合内的项目类型 MyListItemTile
            Dim RssSiteChannels As ObservableCollection(Of MyListItemTile) =
New ObservableCollection(Of MyListItemTile)
            '使用 LINQ to XML 从包含 RSS 频道数据的字符串中解析 RSS 频道
            Dim rootElement As XElement = XElement.Parse(xmlRsssites)
            Dim itemElements As IEnumerable(Of XElement) = From items In
rootElement.Elements("Rsssite") Select items
            '由于 lbRssChannel 控件中是以每行两个显示RSS 频道，因此需要考虑RSS 频道为
'奇数个时的情况
            Dim i As Integer = (itemElements.Count() / 2) - 1
            Dim j As Integer
            Dim m As Integer
            '如果 RSS 频道为偶数个，则分两列显示完毕
            For j = 0 To i
                m = 2 * j
                Dim RssSiteChannel As MyListItemTile = New MyListItemTile
(itemElements.ElementAt(m).Element("title").Value, itemElements.ElementAt(m).
Element("linker").Value, itemElements.ElementAt(m + 1).Element("title").Value,
itemElements.ElementAt(m + 1).Element("linker").Value)
                RssSiteChannels.Add(RssSiteChannel)
            Next
            '如果是奇数个，则最后一个单独显示
            If itemElements.Count Mod 2 = 1 Then
                m = 2 * j
                Dim RssSiteChannel As MyListItemTile = New MyListItemTile
(itemElements.ElementAt(m).Element("title").Value,
itemElements.ElementAt(m).Element("linker").Value)
                RssSiteChannels.Add(RssSiteChannel)
            End If
            '清空 lbRssChannel 内的项目
            Me.lbRssChannel.Items.Clear()
            '从 RssSiteChannels 列表中取出 RSS 频道数据添加到 lbRssChannel 控件中
```

```
        For Each RssChannel As MyListItemTile In RssSiteChannels
            Me.lbRssChannel.Items.Add(RssChannel)
        Next
        Return (True)
    Catch ex As Exception
        Return (False)
    End Try
End Function
```

3. LoadRsssitesFromLocalStorage 函数

LoadRsssitesFromLocalStorage 函数用于联系上述两函数，并且此函数会被页面载入事件 PhoneApplicationPage_Loaded 调用。从而在程序执行时会获取 RSS 频道数据，并呈现在 "RSS 频道" PivotItem 项中。

此函数的代码相对简单，如下所示：

```
Private Function LoadRsssitesFromLocalStorage() As Boolean
    '获取 RSS 频道数据字符串
    Dim xmlSSsites As String = LoadDataFromLocalStorage()
    If (xmlSSsites = String.Empty) Then
        Return False
    End If
    '从字符串中解析并生成 RSS 频道
    GetRsssitesListFromXml(xmlSSsites)
    Return True
End Function
```

当上述代码和 MyListItemTile 类完成后，程序已可以初始化 RSS 频道列表。

11.2.4 MyListItemTile 类

MyListItemTile 类是一个继承自 ListBoxItem 的自定义类。因此，实例化的 MyListItemTile 可以添加到 ListBox 中作为其中的子项。

MyListItemTile 类的主要作用是根据 RSS 频道数的奇偶情况，生成含有两个或单个 RSS 频道的 MyListItemTile。MyListItemTile 类使用程序代码定义了 RSS 频道的显示方式，每个 RSS 频道包含一个 Border 对象，其中包含了一个 TextBlock，用于显示 RSS 频道的标题。Border 对象的 Tag 属性绑定了 RSS 频道的链接地址（Link）和标题（Title），这两项数据使用 "｜" 分隔，使用时可以通过公共函数 gets（定义在 Module1 中）来获取目标数据。Border 还绑定了 Tap 事件，用于在单击频道列表项时，将 Border.Tag 属性中的数据保存到 App 类中（也可以使用应用程序级公共变量）。

MyListItemTile 类的定义代码包括以下两部分。

1. 两个构造函数

MyListItemTile 类中有两个构造函数，两者的参数不同，其作用见前面的介绍，代码如下：

```
'构造函数 1
Public Sub New(ByVal title As String, ByVal link As String, ByVal title1 As String, ByVal link1 As String)
        Dim Stack As StackPanel = New StackPanel
        Stack.Orientation = System.Windows.Controls.Orientation.Horizontal
        Stack.HorizontalAlignment = HorizontalAlignment.Stretch
        Stack.VerticalAlignment = VerticalAlignment.Center
        Stack.Height = 130
        Stack.Width = 430
        '第一个 RSS 频道
        Dim Border As Border = New Border()
       Border.Background = CType(Resources("PhoneAccentBrush"), SolidColorBrush)
        Border.BorderThickness = New Thickness(1)
        Border.Height = 120
        Border.Width = 190
        Dim txk As TextBlock = New TextBlock()
        txk.Text = title
        txk.FontSize = 25
        txk.TextWrapping = TextWrapping.Wrap
        txk.MaxWidth = 160
        txk.Margin = New Thickness(10)
        txk.VerticalAlignment = VerticalAlignment.Center
        txk.Foreground = New SolidColorBrush(Application.Current.Resources("PhoneBackgroundColor"))
        txk.HorizontalAlignment = HorizontalAlignment.Center
        Border.Child = txk
        'Border 的 Tag 中包含了标题与频道链接地址
```

```
        Border.Tag = link.ToString() + "|" + title.ToString()
        '绑定 Border 的 Tap 事件
        AddHandler Border.Tap, AddressOf Border_tap
        Stack.Children.Add(Border)
        '第二个 RSS 频道
        Dim border1 As Border = New Border()
        border1.Background       =       CType(Resources("PhoneAccentBrush"),
SolidColorBrush)
        border1.BorderThickness = New Thickness(2)
        border1.Height = 120
        border1.Width = 190
        Dim txk1 As TextBlock = New TextBlock
        txk1.Text = title1
        txk1.FontSize = 25
        txk1.TextWrapping = TextWrapping.Wrap
        txk1.MaxWidth = 160
        txk1.Margin = New Thickness(10)
        txk1.VerticalAlignment = VerticalAlignment.Center
        txk1.HorizontalAlignment = HorizontalAlignment.Center
        txk1.Foreground = New SolidColorBrush(Application.Current.Resources
("PhoneBackgroundColor"))
        border1.Child = txk1
        border1.Margin = New Thickness(8)
        Border.Margin = New Thickness(8)
        'Border1 的 Tag 中包含了标题与频道链接地址
        border1.Tag = link1.ToString() + "|" + title1.ToString()
        '绑定 Border1 的 Tap 事件
        AddHandler border1.Tap, AddressOf Border_tap
        Stack.Margin = New Thickness(0, 0, 0, 0)
        Stack.Children.Add(border1)
        Me.Content = Stack
    End Sub


    '构造函数 2
```

```
    Public Sub New(ByVal title As String, ByVal link As String)
        Dim Border As Border = New Border()
        Border.Background        =        CType(Resources("PhoneAccentBrush"),
SolidColorBrush)
        Border.BorderThickness = New Thickness(1)
        Border.Height = 120
        Border.Width = 190
        Dim txk As TextBlock = New TextBlock()
        txk.Text = title
        txk.FontSize = 25
        txk.TextWrapping = TextWrapping.Wrap
        txk.MaxWidth = 160
        txk.Margin = New Thickness(10)
        txk.VerticalAlignment = VerticalAlignment.Center
        txk.Foreground = New SolidColorBrush(Application.Current.Resources
("PhoneBackgroundColor"))
        txk.HorizontalAlignment = HorizontalAlignment.Center
        Dim Stack As StackPanel = New StackPanel
        Stack.Orientation = System.Windows.Controls.Orientation.Horizontal
        Stack.HorizontalAlignment = HorizontalAlignment.Stretch
        Stack.VerticalAlignment = VerticalAlignment.Center
        Stack.Height = 130
        Stack.Width = 430
        Border.Child = txk
        'Border 的 Tag 中包含了标题与频道链接地址
        Border.Tag = link.ToString() + "|" + title.ToString()
        Border.Margin = New Thickness(8)
        AddHandler Border.Tap, AddressOf Border_tap
        Stack.Children.Add(Border)
        Me.Content = Stack
    End Sub
```

2. Border 的 Tap 事件处理过程

此事件用于为构造函数中的 Border 对象提供 Tap 事件触发时的操作。Border_tap 过程将

453

Border.Tag 中保存的 RSS 频道链接地址和标题分别取出，保存到 App 类中，代码如下：

```
    Private Sub Border_tap(ByVal sender As Object, ByVal e As
GestureEventArgs)
        Dim Border1 As Border = CType(sender, Border)
        '使用 App 类来保存公共数据，本程序为单 PhoneApplicationPage 页面程序，因此使
'用页面级公共变量也可以实现
        Dim iapp As App = Application.Current
        '实例化 App 中定义的 Rsspara
        iapp.Rsspara = New RssPara
        iapp.Rsspara.url = gets(Border1.Tag.ToString, 0)
        iapp.Rsspara.title = gets(Border1.Tag.ToString, 1)
    End Sub
```

11.2.5 RssPara 类

上述代码中用到了 RssPara 类，这是一个非常简单的类，用于在 App 类中保存和传递数据。该类中包含两个字段_url 和_title，分别对应 RSS 频道的地址和标题。

RssPara 类的定义代码如下：

```
Public Class RssPara
    Private _url As String
    Private _title As String
    Public Property url() As String
        Get
            Return _url
        End Get
        Set(ByVal value As String)
            _url = value
        End Set
    End Property
    Public Property title() As String
        Get
            Return _title
        End Get
        Set(ByVal value As String)
```

```
        _title = value
      End Set
    End Property
End Class
```

11.2.6 RSS 频道新增

本程序除了可以使用程序代码中预置的 RSS 频道，还可以新增其他 RSS 频道，并且可以是其他非新浪新闻的 RSS 频道。但是，由于 Silverlight for Windows Phone 对 GB2312 等中文编码支持不佳，因此，最好添加 UTF-8 编码的 RSS 频道。当然，针对 GB2312 编码也已有解决方案可供选择。本程序为简化代码，不对 GB2312 编码进行处理。

在"RSS 频道"PivotItem 项中，单击底部应用程序工具栏中的"新增"按钮，会弹出新增对话框。在对话框中输入 RSS 频道的网址并确定后，程序代码会从该地址下载数据并解析出 RSS 频道的标题、地址等信息；并将此频道保存到独立存储空间的 Rsssites.xml 文件中，接着更新"RSS 频道"PivotItem 项的频道列表，将新增的 RSS 频道添加到最顶端。

程序执行情况如图 11-6 所示。

图 11-6 新增 RSS 频道

本部分程序代码包括以下 3 部分。

1. appbar_button1_Click 事件处理

appbar_button1_Click 事件在用户单击应用程序工具栏的"新增"按钮时触发。此事件代码会打开 RSS 新增对话框，并将 PivotItem 切换到 "RSS 频道" 项，代码如下：

```
Private Sub appbar_button1_Click(sender As System.Object, e As System.EventArgs)
        '显示 RSS 频道新增对话框
        Me.SearchRsspop.IsOpen = True
        '切换 PivotItem 到"RSS 频道"项
        Me.Pivot1.SelectedIndex = 0
    End Sub
```

2. 下载 RSS 频道数据

RSS 频道数据下载采用 WebClient，地址来源于 RSS 频道新增对话框中输入的地址，异步下载完成后，数据保存在 e.Result 中。

相关代码如下。由于在第 8 章中，已对使用 WebClient 下载远程数据进行了较为详细的说明，此处不再赘述。

```
Public Sub AddRsssiteFromNetWork(ByVal rssurl As String)
        Dim rssuri As Uri = New Uri(rssurl, UriKind.Absolute)
        Dim Rsswebclient As WebClient = New WebClient
        AddHandler Rsswebclient.DownloadStringCompleted, AddressOf Rsswebclient_DownloadStringCompleted
        Rsswebclient.DownloadStringAsync(rssuri)
    End Sub


    Private Sub Rsswebclient_DownloadStringCompleted(ByVal sender As Object, ByVal e As DownloadStringCompletedEventArgs)
        Dim xmlresult As String = e.Result
        '调用 AddRsssiteDataToLocalStorage 将新 RSS 频道添加到本地存储空间的
'Rsssites.xml 文件中
        AddRsssiteDataToLocalStorage(xmlresult)
        '更新页面的 RSS 频道列表
        LoadRsssitesFromLocalStorage()
    End Sub
```

3. 解析 RSS 频道数据并保存到本地存储空间

解析上一过程中下载的 RSS 频道数据，并保存到本地存储空间的 Rsssites.xml 文件中，通过 AddRsssiteDataToLocalStorage 函数完成。

　　由于下载得到的数据同样是 XML 格式的 RSS 数据，因此，本例也使用 LINQ to XML 进行解析。函数中将 RSS 频道的链接地址（link）、标题（title）、描述（Description）等数据，作为 XElement 子项，此 XElement 的根节点为 Rsssite，从而生成为一个 RSS 节点。该 RSS 节点被添加到 XDocument 文档中，此文档中保存了从 Rsssites.xml 文件中解析出来的 RSS 数据。最后，此 XDocument 文档被重新写回 Rsssites.xml 文件。

　　本部分的程序代码如下：

```
Private Sub AddRsssiteDataToLocalStorage(ByVal xmlstr1 As String)
    Dim xDoc As XDocument
    Dim xmlstr As String
    Dim filePath As String = "\DataCache\Rsssites.xml"
    Dim rsssitem As Rsssite = New Rsssite()
    '从下载的 RSS 频道字符串数据中解析出标题、描述等数据
    Dim rootElement As XElement = XElement.Parse(xmlstr1)
    Dim itemElements As IEnumerable(Of XElement) = From items In
rootElement.Elements("channel") Select items
    Dim item As XElement
    For Each item In itemElements
        rsssitem.Title = item.Element("title").Value
        rsssitem.Link = Me.txtrssUrl.Text.Trim
        rsssitem.Description = item.Element("description").Value
    Next
    '读取独立存储空间中的文件数据
    Dim storage As IsolatedStorageFile = IsolatedStorageFile.GetUserStore-
ForApplication()
    If Not storage.DirectoryExists("\DataCache") Then
        storage.CreateDirectory("\DataCache")
    End If
    Dim readerxml As StreamReader
    readerxml = New StreamReader(storage.OpenFile(filePath, FileMode.
Open))
    xmlstr = readerxml.ReadToEnd()
    readerxml.Close()
```

```
        '往 XML 文档中添加节点
        Dim txtReader As TextReader = New StringReader(xmlstr)
        xDoc = XDocument.Load(txtReader)
        Dim xitem As XElement = New XElement("Rsssite")
        xDoc.Root.AddFirst(xitem)
        Dim xitem1 As XElement = New XElement("title")
        xitem1.Value = rsssitem.Title
        xitem.Add(xitem1)
        xitem1 = New XElement("linker")
        xitem1.Value = rsssitem.Link
        xitem.Add(xitem1)
        xitem1 = New XElement("Description")
        xitem1.Value = rsssitem.Description
        xitem.Add(xitem1)
        '将处理完后的数据写回文件
        Dim writer As StreamWriter = New StreamWriter(storage.OpenFile
(filePath, FileMode.Create))
        writer.Write(xDoc.ToString())
        writer.Close()
    End Sub
```

11.2.7 RSS 新闻条目列表

在 Pivot 的第二个 PivotItem（即"Rss 条目列表"PivotItem 项）中显示的是 RSS 新闻条目列表。这些条目依据 RSS 频道提供的地址来下载并生成，即当用户单击某一 RSS 频道后，屏幕切换到"RSS 条目列表"PivotItem 项，并从远程网络下载 RSS 条目数据，解析后显示在 RssItemList 控件中。

这部分代码由以下两部分组成。

1. 下载 RSS 条目数据

RSS 条目数据同样采用 WebClient 下载，下载的地址为指定的 RSS 频道，由前述分析可知此链接地址与标题信息保存在 App 类定义的 RssPara 属性中，此属性是一个 RssPara 类的对象。

下载进行中触发的事件 webclient_DownloadProgressChanged，会更新下载进度条和下载百分比。在下载完成时触发的事件 webclient_DownloadStringCompleted 中，调用 RSS 条目数据处理过程 getrssitem。

相关代码如下：

```
Private Sub getrssitembychannel()
        '将 PivotItem 切换到 RSS 条目项
        Me.Pivot1.SelectedIndex = 1
        Me.RssItemList.Items.Clear()
        Dim iapp As App = Application.Current
        Dim channeluri As Uri = New Uri(iapp.Rsspara.url, UriKind.Absolute)
        '修改 PivotItem 显示的标题为 RSS 频道的标题
        Me.Rssitem1.Text = iapp.Rsspara.title
        '定义 WebClient 实例
        Dim webclient As WebClient = New WebClient
        AddHandler webclient.DownloadStringCompleted, AddressOf webclient_
DownloadStringCompleted
        AddHandler webclient.DownloadProgressChanged, AddressOf webclient_
DownloadProgressChanged
        '异步下载 RSS 条目数据
        webclient.DownloadStringAsync(channeluri)
    End Sub


    Private Sub webclient_DownloadStringCompleted(ByVal sender As Object, ByVal
e As DownloadStringCompletedEventArgs)
        '下载完成后，调用数据处理过程
        getrssitem(e.Result)
    End Sub


    Private Sub webclient_DownloadProgressChanged(ByVal sender As Object,
ByVal e As DownloadProgressChangedEventArgs)
        ' 显示下载进度
        Me.progress1.Value = e.ProgressPercentage
        Me.progresstext.Text = e.ProgressPercentage.ToString & "%"
        If Me.progress1.Value = 100 Then
            Me.progress1.Visibility = Windows.Visibility.Collapsed
```

```
            Me.progresstext.Visibility = Windows.Visibility.Collapsed
        Else
            Me.progress1.Visibility = Windows.Visibility.Visible
            Me.progresstext.Visibility = Windows.Visibility.Visible
        End If
    End Sub
```

2. 解析 RSS 条目数据并显示在列表中

用于完成 RSS 条目数据解析和呈现在列表中的子过程（Sub）为 getrssitem，解析的方法同样是 LINQ to XML。每一条 RSS 条目数据被封装为一个 ListBoxItem 项，ListBoxItem 项中包含一个 Border 对象，里面采用 StackPanel 面板将多个用于显示 RSS 条目属性数据的 TextBlock 控件垂直布置。RSS 条目的网址和标题封装成字符串赋值给 Border 的 Tag 属性。

显示作者（author）和发表时间（pubDate）的 TextBlock 被水平布置在内嵌的 StackPanel 面板中。最后被封装为 ListBoxItem 项的 RSS 条目被添加到 RssItemList 控件中，呈现到页面。

详细代码如下：

```
Private Sub getrssitem(ByVal RssXaml As String)
    '回调过程，从下载完成的 e.Result 中获取下载的数据，然后对数据进行解析
    Dim title As String = ""
    Dim link As String = ""
    Dim pubDate As String = ""
    Dim author As String = ""
    Dim description As String = ""
    Dim rootElement As XElement = XElement.Parse(RssXaml)
    Dim itemElements As IEnumerable(Of XElement) = From items In
rootElement.Element("channel").Elements("item") Select items
    Dim item As XElement
    Dim listboxitem As ListBoxItem
    Dim border As Border
    Dim stackpanel As StackPanel
    Dim stackpanelinner As StackPanel
    '解析条目数据并添加到 RssItemList 中
    For Each item In itemElements
        Dim txttitle As TextBlock = New TextBlock With {.Text =
item.Element("title").Value, .FontSize = 28, .TextWrapping = TextWrapping.Wrap}
```

```
            Dim txtdescription As TextBlock = New TextBlock With {.Text =
item.Element("description").Value,    .FontSize   =   20,    .TextWrapping   =
TextWrapping.Wrap}
            Dim txtauthor As TextBlock = New TextBlock With {.Text =
item.Element("author").Value,    .FontSize   =   20,    .HorizontalAlignment   =
Windows.HorizontalAlignment.Right}
            Dim txtpubDate As TextBlock = New TextBlock With {.Text = " (" &
item.Element("pubDate").Value & ")", .FontSize = 20, .HorizontalAlignment =
Windows.HorizontalAlignment.Right}
        stackpanelinner = New StackPanel
        stackpanelinner.Orientation = Controls.Orientation.Horizontal
        stackpanelinner.Children.Add(txtauthor)
        stackpanelinner.Children.Add(txtpubDate)
        stackpanel = New StackPanel
        stackpanel.Orientation = Controls.Orientation.Vertical
        stackpanel.Margin = New Thickness(12)
        stackpanel.Children.Add(txttitle)
        stackpanel.Children.Add(txtdescription)
        stackpanel.Children.Add(stackpanelinner)
        border = New Border With {.BorderBrush = New SolidColorBrush
(Colors.DarkGray),   .BorderThickness   =   New   Thickness(2),   .Margin   =   New
Thickness(12)}
        border.Child = stackpanel
        listboxitem = New ListBoxItem
        listboxitem.Tag = item.Element("link").Value & "|" & txttitle.
Text
        listboxitem.Content = border
        Me. RssItemList.Items.Add(listboxitem)
    Next
    End Sub
```

11.2.8　显示详细内容

Pivot 控件的第三个 PivotItem 项中含有一个 WebBrowser 控件，可以打开指定 RSS 条目对应的网页，显示详细的新闻内容。即用户单击 RSS 条目项后，页面切换到"详细信息"PivotItem 项，并启动 WebBrowser 控件访问指定的网页。

这部分代码相对简单，主要包括以下两部分。

1. RssItemList_Tap 事件

此事件在用户单击 RSS 条目时触发，主要执行的操作有更新 PivotItem 的标题为新闻的标题；切换 PivotItem 为第三项，即"详细信息"PivotItem；从 ListBoxItem 的 Tag 属性中获取地址，启动 WebBrowser 访问该网地址，打开详细内容网页。

代码如下：

```
    Private   Sub   RssItemList_Tap(sender   As   System.Object,   e   As
System.Windows.Input.GestureEventArgs) Handles RssItemList.Tap
        Dim rssItesmlist As ListBox = CType(sender, ListBox)
        If rssItesmlist.SelectedItems.Count > 0 Then
            Dim item As ListBoxItem = rssItesmlist.SelectedItem
            '获取网址
            rssitemurl = New Uri(gets(item.Tag.ToString, 0))
            '更新 PivotItem 的标题为新闻标题
            DetailTitle.Text = gets(item.Tag.ToString, 1)
            '切换到"详细信息"项
            Me.Pivot1.SelectedIndex = 2
            '打开指定网页
            Me.webBrowser1.Navigate(rssitemurl)
        End If
    End Sub
```

2. webBrowser1_Navigating 和 webBrowser1_Navigated 事件

webBrowser1_Navigating 事件触发于 WebBrowser 网页打开过程中，用于在系统托盘（SystemTray）中显示进度条和提示信息，以提示网页下载的进度。

webBrowser1_Navigated 事件触发于 WebBrowser 网页打开完成时，在此程序中主要完成的操作是关闭系统托盘处的进度条。

详细代码如下：

```
    Private    Sub   webBrowser1_Navigating(sender   As   Object,   e   As
Microsoft.Phone.Controls.NavigatingEventArgs) Handles webBrowser1.Navigating
        '网页打开过程中，保持进度条呈显示状态
        SystemTray.SetIsVisible(Me, True)
        SystemTray.SetOpacity(Me, 0.5)
        SystemTray.SetBackgroundColor(Me, Colors.Blue)
        prog = New ProgressIndicator()
        prog.IsVisible = True
        prog.IsIndeterminate = True
        prog.Text = "网页下载中..."
        SystemTray.SetProgressIndicator(Me, prog)
    End Sub
    Private    Sub   webBrowser1_Navigated(sender   As   Object,   e   As
System.Windows.Navigation.NavigationEventArgs) Handles webBrowser1.Navigated
        '网页下载完成，关闭进度条
        prog.IsVisible = False
        SystemTray.SetOpacity(Me, 0)
    End Sub
```

11.2.9 其他代码

除了上述各项主要代码外，程序中还有一些辅助代码，包括以下各部分。

1．处理应用程序工具栏的按钮状态

应用程序工具栏中的两个按钮各自任务比较明确。"新增按钮"用于新增 RSS 频道，在"RSS 频道" PivotItem 项选中时才有效。"刷新按钮"用于刷新"RSS 条目"列表和"详细内容"的 WebBrowser，因此，在 Pivot 控件中第二个和第三个 PivotItem 项选中时才有效。

用于处理应用程序工具栏按钮上述要求的是 ApplicationBar_StateChanged 事件。此事件在工具栏状态发生变化时触发，如初始化时工具栏处于最小化状态，即只显示"…"状态，当用户单击"…"按钮时，程序工具栏会展开，此时状态发生变化触发此事件。

ApplicationBar_StateChanged 事件代码如下：

```
    Private   Sub  ApplicationBar_StateChanged(sender   As   System.Object,   e   As
Microsoft.Phone.Shell.ApplicationBarStateChangedEventArgs) Handles ApplicationBar1.
StateChanged
```

博文视点精品图书展台

专业典藏

移动开发

物联网　　云计算

数据库　　　　Web开发

程序设计

办公精品

网络营销